Cavalli allo Specchio

Viaggio nella mente dei cavalli per conoscerli, addestrarli e gestirli in scuderia

Paolo Baragli e Marco Pagliai

PISA UNIVERSITY PRESS

MANUALI

Baragli, Paolo
Cavalli allo specchio : viaggio nella mente dei cavalli per conoscerli, addestrarli e gestirli in scuderia / Paolo Baragli e Marco Pagliai. - Pisa : Pisa university press, 2016. - (Manuali)

636.1083 (22)
I. Pagliai, Marco 1. Cavalli - Comportamento 2. Cavalli - Addestramento

CIP a cura del Sistema bibliotecario dell'Università di Pisa

UPI
UNIVERSITY PRESS ITALIANE
Membro Coordinamento
University Press Italiane

Copertina di Riccardo Guasco (riccardoguasco.tumblr.com).
Illustrazioni di Alessio Coluccia (alecolu@gmail.com).
Foto di Vanessa Salvati (www.vanessasalvati.it).

Pisa University Press
Polo editoriale - Centro per l'innovazione e la diffusione della cultura
Università di Pisa
Piazza Torricelli 4 · 56126 Pisa
P. IVA 00286820501 · Codice Fiscale 80003670504
Tel. +39 050 2212056 · Fax +39 050 2212945
E-mail press@unipi.it · PEC cidic@pec.unipi.it
www.pisauniversitypress.it

ISBN 978-88-6741-699-8

progetto grafico: Andrea Rosellini

...io scrivo per la passione, in omaggio alla passione, e per gli appassionati; scrivo ciò che ho osservato e che è stato di ammaestramento a me, nella speranza che sia di ammaestramento pure ad altri volenterosi. Dovrò anche qualche volta contraddire ciò che è stato detto e scritto: ma ciò in omaggio solo alla verità od almeno a quella che a me sembra tale. Del resto, poiché è la passione che mi porta a studiare tecnicamente ciò che si è fatto e visto e ciò che si dovrebbe fare da noi, non credo che gli appassionati mi vorranno condannare, ne crederanno ch'io faccia una cosa del tutto inutile.

Federico Caprilli

Indice

Prefazione degli autori 7

Prefazione di Elisabetta Palagi 9

Capitolo 1 - Essere cavallo nel XXI° secolo 11

Capitolo 2 - Vedo, sento, annuso, tocco e assaggio, quindi sono... cavallo! 25

Capitolo 3 - Comunicare con i cavalli 41

Capitolo 4 - Apprendere o addestrare? 55

Capitolo 5 - I cavalli statistici e il calcolo delle probabilità 61

Capitolo 6 - Collegare due eventi (apprendimento associativo) 71

Capitolo 7 - Dimmi di sì 81

Capitolo 8 - La carota 87

Capitolo 9 - Il significato e l'importanza delle nostre azioni 93

Capitolo 10 - *Shaping* e altri trucchi 109

Capitolo 11 - Generalizziamo 119

Capitolo 12 - Non dirmelo, ti vedo 125

Capitolo 13 - Centauri si diventa 137

Capitolo 14 - Lo strano caso di Hans 149

Capitolo 15 - Vita all'aria aperta 157

Capitolo 16 - E vita di scuderia 171

Capitolo 17 - Attenzione! 185

Capitolo 18 - Dottor Jekyll e Mister Hyde 199

Capitolo 19 - Best friend 205

Capitolo 20 - Cavalli depressi 215

Guida ai video didattici 225

Bibliografia di riferimento 235

Libri 252

Riferimenti web 253

Ringraziamenti 254

Prefazione degli autori

Dopo l'esperienza de "I Cavalli di Federico" ho pensato che fosse giunto il momento di mettere mano a un "qualcosa" di più completo, che raccontasse la mente dei cavalli. Il caso ha voluto che negli ultimi anni le ricerche scientifiche sul comportamento, psicologia ed etologia del cavallo, abbiano avuto una notevole impennata (è proprio il caso di dirlo) e oggi sappiamo "cose" della sua mente che erano impensabili fino a pochi anni fa. Questo, però, non mi bastava e non volevo solo limitarmi a descrivere le ultime scoperte scientifiche. Volevo di più, volevo provare a portare più possibile ciò che sappiamo nella pratica dell'addestramento e nella gestione di scuderia. Ai cavalli non servono persone infarcite di concetti teorici, se poi la pratica è fatta di approssimazione e ignoranza; ai cavalli servono persone che conoscano la loro mente e sappiano cosa fanno quando gli stanno vicino o gli salgono in groppa. Per questo ho chiesto a Marco Pagliai di partecipare a questo progetto, serviva la sua conoscenza e la sua esperienza per tradurre in atti pratici ciò che troviamo scritto negli articoli scientifici. Il risultato è questo libro nel quale abbiamo cercato di far andare di pari passo i concetti teorici sul funzionamento della mente del cavallo e la loro applicazione pratica e, per cercare di farlo al meglio, abbiamo inserito dei video didattici, accessibili al sito www.cavalliallospecchio.it con il codice che si trova nel libro, oppure tramite i QR code che si trovano nella sezione "Guida ai video didattici" (pp. 215-234) alla fine della descrizione di ciascun video. Abbiamo inoltre deciso di mantenere, inserite nel testo, qua e là, frasi tratte dal libro di Carlo Giubbilei ("Federico Caprilli, Vita e scritti") per ricordarci, e ricordare, che nel lavoro di Caprilli, oltre a esserci buona parte di ciò che sappiamo oggi, c'è anche la vera e inestimabile tradizione equestre italiana, che ha fatto scuola nel mondo e che continuiamo a ignorare.

Paolo Baragli

La passione per questo splendido animale mi ha spinto a cercare di comprendere sempre di più il suo essere e il suo ambiente, e più mi addentravo nel suo mondo più capivo quanto "inumano" esso sia e quanto questo povero animale sia costretto a sopportare e subire la nostra ignoranza. Il fatto che il cavallo non esprima esternamente il suo disagio per le nostre azioni, mi dava ancora più dolore e quando, in giro per fiere e manifestazioni, vedevo gente applaudire davanti a cavalli abusati psicologicamente durante un qualsiasi esercizio, mi si stringeva il cuore.

Lungo il mio cammino professionale ho avuto la fortuna di incontrare persone che mi hanno incoraggiato e aiutato a perseguire l'obiettivo di cambiare questa idea di equitazione e di cavallo. Non è un percorso facile, ma è obbligato se vogliamo migliorare il benessere di questo nostro amico, così intelligente e sensibile, che tanto ha dato, e sta dando, al genere umano. La speranza più grande è che grazie a questo libro ci rendiamo conto di quanti errori facciamo e delle molte volte in cui mettiamo in difficoltà questo animale, obbligandolo a rispondere alle nostre richieste, fatte senza che siano a lui comprensibili. Naturalmente sta a noi capire il suo mondo e la sua mente per poi poter "parlare" con una "lingua" a lui conosciuta, per fare questo, però, dobbiamo allontanarci da certe visioni e dare concetti e regole ben precise, basate sulle attuali conoscenze scientifiche e cercando di fare luce su quei meccanismi della mente del cavallo che, se conosciuti e correttamente applicati, porteranno un grande miglioramento nel rapporto con questo meraviglioso animale e soprattutto ci consentiranno di migliorarne il benessere.

Marco Pagliai

> ...dunque prima regola di una buona equitazione è quella di ridurre, semplificare e qualche volta anche se è possibile eliminare l'azione del cavaliere. – Quando si adoprano le mani per far girare e trattenere il cavallo, e le gambe per farlo avanzare e infondergli risolutezza e decisione, basta! – Se al momento opportuno, il cavaliere fa una di queste azioni e rimane poi passivo e non disturba il cavallo mentre lavora, otterrà splendidi risultati e farà bene...
>
> Carlo Giubbilei "Federico Caprilli, Vita e scritti", pag. 73

Prefazione di Elisabetta Palagi

Finalmente un manuale etologico sia sul cavallo sia sul cavaliere o comunque su chi si trova ad avere a che fare con questo splendido animale per lavoro o per diletto. Il lato teorico e pratico riuniti e fusi insieme per fornire al lettore informazioni che hanno una reale base scientifica. Un manuale che spiega il perché delle cose e dei concetti che sono alla base del comportamento.

Si comincia dal ruolo che il cavallo ha avuto e ha tuttora nelle società umane, un ruolo sicuramente fondamentale per lo sviluppo culturale ed economico di molte popolazioni. Da qui l'importanza della comprensione di ciò che il cavallo percepisce e sente nel momento in cui interagisce con l'essere umano. Molti incidenti, infatti, derivano dalla mancata conoscenza delle necessità dell'animale e dall'incomprensione comunicativa che ne deriva. Un efficace scambio comunicativo è fondamentale per un buon addestramento. Non si possono ottenere risultati soddisfacenti senza conoscere i meccanismi etologici che stanno alla base del processo di apprendimento. La conoscenza dei meccanismi comuni alla specie, unita alla conoscenza del singolo soggetto, dei suoi modi di reagire davanti a certi stimoli, delle sue potenzialità in qualsivoglia tipo di performance, siano esse di tipo agonistico che ludico, rendono cavalieri, allevatori o semplici appassionati consapevoli del proprio ruolo di fronte a una relazione del tutto speciale.

Lo studio delle emozioni animali, fin dai tempi di Darwin, ha restituito importanti informazioni sul fatto che ogni reazione comportamentale è l'espressione delle emozioni provate e modulate in base all'esperienza vissuta. In questo senso il cavallo non fa eccezione. Ecco che quindi si parla di diverse personalità, perché ciascun soggetto reagisce agli stimoli in modo diverso anche grazie al diverso bagaglio di esperienze che si porta dietro. E tra queste esperienze c'è anche quella con il "soggetto umano" di riferimento. L'essere umano deve comprendere anche ciò che, in parte, ha contribuito a formare.

Capire quindi, e non *pensare di capire*, è un obbligo per tutti.

Elisabetta Palagi
Museo di Storia Naturale (Università di Pisa)
Unità di Primatologia Cognitiva, Istituto di Scienze e Tecnologie della Cognizione, CNR, (Roma).

Capitolo 1 – Essere cavallo nel XXI° secolo

La domesticazione del cavallo risale a circa 6.000 anni fa, ma non sappiamo esattamente dove, né come, sia avvenuta. Importanti informazioni provengono dall'analisi delle ossa degli scheletri di cavalli rinvenuti in diversi siti archeologici dell'Asia Centrale. La densità e lo spessore delle ossa degli arti (metatarso e metacarpo in particolare) ci dicono che il cavallo è stato impiegato in lavori e/o attività fisiche, riferibili all'utilizzo da parte dell'essere umano, e diversi dalla normale vita del branco in natura. Così come alterazioni nella struttura ossea della mandibola ci informano sull'uso d'imboccature primordiali. Da questo approccio archeo-zoologico sono scaturite evidenze che indicano come, nel nord del Kazakistan (regione del Botai), i cavalli siano stati impiegati in attività lavorative, che prevedevano anche l'uso del morso per guidarli e gestirli, già 3.500 anni prima di Cristo. Le stesse indagini hanno rivelato come questi animali fossero anche fonte di carne e latte per le popolazioni di quella regione. Secondo queste informazioni dobbiamo perciò spostare indietro le lancette della storia di circa un millennio; fino a poco tempo fa, infatti, l'impiego certo di cavalli da parte dell'essere umano era fatto risalire, in diverse regioni del mondo (Cina, Egitto e Mesopotamia), a circa 2.500 anni a.C. Queste scoperte archeologiche ci permettono, però, di affermare che il legame del genere umano con questa specie è stato, e lo è ancora, un po' turbolento e, nonostante il trascorrere dei millenni, sembra che ci sia ancora un bel po' di strada da fare per conoscersi meglio. Il punto cruciale è che, mentre il cavallo avrebbe continuato molto volentieri a vivere scorrazzando libero in natura, il genere umano sembra proprio non possa fare a meno di averlo vicino. I reperti ossei dei cavalli della regione del Botai, datati 5.500 anni, indicano come già allora l'uso delle imboccature fosse causa di alterazioni ossee a livello della mandibola, alle quali, senza dubbio, erano associati dolore e fastidio. Proprio come oggi.

Prima di essere domesticati, i cavalli erano una fonte di cibo per le tribù cacciatrici dei nostri antenati, come i bisonti e altri animali. Da ciò, crediamo, nasce la convinzione, alquanto esagerata, che il cavallo abbia una paura atavica dell'essere umano, dovuta al rapporto biologico fra preda e predatore, che influirebbe su questa relazione, anche ai nostri giorni. Sul fatto che il cavallo sia un animale predato, che si sia evoluto per sfuggire all'attacco dei predatori e che il suo sistema sensoriale sia stato forgiato dall'evoluzione per questo scopo, non vi è alcun dubbio. Che ci veda come un predatore nel momento che entriamo nel box o nel *paddock*, ci sembra sinceramente un'esagerazione e una falsificazione della realtà. Nel corso dei millenni il cavallo ha, comunque, giocato un ruolo fondamentale per la maggior parte delle civiltà che si sono avvicendate sulla terra, divenendo in molti casi parte integrante della storia e della leggenda (provate a pensare ad Alessandro Magno senza Bucefalo). Le corse dei cavalli sono sport olimpico fin dal tempo delle prime edizioni dei Giochi tenutesi nella città greca di Olimpia nel VII sec. a.C. Proviamo a pensare a tutti i film girati sulla storia dell'antica Roma: riuscite a immaginarli senza cavalli? E il viaggio di Marco Polo sarebbe stato possibile? Nella Roma antica c'è un altro aspetto peculiare per il quale il cavallo ha davvero rappresentato una svolta epica, divenendo il fulcro di una supremazia che non era solo militare, ma soprattutto organizzativa, sociale e strategica. Fu Augusto in persona a occuparsi dell'organizzazione del *cursus*, cioè del servizio postale che divenne così *Cursus publicus* (posta statale). I messaggeri, che portavano le informazioni, coprivano il percorso tra una città e l'altra con carri o come staffette montate grazie a un'efficiente rete di stazioni di cambio dei cavalli, chiamate "statio posita", da cui il nome "stazione di posta". La rete postale romana era formata da circa 200.000 km di strade in tutto l'Impero, che permettevano di inoltrare in maniera rapidissima tutte le informazioni necessarie. Per consegnare una missiva, le staffette (i *cursores* ossia i "corrieri") potevano percorrere fino 270 km in 24 ore. In tal modo si poteva recapitare un messaggio, per esempio, dalla Gallia a Roma in pochi giorni. Senza i cavalli sarebbero state necessarie settimane o mesi.

La storia di tutta l'Europa è strettamente legata al cavallo. Nelle diverse aree geografiche la relazione con questo animale è parte integrante della cultura e delle tradizioni dei popoli, ed è divenuta in molti casi il simbolo che caratterizza una popolazione e il suo lavoro: basti pensare a regioni come la nostra Maremma, l'Andalusia, l'Ungheria o più semplicemente ai cavalli da tiro pesante, adibiti al trasporto dei barili di birra nel nord dell'Europa. In sostanza il trascorrere del tempo ha determinato, per il cavallo, l'acquisizione del ruolo di mezzo di trasporto indispensabile e fonte di energia insostituibile per il lavoro, contribuendo in maniera decisiva al nostro progresso. Ci ha permesso di aumentare enormemente la nostra capacità di muoversi sulla terra, in tempo di pace o in guerra, dandoci la possibilità di fare viaggi relativamente comodi e veloci. Con il passare del tempo gli impieghi di quest'animale si sono evoluti, ampliati e, soprattutto, modificati. Al contrario di altri animali domestici, allevati ancora oggi per la produzione di carne, latte o lana e il cui impiego è rimasto sostanzialmente immutato nei secoli, il cavallo ha progressivamente acquisito uno status misto, rimanendo fonte di cibo e animale da lavoro, in molte aree rurali del mondo (nemmeno troppo lontane da noi). Nella società occidentale questi impieghi hanno perso, con il passare degli anni, il ruolo di centralità e il cavallo è lentamente diventato uno strumento di svago e sport, sviluppando una vera e propria industria e divenendo così un'importante fonte di reddito per molti distretti agricoli, vocati al suo allevamento. Le diverse razze si sono evolute per svolgere specifiche mansioni di lavoro o sportive e, con l'abbattimento dei confini fra gli stati europei, si è assistito all'espansione delle discipline sportive moderne, anche se nelle diverse nazioni gli impieghi tradizionali dei cavalli sono rimasti (per fortuna) inalterati, a testimonianza di una cultura equestre che affonda le radici nella storia.

Negli ultimi decenni quest'animale, grazie alla sua docilità e alla possibilità di essere addestrato in maniera adeguata, ha acquistato importanza come supporto terapeutico per persone con alterazioni motorie o psichiche e più in generale come co-educatore. Questa tipologia d'impiego è oltremodo interessante perché le elevate abilità socio-cognitive sviluppate dai cavalli con l'evoluzione, forniscono chiare indicazioni sul fatto che, anche nostro malgrado, abbia parte attiva nell'intervento terapeutico o assistenziale, come co-terapeuta.

La Germania e Regno Unito sono le nazioni europee con più cavalli in termini assoluti, mentre Olanda e Belgio ne hanno la maggiore concentrazione per unità di superfice. È tuttavia la Svezia ad avere il più alto numero di cavalli in rapporto alla popolazione (3 ogni 100 abitanti). Questi dati ci dicono che il numero di questi animali è superiore in paesi con elevato livello di benessere, sociale ed economico, con più alto tasso di scolarizzazione e bassa disoccupazione. In poche parole, il numero dei cavalli in una nazione è indice indiretto della buona qualità della vita. La maggior parte dei cavalli presenti in Europa sono impiegati in attività ludiche, sportive e di svago anche per la popolazione che vive nelle grandi città, rappresentando in molti casi uno stile di vita, strettamente connesso alla qualità sociale. L'equitazione e le attività ludiche attraggono persone di ogni età e di entrambi i sessi, incluse persone diversamente abili. Tuttavia c'è un'evidente prevalenza di partecipazione femminile. I dati dicono, infatti, che in Europa circa il 70% delle persone che praticano equitazione non agonistica sono giovani donne. Inoltre, la maggioranza dei cavalieri ha un'età compresa fra 13 e 18 anni, sia femmine che maschi. Studi di pedagogia hanno rivelato che i bambini in età pre-adolescenziale che hanno un contatto stabile con i cavalli, hanno uno sviluppo intellettivo e fisico più veloce, una maggior sicurezza in se stessi, uno sviluppo migliore della personalità con propensione all'intraprendenza caratteriale.

Oltre a tutto ciò il cavallo offre anche un'opportunità di sviluppo alternativo per le attività agricole e turistiche, rappresentando, di fatto, un simbolo di sviluppo eco-sostenibile. Sono, infatti, molte le regioni europee che puntano su quest'animale per il turismo verde e propongono ippovie attrezzate, che si snodano in paesaggi rurali incontaminati. Il cavallo è di per sé un collegamento naturale e un mezzo del tutto sostenibile per visitare luoghi e aree immerse nella natura. In Francia, un centinaio di città piccole e medio-piccole lo usano come forza motrice per il traino di carrozze attrezzate per la raccolta dei rifiuti o come servizio di scuola bus, in sostituzione di veicoli inquinanti. Soluzioni che potrebbero aiutare a ridurre l'inquinamento nelle città.

Insomma, il cavallo muove un'economia che nella sola Europa è stimata in diverse decine di miliardi di Euro e riveste un importantissimo ruolo sociale. Non è un caso, infatti, che molte nazioni europee abbiano offerte formative in Scienza dell'Equitazione, sia nella scuola media superiore, che nelle università. In Francia sono circa 400 gli istituti superiori che offrono piani formativi specifici, mentre nel Regno Unito ci sono decine di college universitari con corsi inerenti all'allevamento, l'addestramento e la gestione del cavallo. A questo ovviamente si associano in queste nazioni veri e propri centri di ricerca in Scienza dell'Equitazione a livello universitario. Merita senz'altro ricordare lo Scottish National Equestrian Center, un piccolo centro equestre didattico, gioiello di funzionalità, all'interno del College Scozzese di Agricoltura, dove si tengono corsi di formazione e stage di aggiornamento a ciclo continuo. E in Svezia lo Strömsholm Equestrian Center dove si svolgono i corsi per istruttori di equitazione dell'Università di Uppsala (perché in Svezia, e in altre nazioni, si diventa istruttori di equitazione con un diploma di laurea). E analoghe strutture le ritroviamo in Svizzera, Germania, Spagna, Inghilterra e Francia. In questi centri di didattica sperimentale, oltre all'attività di formazione avanzata, si fa anche ricerca in collaborazione con le Università. Questa sinergia fra ricerca scientifica e ambiente professionale fa sì che il processo d'innovazione si diffonda con efficienza e rapidità agli operatori del settore, contribuendo a una formazione professionale di qualità, che si traduce rapidamente in risultati sportivi e in cavalli performanti. L'Italia invece è piuttosto indietro in queste statistiche e la crisi degli ultimi anni ha ulteriormente peggiorato la situazione, nonostante che, nel corso dei secoli, sia stato proprio il nostro paese a essere la guida e il faro dell'equitazione europea: basti pensare alla prima scuola di equitazione "statale" del Regno Borbonico o a Federico Caprilli, padre dell'equitazione moderna (del quale troverete molte citazioni in questo libro).

Chi ama l'arte avrà notato che il cavallo è l'animale più rappresentato nelle diverse espressioni artistiche. Che dire poi dello spettacolo e del cinema? Insomma, il cavallo non solo ci ha accompagnato nel corso della storia, ma si ritrova tutt'intorno a noi, in una serie di situazioni e ambiti che non ha uguali per nessun altro animale, neppure per il cane, e in Occidente ha acquisito anche un ruolo sociale molto importante. La modernizzazione della società ha influito sulla tipologia d'impieghi, che oggi vedono il cavallo protagonista soprattutto (dal punto di vista economico) per le competizioni sportive, comprese le discipline Olimpiche, con annesso ruolo molto importante nell'industria delle scommesse. Tuttavia il suo ruolo, come abbiamo visto, non è solo limitato a un mero aspetto economico, anzi la sua principale impronta la lascia nelle attività ludiche come animale d'affezione, che rappresentano un'etichetta importante nello stile e nella qualità della vita, per coloro che le praticano.

Questa ampia varietà di ruoli che il cavallo ha assunto nella nostra società ha fatto sì che diverse siano le tipologie di persone che vi si avvicinano e interagiscono. Ci sono persone che vi si rapportano per motivi esclusivamente di lavoro e che pertanto hanno un'interazione legata all'attività professionale (allevatori, cavalieri professionisti, personale di scuderia, veterinari, maniscalchi). Altre persone lo vivono invece con una forte impronta emotiva e affettiva e lo considerano, di fatto, un animale da compagnia. Altri sono attratti dalle emozioni che alcuni sport praticati a cavallo possono dare (saltare un talus in cross è probabilmente una delle emozioni più forti che una persona può provare nella sua vita). È facile capire che a queste categorie di persone corrispondono modi d'interazione anche molto diversi fra loro. Si può passare da interazioni brevi ma complesse dal punto di vista pratico, come una visita veterinaria, a interazioni temporalmente più lunghe, comunque legate ad attività professionali e finalizzate alla gestione economica (il lavoro del groom, l'addestratore di puledri o l'allenatore di purosangue da corsa). Fino a una tipologia d'interazione molto diversa, come quella del proprietario che tiene il cavallo in un *paddock* sotto casa come un animale da compagnia e lo impiega solo per qualche passeggiata.

Una relazione complicata

Nel caso di chi deve interagire con cavalli sconosciuti per brevi periodi e per motivi professionali (veterinari, maniscalchi), saper prestare velocemente attenzione ai movimenti dell'animale, insieme a una buona capacità di osservazione dell'indole e del carattere dell'animale, può aiutare ad assumere una posizione migliore per eseguire le manualità per i pochi minuti necessari, in condizioni di relativa sicurezza. Queste capacità, con l'aumentare dell'esperienza, diventano quasi automatismi. Nel caso, invece, di persone che, per motivi professionali o ludici, passano molto tempo a contatto con i cavalli, la situazione è alquanto diversa. L'essere vicino al cavallo per un tempo relativamente lungo durante la giornata farà sì che ogni interazione fra noi e l'animale abbia un'influenza ben precisa sull'interazione successiva. Che cosa significa? Semplicemente che il contatto costante fra una persona e il cavallo ne influenza il rapporto, e non solo con quella singola persona, ma più in generale può influenzare il rapporto fra quel cavallo e tutte le persone con cui verrà a contatto. Forse a qualcuno sarà capitato di cambiare scuderia e di notare che il proprio cavallo, dopo un certo periodo, modifica il suo "carattere" e il suo modo di comportarsi, magari scoprendo poi che la persona che gli sistema il box il mattino non si comporta con lui in maniera adeguata. In questi casi i cavalli creano una "relazione" con le persone che gli stanno vicine e che interagiscono maggiormente con loro, e crediamo sia un vantaggio per tutti fare in modo che questa relazione sia positiva, poiché per la maggior parte dei cavalli è probabile che debba durare nel tempo.

Cos'è una relazione? Ve lo siete mai chiesto? In generale si definisce relazione l'instaurarsi di un legame progressivo fra due partner, per i quali si crea un'attesa nei confronti delle risposte che provengono dall'altro. Facciamo un esempio banale: in un rapporto di coppia è ovvio aspettarsi determinati comportamenti dal proprio partner, come gli auguri il giorno del compleanno. Se ci pensiamo bene però, anche in una relazione fra genitori e figli ci sono attese reciproche, così come fra amici. Questi sono tutti esempi di relazioni fra esseri umani. La relazione con il cavallo è inconsueta perché è una relazione fra specie diverse, cioè fra individui che hanno un mondo percettivo, un modo di interagire con l'ambiente e di comunicare molto diversi fra loro, oltre, ovviamente, a necessità biologiche altrettanto lontane. Già l'uso della parola "diverso" non rende bene l'idea: se diciamo che due persone non si capiscono, voi pensate subito che parlino lingue diverse. Anche fra persone che parlano lingue diverse però, c'è la possibilità di interagire e di trovare una via di comunicazione efficace. Con il cavallo ciò non è possibile con i mezzi che noi siamo abituati a usare per comunicare. Per dare un'idea approssimativa della differenza potremmo provare a comunicare con un'altra persona mettendoci una maschera sul viso che ci impedisce di vedere, di sentire e di parlare, immaginando che anche l'altra persona abbia una maschera come la nostra. Troveremmo non poche difficoltà, non credete? Parlando di cavalli però, abbiamo usato la parola "relazione" e questo implica necessariamente che un modo per comunicare con essi c'è, perché la comunicazione è inclusa nel significato di "relazione".

Non c'è dubbio che comunichiamo con i cavalli, poiché ci saliamo in groppa, li portiamo in giro con la cavezza, gli facciamo fare esercizi e attività che non sarebbero previsti dalla loro vita in natura. Con i cavalli perciò comunichiamo, ma in un modo radicalmente diverso da come comunichiamo fra esseri umani. Siamo, tuttavia, sicuri di comunicare nella maniera giusta? Vi è mai capitato che il vostro cavallo, o quello che state montando, o un qualsiasi altro cavallo con cui avete delle interazioni, abbia mostrato un comportamento inspiegabile o fatto qualcosa che non vi aspettavate? Magari un comportamento che vi ha messo in difficoltà e che si è manifestato senza un'apparente ragione e senza che voi siate riusciti a darvi una spiegazione plausibile (se mai l'avete cercata)? Se ciò è accaduto, avete considerato la possibilità che il comportamento del cavallo potrebbe essere dovuto a un'alterazione della comunicazione fra voi e lui? Magari, chissà, è possibile che, senza saperlo e senza volerlo, abbiate "detto" o meglio comunicato qualcosa al cavallo e che lui si sia solo comportato di conseguenza. All'interno di questa complessa relazione sono facilmente individuabili delle criticità che indicano, in maniera abbastanza chiara, una difficoltà di comunicazione sviluppatasi fra la nostra specie e quella equina, cioè in una situazione di comunicazione inter-specifica.

Incidenti in equitazione

Un primo indicatore della difficoltà di relazione fra essere umano e cavallo è senz'altro l'elevato numero d'incidenti che purtroppo si hanno nell'equitazione. L'equitazione, e tutte le attività ludiche o sportive fatte con il cavallo, sono gli sport con il più alto tasso d'incidenti (anche se di gravità mediamente inferiore), rispetto allo sci, al motociclismo e al rugby. L'avreste mai detto? Alcuni studi hanno analizzato questo spiacevole fenomeno e ne sono scaturite delle considerazioni interessanti. Montare a cavallo è un'attività che comprende una certa dose di rischio. Questo lo sappiamo, ma ne siamo sempre consapevoli quando entriamo in contatto con un cavallo? Nonostante gli equipaggiamenti di sicurezza, gli incidenti in equitazione continuano a esserci e avvengono sia quando il cavallo è lavorato da terra, sia dalla sella. Migliorare la sicurezza è un dovere morale di tutti, che permetterà di risparmiare un bel po' di soldi e aumenterà il valore sociale del cavallo e delle attività svolte con esso. L'equitazione è uno sport antico, sviluppatosi nel corso dei secoli e in molte culture popolari il rischio del montare a cavallo e il pericolo che ne deriva sono perfino ricercati e assumono valenza sociale per coloro che si cimentano in corse o prove ad alto rischio (come possono essere alcune corse storiche, i molti palii e rievocazioni che si trovano in giro per l'Italia). In questi ambienti sociali il cavaliere/fantino è spesso elevato a simbolo di valore (non esente da una certa dose di culto della personalità). Tutte quelle situazioni in cui la performance del binomio è portata al limite delle capacità fisiche e psichiche aumentano la possibilità d'incidenti.

Purtroppo però, molto (troppo) spesso il rischio è attribuito in via quasi esclusiva alla "natura" del cavallo perché animale imprevedibile, pauroso e sempre propenso alla fuga. Si dice che tutti i cavalli, anche i "meglio addestrati", possano in qualsiasi momento far vedere la loro natura "selvaggia". Per questi motivi gli interventi di prevenzione degli incidenti sono prevalentemente basati sul ridurre la possibilità di farsi male, mediante sistemi di protezione fisica. C'è, giustamente, molta attenzione all'uso di caschi e cap, protezioni rinforzate per il torace, guanti, stivali, così come alla manutenzione di selle e finimenti, per far sì che siano sempre nelle condizioni ideali per affrontare la gara o il trekking.

A tale riguardo potrebbe essere utile un veloce controllo di sicurezza da fare mentalmente prima di montare a cavallo, ponendosi alcune semplici domande:

1) Ho indossato i giusti indumenti di sicurezza?
2) Sella e finimenti sono in ordine e sono adeguati per questo cavallo?
3) Le condizioni ambientali (metereologiche, fondo del terreno) sono adeguate per montare in sicurezza?
4) Il campo di lavoro contiene oggetti, animali o persone che potrebbero innescare reazioni emotive, non volute, nel mio cavallo?
5) Il mio cavallo è in buona salute e preparato per il lavoro che faremo? Il suo umore e il suo comportamento sono insoliti o alterati?
6) Sono io in buona salute e preparato per il lavoro che faremo? Ho una condizione, emotiva o fisica, che riduce la mia abilità a montare questo cavallo in maniera sicura?
7) Io e il mio cavallo abbiamo una buona relazione?

Ovviamente queste poche domande non possono eliminare i rischi, ma forse aiutano a prestarvi attenzione e a concentrarsi sulla relazione che si è instaurata con il proprio cavallo. Dobbiamo però fare alcune considerazioni. La domanda 1 e la 2 sono di esclusiva pertinenza e responsabilità del cavaliere, mentre la 3 e la 4 possono non essere controllabili facilmente, soprattutto se si va a montare fuori maneggio, per un allenamento al cross o anche per una passeggiata. La 6 rimanda alla responsabilità del cavaliere, che deve avere l'intelligenza di capire quali sono i suoi limiti, fisici, psichici e tecnici. Tuttavia sono le domande 5 e 7 che ci premono di più perché strettamente connesse con la capacità del cavaliere di conoscere e capire il comportamento del proprio cavallo. Non vi è dubbio che il rischio d'incidenti aumenta se non si hanno le necessarie conoscenze di etologia applicata, psicologia e comportamento del cavallo. Una preparazione adeguata su questi argomenti è senz'altro il modo migliore per ridurre il rischio d'incidenti, perché rende le persone più consapevoli del proprio cavallo e pronte a prevenire eventuali comportamenti indesiderati. Tali conoscenze sono fondamentali per addestrare i cavalli nella maniera corretta, processo questo che, di per sé, riduce la possibilità di trovarsi di fronte a reazioni anomale o comportamenti inspiegabili del nostro amico.

Abbiamo detto che il cavallo è ritenuto pericoloso perché considerato imprevedibile, pauroso, propenso alla fuga e questo ha la sua ragione nel fatto che è una preda, cioè un animale che ha necessità di sentirsi sicuro e non minacciato, perché per lui una minaccia (in natura) vuol dire spesso rischiare la morte. Riteniamo che quest'aspetto dovrebbe essere tenuto in grande considerazione, perché tutti gli sforzi che dobbiamo compiere dovrebbero essere rivolti a far sì che il cavallo si senta quanto più sicuro possibile durante il lavoro montato o da terra, e più in generale, in tutte quelle situazioni d'interazione con l'essere umano, oltre che rappresentare un punto cardine per il suo equilibrio psichico. I rischi legati all'equitazione sono stati tipicamente impostati con una visione antropocentrica: il pericolo ha origine dai cavalli e ha un impatto negativo sugli esseri umani. La sicurezza è, perciò, in gran parte vista come una preoccupazione solo per gli esseri umani e questo nonostante sia proprio il desiderio di sicurezza dei cavalli a far sì che spesso manifestino comportamenti imprevedibili e pericolosi. Che, oltretutto, sono un'ottima giustificazione per noi per intervenire in maniera sbagliata nei suoi confronti, aumentandone il senso d'insicurezza.

Per superare questi pregiudizi, è necessario affrontare il problema da un diverso punto di vista e sforzarsi di capire che più il cavallo si sente sicuro a stare vicino a noi (esseri umani), minore sarà la sua motivazione a eseguire comportamenti imprevedibili e pericolosi. Se entrambi gli attori del binomio si sentono sicuri e non percepiscono di vivere un rischio nel momento in cui interagiscono, tutta l'equitazione diventerà uno sport più sicuro e svilupperà una cultura diversa del cavallo. Nel momento in cui l'addestramento è fatto con mezzi e azioni di coercizione, intenzionali o meno, e gli esercizi che dovrà eseguire saranno il frutto di sopraffazione, senza possibilità di sottrarvisi, il cavallo non potrà sentirsi al sicuro e vivrà la vicinanza dell'essere umano con paura, sviluppando così la motivazione alla fuga o comunque a sottrarsi, non appena possibile, a ciò che è richiesto. E ciò, ovviamente, aumenta la possibilità d'incidenti. Purtroppo, invece, poco (niente, in sostanza) si fa in questa direzione, cioè nella prevenzione intesa non come attenuazione del danno (mediante l'uso di sistemi di protezione), ma come riduzione del rischio (riduzione della probabilità che gli incidenti accadano). Questo tipo di prevenzione prevede di agire in due direzioni principali: 1) migliorando la prevedibilità del comportamento del cavallo, attraverso corrette procedure di addestramento e di gestione che lo rendano più sicuro di sé e più sicuro nello stare vicino all'essere umano (che rendano meno probabile l'insorgenza di comportamenti imprevedibili o di difesa); 2) formando e migliorando le competenze delle persone (professionisti o semplici appassionati) sul comportamento del cavallo e alla conoscenza della sua psicologia di addestramento.

Un altro elemento di prevenzione cui è data spesso pochissima attenzione è la scelta del cavallo da montare. È fondamentale che il cavallo che si monta, o con cui s'interagisce, sia adeguato alle capacità tecniche e fisiche della persona, anche se è molto difficile saper valutare in maniera oggettiva l'esperienza e la tecnica di un cavaliere (in questo caso una formazione specifica d'istruttori e professionisti nel conoscere, oltre che il comportamento e la psicologia del cavallo, anche quelli del cavaliere, potrebbe essere un valido aiuto). Per esempio, sappiamo che determinate condizioni ambientali e di stress (come possono essere quelle di una competizione agonistica) possono influenzare il comportamento dei cavalieri, e queste condizioni devono essere seguite e considerate attentamente in anticipo, anche con il ricorso a figure professionali come psicologi e mental coach per le persone.

Altre situazioni da valutare in maniera attenta e critica sono quelle che scaturiscono dalla pratica consolidata negli anni, spesso giustificate da frasi del tipo "si è sempre fatto così". Con questo non vogliamo dire che le pratiche consolidate dall'esperienza siano sbagliate o negative, assolutamente no, dobbiamo solo tenere ben a mente che, se anche per una certa azione o attività "si è sempre fatto così", questo non vuol dire che sia il modo migliore per farlo. Avere una capacità critica in questo senso può aiutare a farci comprendere se sono necessarie modifiche a tali prassi, e quali e quante di queste modifiche sono necessarie. E questo può essere fatto nel pieno rispetto delle tradizioni popolari, da cui spesso nasce la pratica consolidata.

> Una qualità eccezionale di Caprilli, che non riconobbi in nessuno dei nostri migliori appassionati del cavallo e dell'equitazione, fu la tendenza sua ad evolversi continuamente, accettando sempre l'esperimento delle proposte di tutti, lieto se venivano a modificare le sue idee per migliorare l'arte alla quale dedicò tutto se stesso.
>
> Carlo Giubbilei "Federico Caprilli, Vita e scritti", pag. 27

Tornando alle situazioni in cui gli incidenti avvengono, nella condizione "da terra", cioè quando la persona sta nelle immediate vicinanze del cavallo, ma non lo monta, gli incidenti che si sviluppano coinvolgono in misura maggiore i professionisti del settore, cioè chi sta attorno ai cavalli per motivi professionali. Appare evidente come, in questo caso, abbiano un peso più importante il tempo e la frequenza di interazione con gli animali, piuttosto che il livello di competenza. Mentre gli incidenti da sella accadono in misura maggiore a chi monta non per professione, ma per diletto. Anche questa situazione è abbastanza intuibile, se consideriamo che le cadute durante il lavoro in sella possano essere dovute a movimenti inaspettati dei cavalli che i cavalieri dilettanti hanno più difficoltà a gestire; oppure possono essere legate alla scelta del cavallo, non sempre adeguato alle capacità tecniche del cavaliere, come già accennato o a metodi di addestramento inadeguati che spesso non collimano con le capacità dei singoli.

> ...vedendoli affrontare ostacoli di 40 cm al galoppo allungato, tutti attaccati alla bocca delle loro cavalcature e con gli speroni nella pancia, egli pensò probabilmente che bisognava cominciare l'istruzione daccapo e non mise tempo in mezzo. L'esempio doveva persuadere quei dragoni, che già si credevano cavalieri e non lo erano ancora...
>
> Carlo Giubbilei "Federico Caprilli, Vita e scritti", pag. 131

In generale, per tutte le categorie di persone che interagiscono con i cavalli, la possibilità di avere incidenti aumenta in maniera esponenziale con l'aumentare del tempo passato a contatto con quest'animale. Quest'ultima osservazione potrebbe sembrare scontata, ma se ci pensiamo bene non lo è. Certo, più ore passiamo all'aperto e maggiore è la possibilità di bagnarci se piove, però nell'arco di una giornata non piove sempre e la possibilità che piova rimane la stessa, sia se siamo all'aperto, sia se siamo in casa. Se ciò fosse applicabile al cavallo, potremmo dire che, ad esempio, se stiamo a contatto con un cavallo per un'ora, avremo una certa possibilità di ricevere un calcio, se passiamo sei ore accanto a esso la probabilità sale di sei volte. Tuttavia non è così e aumentando il tempo in cui una persona sta vicino al cavallo, aumenta anche la possibilità che calci e con un rapporto più alto: se raddoppia il tempo di contatto, la possibilità di avere incidenti non raddoppia, ma triplica. Un'altra considerazione, diciamo, un po' curiosa che scaturisce dall'analisi degli studi riguardanti l'incidenza d'infortuni, sta nel fatto che molto spesso, nel momento dell'incidente, il cavallo non si trova in uno stato emotivo alterato. Ci si potrebbe aspettare, ad esempio, che gli incidenti avvengano prevalentemente perché il cavallo, spaventato da qualcosa o da qualcuno, reagisce per difendersi. Buona parte degli incidenti avviene, invece, quasi casualmente per la condizione che si viene a creare nel preciso momento in cui accadono, senza che ciò sia la conseguenza (o la causa) di un'alterazione emotiva dell'animale. Ad esempio può accadere, che entrando in un box, il cavallo, girato di posteriore, ci calci e che subito dopo se ne stia lì quasi senza muoversi, dopo che ha posato di nuovo a terra l'arto, senza manifestare comportamenti indicativi di uno stato emotivo alterato. Abbiamo detto che i rischi sono diversi se siamo a terra o se stiamo montando a cavallo; ciò significa che alle persone sono richieste capacità diverse per capire e conoscere l'animale, secondo quale sia la situazione e l'attività in cui il rapporto si svolge. E, infatti, un conto è avere un rapporto temporalmente breve con molti cavalli sconosciuti (com'è il caso di veterinari, maniscalchi e trasportatori), ben altra cosa è avere una relazione giornaliera con cavalli familiari (groom, proprietari).

> "Talvolta i buonissimi cavalli della scuola e suoi sembravano disgustarsi dopo numerosi salti ed egli si chiedeva, nell'attenta osservazione ragionando, se oltre alla fatica non ci potesse essere qualche altra causa che faceva scartare o piantare anche i destrieri migliori. Se una ragione esisteva, al di fuori della stanchezza, bisognava eliminarla e perciò l'equitazione dovea modificarsi"
>
> Carlo Giubbilei "Federico Caprilli, Vita e scritti", pag. 29

Perché questi due casi sono diversi? Proviamo a fare un esempio e pensiamo a un rappresentante che deve convincere le persone ad acquistare un determinato prodotto. Non può impiegare ore per farlo, altrimenti il suo lavoro non sarebbe produttivo, anzi deve farlo in un tempo relativamente breve. È probabile che abbia maggiori possibilità di successo se, oltre ad avere specifiche capacità, è educato, gentile, usa le parole nella maniera giusta e si presenta con un aspetto gradevole, senza mostrare eccessi. La sua esigenza è catturare l'attenzione di una persona sconosciuta e, in pochi minuti, convincerla ad acquistare un certo prodotto. Forse troverà qualcuno che non lo avrà in simpatia, ma in media le persone si riveleranno ben disposte con lui, proprio perché userà qualità personali e umane standard, riconosciute come positive dalla maggioranza delle persone. Se invece dovete collaborare con una persona per un progetto di lavoro molto complesso, che duri nel tempo, è probabile che le qualità e le caratteristiche considerate buone per un rappresentante v'interessino molto meno, e magari riteniate più utili altre qualità, della persona.

I cavalli "sprecati"

Purtroppo esiste un altro dato che indica che, nella relazione fra genere umano e cavallo, ci sono evidenti problemi di comunicazione: è il dato riguardante il numero di cavalli che - usiamo queste parole con un briciolo di eufemismo - si perdono per strada. Indagini svolte in alcuni distretti equestri in Europa hanno evidenziato un dato a dir poco preoccupante: circa un terzo dei cavalli, all'ottavo anno di vita, non fanno l'attività sportiva per la quale sono stati allevati (in parole povere, su dieci cavalli allevati per il salto ostacoli, tre di questi, quando arrivano ad avere otto anni, non fanno salto ostacoli), a causa di problemi riferibili ad alterazioni del loro comportamento che ne rendono difficile la gestione (da questi dati sono esclusi problemi di tipo fisico/sanitario). In buona sostanza un'alta percentuale di cavalli sarebbe "scartata" entro i primi anni di vita (gli inglesi usano la parola *wastage*), perché questi soggetti sviluppano e manifestano comportamenti che li rendono inutilizzabili per gli scopi iniziali o addirittura pericolosi. Non necessariamente questi cavalli fanno subito una brutta fine; più spesso inizia un calvario fatto di frequenti cambi di proprietario, di ambiente e di tecniche di gestione e addestramento, spesso per tentativi, nella speranza di ottenere un qualche risultato. Questo porta di frequente a un peggioramento del comportamento dell'animale, fino all'esito finale che può voler dire finire a fare la stagione turistica, divenendo insensibili a qualsiasi stimolo, o peggio. Negli USA il 10% dei cavalli che vanno al macello ci finisce per problemi di comportamento che li rendono ingestibili e pericolosi.

> "E mettiamoci in mente che quando un cavallo oppone difficoltà, è irrequieto, scappa, si pianta, o si difende, ciò fa quasi sempre per sottrarsi ad un dolore che gli procura l'azione del cavaliere o per tema di esso. Questo dolore reale o questa paura di dolore, altra volta sentito, assai spesso fa si che il cavallo reagisca, oppure che, pur sottomettendosi, non impieghi le sue forze nel modo naturale, compiendo così uno sforzo superfluo e dannoso"
>
> Carlo Giubbilei "Federico Caprilli, Vita e scritti", pag. 72

E questo senza considerare che, in quasi tutte le società, anche quelle occidentali che dovrebbero essere in questo senso più avanzate, esiste ed è diffuso il concetto che il cavallo debba essere sottomesso e docile alla volontà dell'uomo (basti pensare al significato della parola "doma"). Se, infatti, analizziamo in maniera critica e obiettiva le tecniche di "doma" in uso, ci possiamo facilmente accorgere che tutte hanno due elementi in comune:
1) l'isolamento del cavallo dai propri simili;
2) fargli "capire" che i tentativi di fuga, o comunque diretti a sottrarsi a ciò che è richiesto, non avranno successo.

Questi due elementi non necessariamente implicano l'uso di forza o coercizione evidenti, come possiamo vedere dalla loro applicazione anche in tecniche, come quelle dei "sussurratori", che hanno avuto una notevole diffusione negli ultimi anni e che sembrano, all'occhio umano, più accettabili dal punto di vista etico.

"Anche il cavallo dovea trattarsi con bontà, con maniere garbate sin dal principio del suo ammansimento; non erano le ingiuste e dannose percosse, che giovavano a renderlo un prezioso istrumento per il cavaliere, ma con le buone, distraendolo talvolta con l'offerta di un pugno di avena o di foraggio quando si mostrava pauroso, dovea a poco a poco sentire di avere nel cavaliere un protettore, non un aguzzino. Tutto ciò è semplice, come l'uovo di Colombo, eppure stenta ancora ad essere applicato, almeno da parte di molti villici del bel paese che trattano i loro modesti bucefali come cani ringhiosi"

Carlo Giubbilei "Federico Caprilli, Vita e scritti", pag. 55

Un punto di vista diverso

Oggi il mondo e l'allevamento del cavallo sono finalizzati a creare soggetti sempre più performanti. Decenni di allevamento e incroci selezionati, che spesso si avvalgono di moderne tecnologie riproduttive (come l'embrio-transfer, divenuto oramai routine), per arrivare al cavallo migliore. La selezione e la genetica non sono, tuttavia, decisivi nel forgiare un campione. I cavalli, come le persone, sono diversi l'uno dall'altro e ci sono altri fattori che concorrono a farli diventare campioni. Per questo motivo è indispensabile che il miglioramento "strutturale" derivato dalla selezione genetica vada di pari passo a una visione diversa dell'"atleta" cavallo. Non è detto che da genitori campioni nasca un campione (il più forte giocatore di calcio del momento quasi mai è figlio di due calciatori): nascerà più probabilmente un cavallo con una buona capacità di performance, forse un pochino superiore alla media, ma che ha bisogno di altri fattori ambientali per esprimersi al meglio. Questi fattori ambientali saranno senz'altro l'alimentazione durante la crescita, lo sviluppo e l'attività agonistica, uniti all'allenamento per quella specifica disciplina sportiva. Riassumendo, per avere un cavallo di buon livello agonistico in una certa disciplina sono sufficienti un bagaglio genetico pregiato, una buona alimentazione e un allenamento adeguato. Siamo certi che non manchi qualcosa? Negli atleti umani, da diversi anni, si presta particolare attenzione a un aspetto molto importante, che non è mai stato preso in considerazione nell'atleta cavallo. Stiamo parlando di una particolare attenzione all'equilibrio psichico, perché la scienza dello sport indica chiaramente che è quasi inutile avere un'eccellente struttura fisica, un ottimo allenamento supportato da un'alimentazione adeguata, se non c'è una mente nelle giuste condizioni, in grado di gestire il tutto nella maniera migliore.

E, infatti, in ambito umano esistono figure professionali che curano l'aspetto psicologico attinente alla prestazione sportiva (mental coach). Ovviamente per quanto riguarda il cavallo, gli aspetti psicologici che possono influenzare la performance sono indissolubilmente legati al rispetto delle sue esigenze etologiche. Il che vuol dire, in parole povere, che per farlo star bene dal punto di vista psicologico è indispensabile conoscere le sue esigenze etologiche, la sua psicologia e il suo comportamento, basandosi sulle conoscenze scientifiche, come si fa per l'atleta umano (senza inventarsi spiegazioni e concetti che niente hanno a che fare con l'essere cavallo), e inserirle anche nella gestione di scuderia.

È altrettanto indispensabile che tutte le procedure di addestramento, a partire dal posizionamento della cavezza fino al piaffer o allo spin, seguano rigorosamente le regole psicologiche dell'apprendimento animale. Oltre a ciò, è di notevole importanza anche comprendere e conoscere il funzionamento della mente del cavallo dal punto di vista cognitivo. Un cavallo gestito secondo le sue esigenze etologiche, addestrato seguendo la psicologia dell'apprendimento animale e del quale sarà tenuto in considerazione il normale sviluppo delle attività cognitive, sarà un cavallo che potrà dare il massimo in qualsiasi competizione, sfruttando le sue capacità atletiche al meglio. E sarà anche più sereno e tranquillo, perché si sentirà al sicuro nell'avere accanto l'essere umano e, perciò, sarà in grado di instaurare un buon legame con il suo cavaliere, in competizione, in passeggiata e in qualsiasi altra situazione.

Come potete facilmente intuire, la relazione con questi splendidi animali che tanto hanno dato al nostro progresso è purtroppo ancora lontana dall'aver trovato il giusto equilibrio fra la nostra sicurezza e il rispetto di una specie, quella equina, profondamente diversa da noi. Ciascuno di noi, per provare a cambiare lo stato delle cose, dovrebbe chiedersi se, e cosa, può fare per migliorare questa relazione, sforzandosi però di rispondere a queste domande partendo dalle necessità etologiche del cavallo (modo di apprendimento incluso, indispensabile per qualsiasi addestramento) e cercando di capire il suo modo di relazionarsi con l'ambiente che lo circonda. Ed è quello che proveremo a fare con questo libro.

Capitolo 2 – Vedo, sento, annuso, tocco e assaggio, quindi sono... cavallo!

Nel capitolo precedente abbiamo detto della necessità di dover comunicare con il cavallo, affermando che comunicare con lui è un po' come farlo con un'altra persona, indossando una maschera che ci impedisce di parlare, vedere, sentire e annusare. Il motivo è molto semplice e, purtroppo, cruciale: le parole "vista", "udito", "olfatto", "tatto" e "gusto" hanno, per il cavallo, un significato molto diverso dal nostro. Pertanto il primo passo da compiere lungo la non facile via che conduce a conoscerne il comportamento, la psicologia e le necessità etologiche, è senza dubbio sapere come percepisce il mondo che lo circonda, gli stimoli e le caratteristiche dei suoi sensi.

La Visione

Nell'ambiente equestre si sentono molte "leggende", spesso fantasiose, su come e cosa vedono i cavalli, scaturite da credenze popolari e derivate da un approccio poco scientifico (però tutti noi, quando abbiamo un problema alla vista, andiamo dal medico oculista e non dal mago). Non di rado queste "leggende" non sono corrette e ci portano a compiere degli errori di valutazione sul perché il cavallo si comporti in una certa maniera.

L'occhio del cavallo è, in dimensioni assolute, il più grande fra tutti i mammiferi terrestri e questo dato anatomico ci dice che fa molto affidamento sulle informazioni visive che provengono dall'ambiente. Questa caratteristica trova una precisa ragione nella vita in natura, perché è una preda e ha necessità di una buona visione a distanza e di un ampio campo visivo per perlustrare, in maniera semplice e rapida, il territorio che lo circonda e valutare l'eventuale presenza di un pericolo, senza dover muovere molto la testa. In effetti, la conformazione anatomica e la posizione degli occhi del cavallo rispondono perfettamente a questa esigenza.

Il campo visivo. Come per altre specie predate (bovini, caprioli, galline e altri animali) il cavallo ha gli occhi posti lateralmente nella parte alta della testa. Questa posizione anatomica gli permette una visione panoramica sia di fronte che su entrambi i lati del suo corpo. Ciascun occhio ha un campo visivo, prevalentemente laterale, di circa 180-190 gradi e, dalla sovrapposizione dei due campi visivi, si forma un'area cieca, diretta verso la parte posteriore, piuttosto limitata (circa 50-60 gradi), che corrisponde in pratica al corpo del cavallo. Avrete notato che certe volte, per un'iniezione o altra manualità, si mette una mano a coppa sull'angolo esterno dell'occhio. Così facendo s'impedisce al cavallo di vedere cosa succede al suo fianco e questo può tranquillizzarlo in quanto, non vedendo cosa succede, non è motivato a eseguire comportamenti di anticipazione. Questo, però, vuol dire anche che, mentre stringiamo il sottopancia o lo spazzoliamo, anche se tiene la testa diretta in avanti e in asse col proprio corpo, è in grado di vedere cosa stiamo facendo. Un aspetto pratico, molto importante di quest'area cieca, risiede nella necessità che ha il cavallo di alzare e girare leggermente la testa immediatamente prima di calciare. Se non lo fa, non può vedere cosa sta calciando. Questo comportamento è uno dei tanti che può aiutarci a capire cosa gli passa per la testa. Se, per esempio, stiamo toelettando la coda e lui rimane tranquillo con la testa abbassata senza girarla, è probabile che ciò che stiamo facendo non gli crei nessun disturbo; se al contrario ogni tanto alza la testa, la gira leggermente, anche restando fermo col corpo, è probabile che stia cercando di vedere (e perciò capire) cosa succede dietro di lui; insomma, esiste la possibilità che stia "prendendo le misure".

> Io credo invece che si debba tendere ad avere il cavallo quale è in natura con naturale equilibrio, con naturale posizione di testa, poiché, se vi è bisogno di qualche modificazione di equilibrio, vedremo come il cavallo la possa compiere da sé durante il lavoro, quando gli sia lasciata l'opportuna libertà.
>
> Carlo Giubbilei "Federico Caprilli, Vita e scritti", pag. 70

Torniamo agli occhi del nostro cavallo. I due campi visivi si sovrappongono parzialmente davanti al muso, formando una seconda zona cieca di forma triangolare che si estende per circa 1 metro e per un arco circa di 60 gradi partendo dalla fronte (dalla linea degli occhi) e in direzione del naso (la forma e l'estensione possono essere leggermente diverse da soggetto a soggetto, in funzione della conformazione anatomica e del portamento). In pratica, quando accarezziamo o grattiamo la fronte e la parte compresa fra il naso e la linea degli occhi, il cavallo non può vedere la nostra mano. Quest'area cieca è forse responsabile dell'assurda credenza che narra di come i cavalli, visto un oggetto con un occhio, non sono in grado di riconoscerlo con l'altro. In realtà se stiamo spazzolando la sua testa e, per andare da un lato all'altro, passiamo davanti alla fronte, è come se scomparissimo, per poi riapparire improvvisamente nel campo visivo dell'altro occhio e ciò potrebbe dare reazioni lievi, come ritrarre la testa (comportamento di evitamento). Anche la comparsa improvvisa di qualcosa o qualcuno in un campo visivo monoculare o nell'altro può innescare movimenti di difesa o di nervosismo. Del resto anche noi avremmo delle reazioni improvvise se qualcosa che non conosciamo ci comparisse a sorpresa nel campo visivo. In realtà test cognitivi hanno dimostrato con certezza come il cavallo sia in grado di riconoscere forme e oggetti anche diversi fra loro, se li vede prima con un occhio e poi con l'altro. Comunque anche un po' di sano buon senso sarebbe sufficiente per capire come questa "leggenda" non abbia senso: v'immaginate un cavallo che, in natura, deve poter guardare un lupo con entrambi gli occhi per poterlo riconoscere?

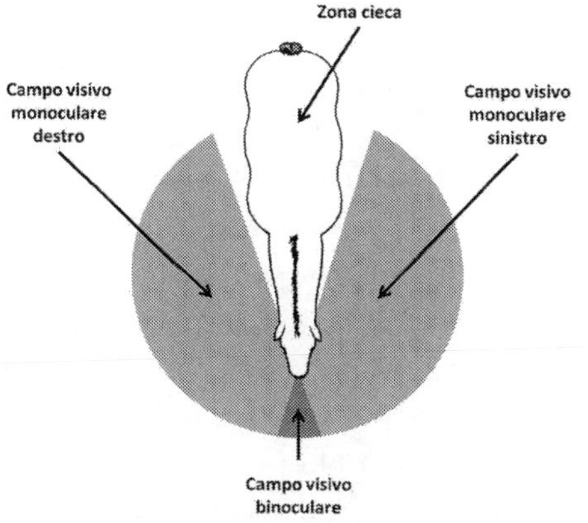

L'estensione dei campi visivi permette al cavallo di vedere gran parte dello spazio attorno a lui, ad eccezione di un'area cieca che corrisponde circa al suo corpo (tuttavia anche quest'area cieca può essere facilmente portata nella visuale, alzando e girando leggermente la testa). Nel disegno sono riportati i campi visivi monoculari (grigio chiaro), nei quali vede con un solo occhio; mentre dove i campi visivi si sovrappongono, si forma il campo visivo binoculare (grigio scuro).

In questo disegno è riportata l'estensione, verso il muso del cavallo, dei campi visivi monoculari (grigio chiaro) che, al disopra del naso, si sovrappongono nel campo visivo binoculare (grigio scuro). Le aree bianche sono le zone cieche in cui il cavallo non può vedere; qualsiasi azione compiuta in queste aree (ad esempio il posizionamento della testiera o lo spazzolare il ciuffo della criniera) deve essere fatta tenendo ben presente che il cavallo non può vedere ciò che stiamo facendo.

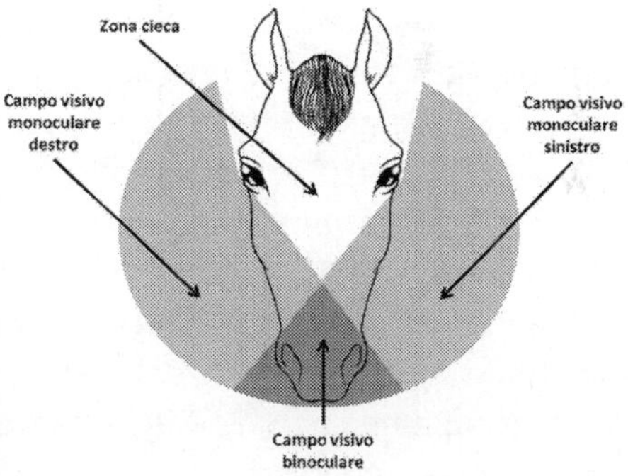

Più avanti della zona cieca anteriore, i due campi visivi si sovrappongono, dando luogo alla zona della visione binoculare che si estende per un arco di circa 60 gradi sopra il naso del cavallo fino all'infinito. Per completare la descrizione del campo visivo del cavallo dobbiamo dire che è tendenzialmente schiacciato in senso verticale e largo in senso orizzontale, riflettendo la forma della pupilla. Infatti, se guardiamo il suo occhio, possiamo notare che la pupilla non ha forma tondeggiante come la nostra o quella di un cane, ma è allungata ai lati e schiacciata dall'alto verso il basso ed è attraverso di essa che si estende il campo visivo. Questo perché la retina (il tessuto che riveste internamente l'occhio e che permette la percezione delle immagini) ha delle aree orizzontali con un'alta concentrazione di cellule sensibili, che fanno sì che l'area visiva a maggiore definizione sia tendenzialmente schiacciata in senso verticale e panoramica. Questo soddisfa le esigenze visive del cavallo, che ha bisogno di vedere prima possibile un qualsiasi movimento che avviene attorno a lui. Osservando il suo comportamento possiamo notare che, certe volte, quando vuole guardare un oggetto per terra (il classico sacchetto di plastica finito nel *paddock*), inclina la testa di lato. Così facendo l'immagine dell'oggetto va a cadere, appunto, in questa zona a miglior definizione visiva della retina, cosa che non può accadere se il cavallo mantiene la testa nella posizione normale, pur vedendo comunque il sacchetto. È lo stesso concetto per cui noi, notando qualcosa che ci interessa alla periferia dei nostri occhi, siamo costretti a girarci in quella direzione per poterlo vedere meglio. Questo ci spiega il motivo per cui un cavallo, in certe situazioni, alza improvvisamente la testa o scarta bruscamente in avanti quando un oggetto compare in un punto marginale del suo campo visivo: questi movimenti servono probabilmente a collocare l'oggetto nella zona della retina a miglior definizione visiva, per capire più rapidamente di cosa si tratta. Non dimentichiamoci che, in natura, pochi secondi possono fare la differenza fra vivere e diventare il pasto di un predatore. Così si è sviluppata la convinzione che i cavalli siano animali "paurosi" e "ombrosi", dai quali bisogna sempre aspettarsi reazioni improvvise e apparentemente immotivate (per noi esseri umani). Immaginate un po' se dietro ad ogni angolo di strada potesse nascondersi qualcuno che vuole mangiarci: non saremmo tutti un po' "ombrosi"? Queste caratteristiche anatomiche dell'occhio del cavallo presentano differenze importanti fra razze diverse e anche fra singoli individui, per cui i comportamenti collegati possono presentarsi in maniera leggermente diversa da soggetto a soggetto.

Come cambia il campo visivo del cavallo quando lo montiamo. Il cavallo ottiene una migliore visione del terreno flettendo leggermente la nuca, ed è in questa posizione che tiene la testa quando si muove al passo. Questo movimento è quasi impercettibile, ma si può notare quando muove il primo passo e diventa più evidente quando ha necessità di vedere bene cosa sta davanti ai suoi arti anteriori, per capire se, per esempio, c'è un ostacolo sul terreno e di quale entità esso sia. Con una flessione più accentuata della nuca, tale che la linea del naso sia verticale al terreno o addirittura spostata indietro (cosa che purtroppo avviene in molte discipline sportive nelle quali, per qualche motivo non chiaro, si monta il cavallo "sul morso" per ottenere la cessione dell'incollatura), s'induce un'area di cecità funzionale e il cavallo non può vedere bene il terreno di fronte a lui.

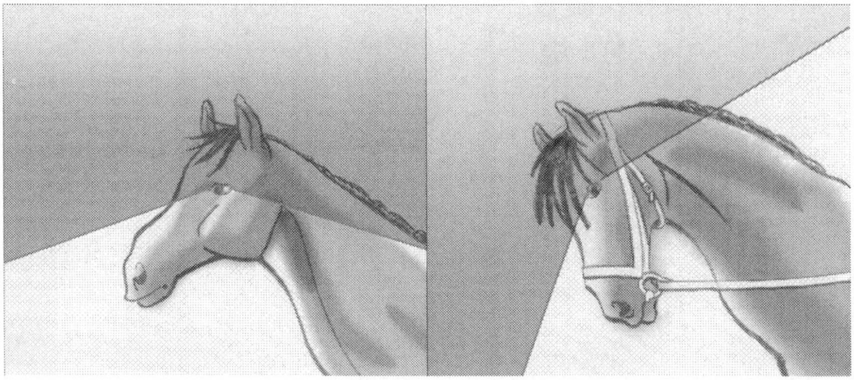

Visto lateralmente il campo visivo si estende verso il basso (area bianca inferiore) e in avanti verso il terreno, quando il cavallo tiene la testa nella posizione naturale, mentre l'area grigia è la zona cieca. "Montare sul morso" con un'iperflessione dell'incollatura limita la sua possibilità di vedere ciò che sta davanti ai suoi anteriori e, maggiore è la flessione della nuca, maggiore sarà tale limitazione. L'occhio del cavallo, però, può muoversi (anche se molto meno del nostro) e quando ha l'incollatura flessa, ruotandolo verso l'alto, può vedere meglio il terreno che ha davanti. Per avere un'idea potete camminare appoggiando il mento al petto, ruotando gli occhi in alto potete vedere un po' del terreno che sta davanti ai vostri piedi, ma non è certo una posizione comoda.

È opinione diffusa, fra appassionati e professionisti, che un cavallo così montato sia più collaborativo, più docile alla mano del cavaliere e più attento alle richieste. In realtà la spiegazione più probabile è che, a causa del deficit visivo che gli creiamo con l'iperflessione dell'incollatura, si renda solo più insicuro e i suoi movimenti diventino più cauti, così da farlo sembrare più docile. La stessa cosa accade a noi quando non riusciamo bene a vedere dove mettiamo i piedi, ci muoviamo con molta più cautela e attenzione. Prima di usare martingale e strumenti simili pertanto, si dovrebbe considerare che queste restrizioni fisiche possono contribuire a limitare la visuale del cavallo e la capacità di condurre se stesso e il cavaliere in maniera sicura sul terreno, sia quello morbido e livellato di un campo gara, sia quello di un sentiero di montagna.

> ...comunque l'estensione del collo va sempre concessa, perché serve al cavallo a poter guardare, e se il cavallo non ha guardato non passa...
>
> Carlo Giubbilei "Federico Caprilli, Vita e scritti", pag. 83

Pertanto, quando un cavallo inciampa, sempre chiedersi, per prima cosa, se ciò non sia dovuto ad azioni delle nostre mani che, limitandone la libertà dell'incollatura, ne hanno ridotto la capacità di vedere bene il terreno circostante. Chi fa trekking sa, o avrà sentito dire, che nei passaggi difficili e su sentieri impervi è importante lasciare le redini lunghe per permettere al cavallo di vedere dove mettere gli zoccoli. Questo concetto, con le dovute differenze, è valido in qualsiasi altra situazione, anche in campo gara, perché portare un cavallo sul salto con una flessione molto accentuata della nuca, oltre ad aumentare la possibilità di errore, può essere anche pericoloso.

La profondità delle cose. La visione del cavallo è prevalentemente monoculare e ciascun occhio vede un campo visivo diverso dall'altro, mentre l'area di visione binoculare è proiettata davanti al muso con un'ampiezza di circa 60 gradi. Quando pascola, tiene la testa a livello del terreno e il campo binoculare, diretto sopra il naso, gli permette di vedere bene l'erba che sta mangiando (questa è forse la vera funzione della visione binoculare nel cavallo). In questa posizione, la visione laterale monoculare, si estende ai lati del corpo e gli permette di esplorare l'orizzonte e tenere sotto controllo ciò che lo circonda, senza dover alzare la testa. Per vedere oggetti lontani con la visione binoculare è invece necessario, per il cavallo, alzare leggermente il naso nella direzione dell'oggetto, per sollevare il campo visivo binoculare e dirigerlo verso l'orizzonte. È con questo movimento che il nostro amico può acquisire informazioni su distanze e profondità delle cose, mentre normalmente la visione monoculare tende ad appiattire un po' gli oggetti (potete fare delle semplici prove guardando alcuni oggetti, o un panorama, chiudendo un occhio). Anche questo comportamento, di alzare leggermente il naso, si può facilmente notare portando il cavallo sull'ostacolo e lasciandogli libertà nel muovere la testa. Tuttavia anche la visione monoculare permette di valutare le distanze, è solamente meno precisa.

Quando il cavallo si prepara a staccare per il salto, può scegliere se inclinare leggermente la testa di lato e usare la visione laterale (monoculare) per avere una visuale d'insieme dell'ostacolo, oppure se sollevare la testa per sfruttare la visione binoculare e valutarne distanza e profondità. L'importante è lasciargli quel minimo di libertà nell'incollatura affinché abbia la possibilità di scegliere come avvicinarsi. Così facendo potrà tenere la testa in posizione naturale e, con lievi spostamenti del muso, cercare la migliore visione dell'ostacolo per valutarne altezza e profondità. Se invece lo costringiamo con l'incollatura troppo flessa e cediamo le redini solo sull'ultima battuta, o non le cediamo per niente, il rischio che non possa vedere e valutare bene l'ostacolo sarà molto alto. E questo, ovviamente, aumenterà il rischio di errori e d'incidenti.

> Perciò il cavaliere procurerà che il cavallo guardi ed osservi bene ciò che deve fare, e quando il cavallo fa, non lo dovrà disturbare ne infastidire.
>
> Carlo Giubbilei "Federico Caprilli, Vita e scritti", pag. 85

Una bella giornata... nuvolosa. Nei cavalli bradi le attività di pascolo e d'interazione sociale si protraggono, anche se in misura minore, per buona parte della notte: ciò significa che sono in grado di muoversi sul terreno con relativa facilità anche in condizioni di semi oscurità. Del resto anche la nostra esperienza ci insegna come sia possibile camminare, trottare o addirittura galoppare al crepuscolo o sotto la luce della luna; basti pensare a qualche bella passeggiata fatta di notte o alle gare di endurance che spesso partono e arrivano con l'oscurità. La struttura anatomica della retina del cavallo è effettivamente formata per vedere anche in condizioni di scarsissima luminosità, come indicato dalla prevalenza di bastoncelli rispetto ai coni (con un rapporto di 9 a 1). Inoltre, nell'occhio del cavallo, come in quello di quasi tutti i mammiferi (non nel nostro però), c'è una struttura fibrosa riflettente (tapetum lucidum), responsabile della colorazione verde brillante degli occhi degli animali durante la notte quando sono colpiti da un fascio luminoso, che amplifica la quantità di luce che entra all'interno dell'occhio. Grazie a questa peculiarità i cavalli, come quasi tutti gli animali, vedono meglio di noi in condizioni di poca luce. C'è però un rovescio della medaglia: l'accumulo di luce sulla retina, per l'attività di questa struttura riflettente, provoca la perdita dei dettagli e la riduzione della definizione degli oggetti e può creare un deficit visivo momentaneo quando i cavalli devono passare dall'ombra alla luce intensa (è come se l'occhio fosse colpito da un flash). Viceversa, la velocità di adattamento all'oscurità, provenendo da un ambiente con molta luce, sembra che nei cavalli sia molto più lenta rispetto all'essere umano, cioè avrebbero bisogno di un tempo considerevole (alcuni minuti) affinché il loro occhio si adatti alla visione nell'oscurità. Tutto ciò può provocare dei comportamenti non desiderati, fino a delle vere e proprie difese quando, ad esempio, vogliamo farli entrare in un trailer che è posto contro sole, o in generale ogni volta s'imponga loro di passare da un ambiente con molta luce a uno con poca (o viceversa). Ricordandoci questa caratteristica, sapremo che i cavalli vedono meglio in un ambiente meno luminoso (con cielo nuvoloso) piuttosto che in condizioni di luce intensa (sole), per cui è probabile che scuderie poco illuminate costituiscano un problema più per noi che loro.

Mettere a fuoco. La struttura anatomica del cristallino del cavallo fa sì che non riesca a vedere bene da vicino; infatti, la capacità di messa a fuoco migliore si ha da circa 1 metro davanti al muso fino all'orizzonte. Se però ci riflettiamo, potremo notare che al cavallo una buona vista da vicino non serve. Non deve leggere giornali né scrivere, e comunque la vicinanza degli oggetti ai suoi occhi è limitata dalla lunghezza del muso; per tale ragione gli oggetti vicini sono investigati meglio e in maniera più efficace con l'olfatto e il tatto, che nel cavallo sono "sensi di prossimità", perché adibiti all'esplorazione dell'ambiente nelle immediate vicinanze, mentre vista e udito servono a "scannerizzare" l'ambiente lontano. È per questo che i cavalli hanno, invece, un'ottima acutezza visiva a distanza, cioè sono tendenzialmente ipermetropi (come altri animali predati) per percepire prima possibile una sagoma lontana o i sottili movimenti che avvengono ai margini del loro campo visivo, che in natura possono rappresentare un potenziale pericolo.

> Regola prima e fondamentale però è sempre di permettere al cavallo di osservare e di non mai costringerlo ad avanzare prima che abbia osservato, lasciarlo quindi libero e non contrariarlo, cedendo al momento opportuno.
>
> Carlo Giubbilei "Federico Caprilli, Vita e scritti", pag. 88

I colori. Non vi è dubbio che i cavalli vedano i colori. La fattrice riconosce il proprio puledro da una certa distanza con la vista. Tuttavia, non sappiamo di preciso come li vedano. Sappiamo che sono dicromatici, come la quasi totalità dei mammiferi (eccetto l'essere umano e alcune scimmie), cioè vedono solo due dei tre colori fondamentali. Mentre noi umani vediamo una vasta gamma di colori data dalla combinazione di rosso, blu e giallo, nei cavalli la gamma di colori è data dalla sola combinazione di due fra questi tre colori: in pratica sono daltonici. Gli studi più recenti indicano come, probabilmente, vedano i colori in una scala di tonalità che va dal giallo al blu passando, con qualche difficoltà, per il verde, mentre non sarebbero in grado di distinguere accuratamente il rosso dal grigio; tuttavia non ne abbiamo la certezza. Forse l'intensità della luce influisce sulla percezione dei colori e forse ci sono differenze individuali, quindi alcuni cavalli potrebbero vedere il rosso e non il giallo, o viceversa. Quello che è certo è che percepiscono bene il contrasto evidente fra colori, e chi pratica salto sa che gli ostacoli più difficili da affrontare sono quelli con una colorazione uniforme perché il cavallo li distingue male dal resto dell'ambiente, e che, per contro, ostacoli con molti colori in contrasto gli risultano più evidenti. I cavalli, come abbiamo detto, hanno un occhio grande con un'ampia pupilla. Questa conformazione è particolarmente utile nel catturare la luce riflessa dentro il bulbo oculare, che è amplificata dal tapetum lucidum. Cioè, l'occhio del cavallo è strutturato per lavorare al meglio in condizioni di scarsa luminosità, permettendo un aumento sommatorio del segnale luminoso, senza perdere informazioni sulla risoluzione spaziale. Con questa conformazione la percezione dei colori è probabilmente secondaria e sarebbe funzionale solo durante il giorno, al tramonto e all'alba. Mentre nella notte, al chiaro di luna o delle stelle in quella che è chiamata "visione scotopica", è probabile che il cavallo perda la percezione dei colori, mantenendo però una notevole capacità di rilevare movimenti e forme. Anche in questo caso ci sarebbe una spiegazione di tipo evolutivo piuttosto semplice: cos'è più importante? Vedere il colore di un lupo o vederne la sagoma e i movimenti nell'oscurità? Insomma, per riassumere, i cavalli vedono molto più di noi in termini di quantità d'informazioni visive che sono in grado di raccogliere dall'ambiente esterno, ma vedono peggio dal punto di vista qualitativo, cioè della definizione dei contorni, della messa a fuoco e della capacità di distinguere i colori, soprattutto da vicino.

L'Udito

Com'è logico aspettarsi, nei cavalli l'udito è molto sviluppato. Chiunque avrà notato con quale e quanta facilità le orecchie si muovano, insieme o indipendentemente l'una dall'altra, grazie a una decina di piccoli muscoli. Ciascun padiglione auricolare si muove ruotando su un arco laterale di circa 180 gradi, permettendo così al cavallo un'ottima esplorazione dell'ambiente, alla ricerca di ogni possibile rumore. Questa capacità di esplorazione acustica, praticamente a 360 gradi, dell'ambiente, non è però accompagnata da una buona capacità di localizzazione della fonte di suoni o rumori. In pratica i cavalli hanno un deficit di localizzazione del suono, rispetto a noi o a predatori come il cane o il gatto, e possono localizzare l'origine di un suono solo con un'approssimazione di circa ±25 gradi rispetto al punto di origine. Forse questo può sembrare strano, ma anche questa volta, se ci riflettiamo un attimo, non lo è. Vi ricordate cosa abbiamo detto a proposito della vista? Al cavallo non serve vedere bene una possibile minaccia, ma gli è indispensabile vederla prima possibile. Ebbene, ciò vale anche per l'udito: non importa, infatti, capire da quale punto preciso arriva il rumore, ma è fondamentale sentirlo prima possibile. Rispetto però ad animali predatori e a noi umani, il cavallo ha un udito costruito per sentire anche suoni molto deboli e gli studi sulla percezione uditiva del nitrito hanno dimostrato che riesce a percepire il richiamo dei suoi simili da distanze superiori ai 4 km. Inoltre, i cavalli hanno migliori capacità di discriminazione fra suoni che hanno intensità simili, cioè sono in grado di distinguere fra due suoni che, per la loro frequenza, a noi sembrano uguali.

Il range umano dell'udito è compreso fra 20 Hz e 20 kHz, mentre quello del cavallo è compreso fra 55 Hz e 33,5 kHz, con un intervallo di maggiore sensibilità compreso fra 1 e 16 kHz, il più ampio fra tutti i mammiferi terrestri. Questo intervallo di frequenza del cavallo copre molto bene la voce umana, e per questo non sarebbe necessario, dal punto di vista "uditivo", usare strumenti come il fischio o il clicker per il suo addestramento. Il cavallo può pertanto udire suoni ad alta frequenza (ultrasuoni) che noi non possiamo percepire, ma non può udire alcuni suoni a bassa frequenza che invece noi siamo in grado di sentire. Forse qualcuno avrà sentito dire che i cavalli sono più nervosi quando c'è vento; questo è, in realtà, parzialmente vero e alla base c'è un motivo preciso: il vento conduce più facilmente suoni e odori, ma nello stesso tempo rende più difficile localizzarne la fonte e riuscire a distinguerli. In tal modo il cavallo, un animale predato che già fisiologicamente ha una ridotta capacità di localizzazione del suono, con il vento è in una condizione di attivazione del sistema nervoso simpatico, diciamo è più allertato, più "sul chi vive", perché si trova in una situazione di difficoltà percettiva e il suo organismo cerca di concentrarsi per capire meglio il tipo e la provenienza dei suoni. E ricordiamoci inoltre che molti di questi suoni e rumori noi non possiamo sentirli. Non ci stancheremo mai di ripetere che questo sistema di percepire l'ambiente ha importanti ripercussioni pratiche, perché un cavallo può spaventarsi apparentemente senza motivo, mentre in realtà i suoi sensi lo mettono in allerta perché ha percepito un suono o visto qualcosa che noi invece non siamo in grado di vedere o sentire. Una considerazione indicativa delle differenze percettive fra noi e il cavallo è che, quando presta attenzione a qualcosa, inarca il collo e drizza le orecchie, alla persona che gli è accanto viene quasi spontaneo girarsi e dirigere lo sguardo nella direzione dove sono puntate le sue orecchie, alla ricerca (visiva) di ciò che ha generato questa reazione. Ebbene è molto probabile che l'attenzione del cavallo sia attratta da un rumore (o un movimento) che non possiamo percepire in alcun modo. Una delle regole che si apprendono quando si entra in contatto per la prima volta con il cavallo è, giustamente, di fare attenzione a quando "schiaccia" le orecchie indietro, perché questo comportamento è segno di minaccia. Forse, sarebbe ugualmente corretto sapere che le orecchie sono importanti perché la loro direzione ci segnala dov'è focalizzata la sua attenzione non solo quando sono rivolte entrambe nella stessa direzione, perché anche il movimento di un solo orecchio ci aiuta a capire a cosa il cavallo sta prestando attenzione.

Potrebbe essere interessante fare questo piccolo esercizio pratico. Quando montiamo un cavallo che non conosciamo (possiamo farlo anche con cavalli che si conoscono), proviamo a fare caso a quando diamo un comando con la redine. Potremo notare che certe volte, nel momento di azione della mano, il cavallo muove verso di noi l'orecchio corrispondente (il sinistro per una volta a mano sinistra o viceversa). Ebbene, ci sta "dicendo" che presta attenzione alla nostra richiesta, al nostro comando. Ciò è molto importante nel meccanismo di apprendimento perché, se cambia qualcosa nel nostro modo di dare quel comando, anche qualcosa di piccolo come una diversa tensione della redine o pressione della gamba, il cavallo può percepire tale cambiamento come un segnale diverso e ha quindi bisogno di capire, prestandovi attenzione più del solito, cosa stiamo chiedendo. Noi, che stiamo montando e notiamo questo comportamento, abbiamo l'obbligo di chiederci se i segnali che gli abbiamo inviato sono adeguati e coerenti con ciò che gli è stato insegnato. Questo per dire che la direzione in cui sono puntate le orecchie aiuta a capire dove è focalizzata l'attenzione del cavallo, e questo va inteso non solo in termini negativi. Torneremo sulla posizione delle orecchie nei prossimi capitoli, per spiegarne il significato nella comunicazione sociale e per capire i suoi comportamenti di attenzione nella relazione con l'essere umano.

> Lo scopo di questa prima parte di istruzione all'aperto è di far apprendere ai cavalieri a stare calmi e a conservare la cadenza alle diverse andature, a lasciar lavorare i cavalli coll'incollatura distesa, conservando un leggerissimo appoggio e sapendo cedere e avanzare le mani quando il cavallo mostri di volere una maggiore estensione. Questa cosa si

> verifica sempre quando il cavallo, cambiando equilibrio ha bisogno di spostare il centro di gravità in avanti, ed è talvolta (unito al portarsi avanti delle orecchie) un movimento di attenzione. Quest'ultimo caso accade in modo particolare quando il cavallo guarda un punto di terreno su cui deve mettere il piede. Tal movimento di attenzione non deve essere contrariato, ma anzi favorito;...
>
> Carlo Giubbilei "Federico Caprilli, Vita e scritti", pag. 83

All'aperto i cavalli sembrano in grado di usare la posizione del corpo per localizzare un suono: un'ipotesi plausibile, in quanto, posizionando il proprio corpo in maniera adeguata, sarebbero in grado di amplificare i suoni facendoli rimbalzare sulla loro spalla, per farli giungere amplificati al padiglione auricolare dello stesso lato. Per tanto, quando un cavallo "scarta", è probabile che stia disponendo il suo corpo per consentire alla vista e all'udito di funzionare al meglio e permettergli così di capire se c'è un pericolo in giro. In questo caso sta solo facendo ciò che la natura gli ha insegnato e punirlo non serve a niente, anzi è dannoso, perché punire questi comportamenti, significa inibire la sua capacità di prestare attenzione all'ambiente, cosa che è, in linea generale, da evitare. Siamo noi a dover fare un piccolo sforzo per capire meglio i suoi comportamenti e far sì che si senta sicuro standoci accanto.

L'Olfatto

Chi non è mai stato annusato accuratamente da un cavallo alzi la mano. È praticamente impossibile che ciò non accada e per una ragione molto semplice: i cavalli familiarizzano con gli oggetti, sconosciuti e non, nelle loro immediate vicinanze esplorandoli, annusandoli e toccandoli.

> Il cavallo deve procedere verso l'ostacolo volenteroso, calmo ed attento, perciò si dovrà evitare ogni movimento od azione che gli possa recar dolore; non lo si prenderà troppo in mano, ma si aspetterà che il cavallo venga nella mano da sé, veduto l'ostacolo; gli si ispirerà, infine, fiducia nell'ostacolo facendoglielo osservare e, avendone modo, anche odorare.
>
> Carlo Giubbilei "Federico Caprilli, Vita e scritti", pag. 92

La lunghezza del naso dei cavalli indica che hanno un'ampia mucosa olfattiva (che è il luogo deputato alla percezione degli odori). Questa caratteristica, e il fatto che nel sistema nervoso centrale il bulbo olfattivo sia molto più sviluppato che nell'essere umano, ci dice che gli odori e la loro valutazione hanno un posto molto importante nella percezione dell'ambiente. La particolare conformazione anatomica delle narici (che sono distanziate fra loro e non sono rigide come quelle del cane), la lunghezza delle cavità nasali e l'enorme flusso di aria immesso durante la respirazione forniscono al cavallo la possibilità di odorare l'aria in maniera quasi stereoscopica, attorno all'oggetto o al soggetto che vogliono esplorare.

(Foto di Vanessa Salvati, per gentile concessione)

L'olfatto è molto importante negli scambi sociali e annusarsi il respiro reciprocamente fa parte delle gratificazioni rituali fra cavalli dello stesso gruppo. È una sorta di saluto, un "ciao".

In aggiunta al normale sistema olfattivo, nel cavallo l'organo vomero-nasale (OVN) è molto sviluppato ed è usato per rilevare ferormoni nelle urine e per valutare altri odori giudicati strani, che perciò hanno bisogno di un'analisi accurata. Il cavallo usa il suo OVN durante il flehmen (talvolta etichettato come "sorriso") in cui alza la testa e rivolge all'indietro il labbro superiore. In tal modo immette aria con l'odore da analizzare attraverso un'apertura nelle cavità nasali fino all'OVN. Questo comportamento si può facilmente notare quando investiga le urine o le feci di un suo simile o quando lo stallone annusa una cavalla in calore, ma si può vedere anche quando incontra nuovi odori (come per esempio il deodorante di una persona) e sostanze potenzialmente irritanti. Diversamente da altre specie, l'OVN del cavallo non si apre nella cavità orale. Infatti, invece di esibire il flehmen solo dopo il contatto delle labbra o della lingua con la sostanza odorosa da indagare (come fa il cane), i cavalli sono l'unica specie che può esibirlo in risposta a sostanze trasportate nell'aria. Il flehmen è un segnale per gli altri cavalli ed ha un ruolo importante nella vita sociale, nell'investigazione sessuale, nel corteggiamento e nel riconoscimento dei conspecifici.

L'olfatto è, infatti, usato nel riconoscimento individuale fra cavalli e fra essi e le persone che li accudiscono, oltre che ovviamente per riconoscere gli oggetti. Capita spesso di vedere un cavallo che, mentre è sellato, prova ad annusare sella e finimenti, così come è facile notare che annusa spazzole, coperte e tutta una serie di oggetti familiari (per riconoscerli) o non familiari (per sentire la presenza di un altro cavallo o per capire cosa sono). È molto probabile che così facendo cerchi di riconoscere il proprio odore su quegli oggetti per avere la conferma che si tratta di oggetti familiari (ricordiamoci che da vicino i cavalli non vedono bene). Tutto ciò riveste un ruolo importante nell'acquisire sicurezza e serenità rispetto all'ambiente e le persone. Un altro dettaglio, infatti, può riguardare l'odore che ci portiamo dietro, per esempio con le scarpe. Se accarezziamo un cavallo sconosciuto o ne calpestiamo le feci e poi entriamo nel box del nostro amico, questi potrebbe percepirne l'odore e quindi diventare nervoso.

Il Tatto

La sensibilità tattile varia nelle diverse regioni del corpo del cavallo: il garrese, la bocca, i fianchi e la regione del gomito sono le aree più sensibili, zone queste con cui siamo più in contatto quando lo montiamo. Il garrese, sul quale la sella non dovrebbe poggiare, la bocca e il muso che portano l'imboccatura, la cavezza o le briglie fuori-bocca, i fianchi dove agiscono le gambe (spesso con gli speroni) e la zona immediatamente dietro la regione del gomito, dove facciamo passare il sottopancia. Oggi sappiamo che queste zone del corpo del cavallo e in particolare l'area ai lati del torace (cioè l'area che normalmente è a contatto con la gamba del cavaliere) hanno una sensibilità tattile che è superiore a quella del polpaccio e dei polpastrelli delle nostre dita. Ciò ovviamente aumenta la possibilità che il cavaliere dia al cavallo, anche senza volerlo, pressioni e segnali tattili che non hanno significato dal punto di vista della comunicazione e ai quali il cavallo può rispondere in un modo che non ci aspettiamo, o può assuefarsi. Se queste sono le aree più sensibili, si dovrebbe prestare molta attenzione quando si agisce su di esse, per non creare problemi alla comunicazione.

> ...passando egli una rivista alle bardature, adattò gli arcioni a tutti i cavalli, trovandone ben 18 che non si attagliavano ai quadrupedi dello squadrone.
>
> Carlo Giubbilei "Federico Caprilli, Vita e scritti", pag. 133

Purtroppo spesso accade che le aree più sensibili, sovra stimolate dalle pressioni che scaturiscono dalle nostre azioni, col tempo riducano la loro sensibilità (è un meccanismo naturale di difesa che s'instaura per diminuire la percezione del fastidio) e la conseguenza è che sarà necessario aumentare le pressioni, cioè gli stimoli impiegati per trasmettere un segnale. Il risultato è che il cavallo può divenire sempre più insensibile alla nostra azione oppure, quando si supera la soglia del dolore, può manifestare direttamente comportamenti di difesa. Quando il cavallo pascola, capita che il ciuffo d'erba scelto venga via dal terreno con radici e terra attaccate: in questo caso lui riesce con la bocca, con cura e maestria, a separare gli steli di erba dalle radici e dalla terra. Questi comportamenti dovrebbero farci riflettere sul fatto che, quando lo montiamo, con un morso o un filetto che sia, applichiamo una pressione su una parte estremamente sensibile e importante.

Per quanto riguarda il tatto, inoltre, dobbiamo sottolineare che negli animali in branco è importante che ciascun membro sia sensibile alla presenza dei suoi simili nelle immediate vicinanze, soprattutto quando sono fisicamente in contatto. Questo può aiutarli a muoversi come gruppo coeso in caso di pericolo e aiuta a iniziare e favorire le sedute di mutual grooming, socialmente molto importanti. In particolare la stimolazione tattile che i cavalli si scambiano con il mutual grooming produce sensazioni piacevoli e ha effetto rilassante. Del resto, a chi non piacciono le carezze e i "grattini", soprattutto in certe zone del corpo? Tuttavia la sensibilità tattile va oltre il semplice contatto fisico con oggetti o altri cavalli. Le vibrisse sono quei peli lunghi e spessi attorno agli occhi e al muso e sono peli tattili, estremamente sensibili. A ciascuno di essi corrisponde un'area ben precisa nel cervello. L'apparente crescita disorganizzata di questi peli sul muso dei puledri neonati si pensa sia finalizzata a facilitare la localizzazione dei capezzoli della madre. Le vibrisse informano il cavallo della sua distanza da una determinata superficie e possono servire anche a rilevare alcuni tipi di suono. Insieme alle labbra, le vibrisse raccolgono informazioni tattili durante il pascolamento e durante lo sfregamento della testa. Grazie ad esse i cavalli sono in grado di sentire la recinzione elettrica prima di toccarla, evitando così la scarica. Uno studio ha dimostrato che il taglio delle vibrisse aumenta la possibilità di ferite e contusioni sul muso durante il trasporto e grazie a questo studio, alcuni paesi ne hanno vietato il taglio in tutti gli animali. Nel nostro paese, purtroppo, è ancora frequente vedere cavalli da competizione con il muso rasato.

Il Gusto

Il gusto, come l'olfatto, è il risultato di un'interazione chimica tramite i recettori posti sulla mucosa della cavità orale, localizzati quasi tutti sulla lingua. La sensazione del gusto percepita dal cavallo si presume che possa essere una gradazione di salato, acido, dolce e amaro, più o meno come la nostra, anche se non ci sono informazioni scientifiche precise. Il gusto è importante negli scambi sociali: quando due cavalli eseguono il mutual grooming è come se si stessero "assaggiando" a vicenda e questo ne facilita il riconoscimento individuale. Il gusto inoltre aiuta i cavalli a determinare il potere calorico degli alimenti e, più in generale, a fornire informazioni nutrizionali. Per esempio, se la dieta di un cavallo è povera di sodio, egli è in grado di selezionare un foraggio con alto contenuto di sale, piuttosto che un altro. Attraverso il gusto, il cavallo riesce a differenziare i cibi, a esercitarsi alla loro preferenza (imparando a evitare alimenti che possono dar luogo a disturbi) e ad acquisire informazioni circa la tossicità delle essenze vegetali. Ed è sempre attraverso il gusto che il cavallo in natura sceglie l'alimento, in base al proprio fabbisogno energetico.

Volendo terminare questo capitolo, possiamo dire che la vista è molto importante per il cavallo nella percezione dell'ambiente ed è anche il senso più studiato, di cui si conoscono meglio le caratteristiche. Tuttavia sarebbe un grave errore pensare che la vista sia un fattore a sé rispetto agli altri sensi. La vista, l'udito, l'olfatto, il tatto e il gusto lavorano insieme per dare ai cavalli la giusta percezione dell'ambiente che li circonda, sia da vicino che da lontano. È un lavoro di squadra, all'interno del quale i diversi sensi si sono evoluti e integrati nei millenni e hanno contribuito a far sì che il cavallo non solo sia arrivato fino ai giorni nostri, ma ci abbia anche accompagnato nel nostro progresso. È però di fatto impossibile immedesimarsi nel suo mondo sensoriale, né possiamo pensare che i cavalli ascoltino, vedano o odorino come facciamo noi. Per questo commettiamo un grave errore di valutazione ogniqualvolta gli attribuiamo capacità sensoriali e intellettive uguali alle nostre. Quello che dobbiamo fare è conoscerli, conoscere le regole psicologiche con cui funziona la loro mente, che sono le stesse delle altre specie animali. Inoltre, conoscere il perché si comportino in una certa maniera piuttosto che in un'altra, permetterà di creare una comunicazione bi-direzionale (che usa linguaggi diversi) efficiente per insegnare loro che da noi non hanno niente da temere. Per esempio, per quanto riguarda gli aspetti "visivi", in una bella giornata di sole dobbiamo convincere il nostro amico (non con le chiacchiere) che siamo il suo "cane guida", mentre per quanto riguarda suoni e rumori ad alta frequenza dobbiamo imparare noi a far sì che il cavallo sia il nostro apparecchio acustico.

Nel mondo degli odori, dobbiamo accettare la superiorità del suo olfatto e sapere che sente molto meglio di noi se qualcuno ha cambiato bagno schiuma o deodorante, ed evitare odori che lo infastidiscono o lo agitano. E, soprattutto, dobbiamo rispettarne l'elevata sensibilità tattile, non trascurando che a essa è associata una forza fisica alquanto superiore alla nostra, che possiamo gestire con dei segnali tattili che devono essere comprensibili per il cavallo ed educati (cioè non provocare dolore o fastidio eccessivo). Come potete immaginare tutto ciò non è facile, ma se ci poniamo nelle condizioni di saper "ascoltare" e "conoscere" nella maniera corretta il nostro cavallo, saremo in grado di fare notevoli passi avanti.

Video di riferimento del capitolo: 1, 17 e 18

Capitolo 3 – Comunicare con i cavalli

Da quanto abbiamo detto, sembra proprio che la specie equina e la nostra non abbiano ancora raggiunto una relazione equilibrata e un modo corretto di comunicare, nonostante millenni di convivenza. In realtà la cosa giusta da dire è che noi, esseri umani, non siamo stati in grado di instaurare un sistema di comunicazione efficace, almeno fino a oggi e non possiamo certo imputare questo problema al cavallo. Quando parliamo di "comunicazione", dobbiamo per prima cosa comprenderne il significato, per farlo però dobbiamo pensare a questa parola non così com'è intesa nella nostra società, ma capirla dal punto di vista etologico. Comunicare con i cavalli significa comunicare con una specie geneticamente ed evolutivamente diversa da noi, che ha un mondo percettivo e necessità etologiche molto diverse dalle nostre.

La comunicazione avviene quando un animale (trasmettitore) inserisce delle informazioni in un segnale e lo invia a un altro animale (ricevente). Quest'ultimo percepisce il segnale, lo decifra e, interpretandolo correttamente è capace di rispondere in maniera appropriata con il suo comportamento. Affinché sia efficace e si possa definire "comunicazione" ogni atto che vuol comunicare qualcosa, ha bisogno di tre parti indispensabili:

1) Un soggetto che include le informazioni in un segnale e lo invia.
2) La trasmissione materiale del segnale (compreso il mezzo fisico usato), che contiene le informazioni.
3) Un soggetto che riceve il segnale e lo decifra per recuperare le informazioni, divenendo così in grado di attuare una risposta comportamentale.

È evidente come il segnale che trasporta le informazioni da chi lo invia a chi lo riceve rappresenta l'elemento centrale della comunicazione. È altrettanto evidente come l'invio di questo segnale, nel caso della comunicazione fra cavallo ed essere umano per l'addestramento e la gestione, includa la volontà da parte dell'essere umano di inviare il segnale. Detto in parole povere la comunicazione, nel contesto di questo libro, deve essere intesa come il passaggio di un segnale volontario, contenente un messaggio, dall'essere umano al cavallo, segnale che ha la capacità di modificare il comportamento di quest'ultimo. Vedremo in seguito come invece, molto spesso, inviamo al cavallo dei segnali senza esserne consapevoli.

Proviamo a fare subito un esempio attinente al passaggio d'informazioni fra cavaliere e cavallo. Siamo in sella e, con la gamba, gli tocchiamo il torace per metterlo in volta (cioè vogliamo comunicargli di fare una volta). Se chiediamo ad amici ed esperti cosa stiamo facendo, ci troveremo di fronte ad alcune risposte, anche diverse fra loro probabilmente. In realtà, dal punto di vista etologico, noi stiamo inviando un segnale al cavallo (in questo caso il segnale è il tocco della nostra gamba sul suo torace) perché vogliamo trasmettergli il messaggio "fai una volta". Il segnale che gli inviamo, cioè il tocco della nostra gamba in un determinato punto del suo torace, include il messaggio "fai una volta". Il nostro modo di comunicare è efficace se il cavallo, cioè chi riceve il segnale, lo comprende, lo decifra e lo interpreta nella maniera corretta, facendo la volta richiesta. Proviamo a fare un altro esempio alquanto diverso. Immaginiamo di aver insegnato a un cane a sedersi al comando "seduto", attraverso un processo di addestramento mediante apprendimento associativo. Il cane non comprende il significato della parola "seduto", ma se debitamente addestrato, apprende a decifrare quel suono (cioè quel segnale), eseguendo il comportamento di sedersi. In questo caso, dopo il processo di addestramento, siamo stati in grado di instaurare una comunicazione efficace, perché siamo riusciti a far apprendere all'animale che, all'interno di un segnale (la parola "seduto"), è contenuto il messaggio di sedersi e il cane ha appreso a comprendere, decifrare e interpretare nella maniera corretta quel segnale. Se però il cane apprende a sedersi anche in risposta ad altri segnali che noi, senza volerlo, gli inviamo (cosa che può accadere come avremo modo di capire, mediante condizionamento classico), ci troviamo di fronte a una comunicazione che non è efficace, perché il messaggio è contenuto nel segnale che però non è inviato volontariamente.

Questo esempio ci permette di definire le condizioni per cui la comunicazione può fallire o diventare inefficace:

1) Il fallimento può essere dovuto all'incapacità di includere le informazioni nel segnale inviato. Nel caso dell'esempio della volta, l'azione della gamba può avvenire senza che il cavaliere abbia la volontà di chiedere la volta (magari perché sta dondolando la gamba), cioè senza che voglia trasmettere il messaggio "fai la volta". In sostanza il segnale è inviato, contiene il messaggio che il cavallo è in grado di interpretare, ma il cavaliere ha agito senza la volontà di farlo.
2) Il segnale non è inviato correttamente. Ciò avviene quando per esempio si vuole che il cavallo faccia la volta, ma il segnale (il tocco della gamba sul costato) non è quello giusto. Magari stiamo indossando gli speroni, cosa che non avevamo fatto in precedenza (o viceversa) per cui il tocco con la gamba è diverso. Il messaggio in questo caso è incluso in un segnale che il cavallo non conosce e che perciò non è capace di decifrare (per tale motivo non eseguirà la volta).
3) Incapacità nel decifrare il segnale. Il cavallo in questo caso sente il segnale (il tocco della gamba sul torace) ma non è in grado di decifrarlo, perché non sa capire (non è stato addestrato a farlo) il messaggio contenuto in quel preciso tocco.
4) 1 e 3 insieme (cioè la contemporanea presenza di errori nell'inclusione del mes-

saggio nel segnale inviato, da parte di chi trasmette e nella decifrazione da parte di chi riceve). Questa condizione è forse la più frequente fonte di errori nella comunicazione con il cavallo. Il cavaliere vuole inviare un messaggio (volta a mano destra) ma usa segnali diversi (uso dello sperone, una pressione più forte o applicata in un punto diverso, o un altro segnale unito al tocco della gamba, come l'azione contemporanea di una redine) che il cavallo non è in grado di decifrare, perché non riconosce il segnale che contiene il messaggio.

Sperando che il concetto di "comunicazione" sia più chiaro, facciamo un altro passo avanti con il gergo etologico. A prescindere da ciò che vogliamo ottenere dal cavallo (una volta, una transizione, o altro), con il tocco della gamba, abbiamo inviato al cavallo un segnale e, in pratica, lo abbiamo fatto modificando l'ambiente attorno a lui. In altre parole, il nostro segnale è uno stimolo che, provenendo dall'ambiente, agisce sul cavallo, ma non dipende dalla sua volontà, bensì dalla nostra. Noi, in tal modo, modifichiamo l'ambiente creando degli stimoli volontari che possiamo usare come segnale per inviare un messaggio, cioè per comunicare con il cavallo, e lui risponderà nel modo che ci aspettiamo, se ha avuto un addestramento specifico. Pertanto comunichiamo con i cavalli e lo facciamo, spesso senza saperlo, perché siamo in grado di modificare l'ambiente intorno a loro. I nostri gesti, la nostra voce, la nostra presenza fisica attorno e sopra al cavallo sono stimoli che possono essere usati come segnali per instaurare una comunicazione efficace e questo è molto importante per il suo equilibrio psichico. Il problema è se siamo consapevoli o meno di ciò e se gli stimoli, che usiamo come segnali, contengono sempre un messaggio che vogliamo inviargli. È facilmente comprensibile che se un messaggio non è chiaro, non è voluto oppure è sbagliato, possa generare in chi lo riceve risposte sbagliate, frustrazione e perfino la fuga.

Vista l'importanza che ha la parola "stimolo" (nello specifico all'interno del processo di comunicazione), vediamone adesso il significato etologico. In generale, con la parola "stimolo" s'intende qualsiasi definibile variazione nell'ambiente che circonda un animale (incluso anche il genere umano). L'ambiente è una fonte inesauribile di stimoli: forme, suoni, odori e sapori di qualsiasi genere e origine sono stimoli. Se ci pensiamo un attimo, possiamo capire come gli animali siano costantemente bombardati da un numero notevole di stimoli. Tuttavia, non tutte queste sollecitazioni hanno valore, nel senso che non tutti gli stimoli ambientali inducono una reazione negli animali. Cerchiamo di chiarire questo importante concetto. È un pomeriggio d'estate e ce ne stiamo seduti leggendo un libro, al fresco nel nostro giardino che una siepe separa da una strada dove, ogni tanto, passa un'automobile. Ovviamente, ogni volta che sentiamo il rumore di un'automobile, non andiamo a vedere di cosa si tratta, ma restiamo tranquillamente seduti, continuando a leggere. A livello inconscio sappiamo benissimo che non vale assolutamente la pena di sprecare energie per andare a vedere un'automobile che passa. Lo stimolo rumore del motore non ha per noi, in quel momento e in quell'ambiente, alcun significato, o meglio tale stimolo non è sufficiente a innescare il comportamento di andare a vedere da dove proviene quel rumore e questo nonostante i nostri sensi (o meglio il nostro udito) lo percepiscano perfettamente. Tenete a mente questo esempio ed entriamo in scuderia il giorno del concorso. Un nostro amico ci ha chiesto gentilmente di aiutarlo a preparare i cavalli e così, mentre lui è in campo gara, ci mettiamo a toelettare l'altro, il quale, essendo alquanto curioso e invadente, si gira continuamente, ci annusa la maglia molte volte e prova anche ad assaggiarla in diverse occasioni, con nostro grande disappunto. Mentre lo stiamo toelettando, nel corridoio passa il trattore che di solito è usato per rifare i box il mattino e il cavallo non lo degna di attenzione, intento com'è a occuparsi della nostra maglia. Il nostro amico rientra e prende il cavallo che abbiamo preparato, noi lo seguiamo e ci mettiamo a bordo campo, per fare qualche foto. Sarà molto improbabile che il cavallo che abbiamo preparato, mentre è in campo gara, provi ad avvicinarsi a noi e cerchi di annusare di nuovo la maglia, come aveva fatto in scuderia. Certo, questo è logico, direte voi, ma perché? Perché in scuderia, il cavallo è interessato alla nostra maglia, mentre quando è in campo gara, nonostante ci passi vicino, non ha più alcun interesse per il nostro indumento? Gli stimoli che riceve in campo gara (i segnali del cavaliere, gli ostacoli, le voci delle persone e molto altro) hanno un'importanza maggiore e lui si comporta di conseguenza, in risposta a quegli stimoli che maggiormente attraggono la sua attenzione e determinano il suo comportamento. Per contro, la nostra maglia che tanto sembrava interessarlo in scuderia, nel nuovo ambiente (in campo gara) non ha più nessun significato.

Proviamo a riassumere: ci sono stimoli che non inducono nessun comportamento nel cavallo (il trattore che passa nel corridoio, nel nostro esempio) e ai quali non risponde. Ci sono, invece, altri stimoli che innescano un comportamento, se inseriti in un certo ambiente, come nel caso della maglia in scuderia. Quegli stessi stimoli, in un altro ambiente, non determinano nessun comportamento di risposta. E questo solo per arrivare alla definizione etologica di questa parola: uno stimolo è ogni apprezzabile variazione dell'ambiente che circonda l'animale che provoca una risposta, cioè che innesca un comportamento conseguente. Dall'esempio che abbiamo riportato, si deduce che uno stimolo può essere tale in un determinato ambiente, ma non esserlo in un altro. I segnali usati nella comunicazione, cioè che trasportano un messaggio, sono stimoli volutamente generati da chi vuole inviare quel messaggio, che possono avere significato in un ambiente (o in una situazione), ma non in un altro. Da ciascuno stimolo il cavallo impara qualcosa e, al ripresentarsi di quello stesso stimolo, è più probabile che si comporti in maniera diversa rispetto alla prima volta che l'ha affrontato, per poi uniformare nel tempo la sua reazione, quando avrà appreso il comportamento che più gli conviene tenere di fronte a quello stimolo, in qualsiasi ambiente si trovi. Per esempio, un soggetto che vive in scuderia impara molto presto quali rumori e movimenti annunciano l'arrivo del cibo e si comporta di conseguenza, nitrendo o calciando il box appena li sente. Se lo stimolo è usato come segnale per la comunicazione, il cavallo, attraverso il processo di addestramento, apprenderà a comprendere quello stimolo, a decifrarne il messaggio e a rispondere in maniera adeguata con un comportamento che diventa, quindi, prevedibile per noi.

Perciò, molte delle azioni che facciamo nei confronti del cavallo possono assumere il valore di stimolo, cioè possono determinare una modifica del suo comportamento e di conseguenza rappresentano una possibile forma di comunicazione fra noi e lui. Questo perché ogni stimolo da noi creato può divenire un segnale per inviargli un messaggio. In pratica, ogni volta che tocchiamo il corpo del cavallo, con le mani, le gambe, le redini, il frustino, la longia, o altro, noi produciamo volutamente degli stimoli, che sono dei segnali che contengono dei messaggi, perciò comunicano qualcosa. Anche l'uso della voce è un modo per comunicare. È necessario però non creare equivoci. Il cavallo non comprende il significato delle parole, ovviamente, ma percepisce un suono che compare nel suo ambiente, cioè percepisce uno stimolo. Questo stimolo (la voce) può diventare un segnale per trasmettergli un messaggio solo in seguito ad un processo di addestramento. Questo modo di comunicare è possibile perché il cavallo percepisce gli stimoli ambientali attraverso i suoi sensi e, grazie all'attività della sua mente, può analizzarli, per capire, se è stato addestrato a farlo, il messaggio che contengono e modificare così il suo comportamento.

Facciamo un piccolo passo indietro e torniamo all'esempio della volta. Abbiamo detto che lo stimolo "tocco della gamba sul torace" può essere usato per comunicare al cavallo che deve fare una volta. Questo stimolo che usiamo come segnale, è un'interazione fisica. Concentriamoci sulla parola "interazione fisica", perché rappresenta uno degli elementi centrali della comunicazione fra cavallo ed essere umano e perché, a questo punto, è importante dare un'altra definizione. I gesti che si compiono dalla sella, o mentre si conduce a mano un cavallo, passano da precise azioni fisiche che facciamo con le mani, o con altre parti del nostro corpo, e che si trasmettono al suo corpo. È importante quest'aspetto perché ogni volta che tiriamo una redine, usiamo il frustino, gli tocchiamo il torace con la gamba o lo portiamo a mano, noi lo stimoliamo con un'azione meccanica che si trasmette ad alcune parti del suo corpo come la bocca, il costato, la nuca.

> Lo studio principale deve essere fatto sulla bocca del cavallo perché le azioni fatte su di essa sono le più dolorose e possono modificare tutto l'equilibrio naturale del cavallo.
>
> Carlo Giubbilei "Federico Caprilli, Vita e scritti", pag. 91

In pratica, applichiamo una forza fisica (una pressione sulla sua pelle) su alcune parti del corpo del cavallo, per far sì che si comporti secondo il nostro desiderio. In questo caso la comunicazione avviene mediante l'applicazione di "pressioni" (o stimoli pressori) che sono dei segnali inviati al cavallo per ottenere determinate risposte comportamentali, come le volte, i cambi di andatura, lo stop, andare avanti e molte altre. Le "pressioni" altro non sono che uno stimolo da noi generato, che provoca una modifica del suo comportamento. Questa, come potrete capire, è la via principale con cui comunichiamo con il cavallo, perciò è necessario conoscerla bene.

Per rendersi meglio conto di quello che abbiamo detto, possiamo fare una prova molto semplice, interponendo il nostro dito indice fra la pelle del cavallo e i vari strumenti (imboccatura, testiera, briglia, sella, cavezza o altro) utilizzati per applicare le pressioni di cui abbiamo parlato. Ad esempio possiamo, con delicatezza e attenzione, mettere l'indice fra il cannone dell'imboccatura e la commessura labiale (l'angolo dove si uniscono il labbro superiore e inferiore) e poi tirare la redine, avremo così modo di farci un'idea della pressione applicata dal morso sulla bocca. Possiamo poi mettere il dito indice fra il naso del cavallo e il montante della cavezza, con l'altra mano tirare la longhina verso il basso, come se volessimo fermarlo mentre lo portiamo a mano; potremo così sentire la pressione che la cavezza esercita sul suo naso. Possiamo fare questa piccola prova in qualsiasi punto del corpo del cavallo, dove agiscono gli strumenti che usiamo (in teoria potremo farlo anche dove si usa il frustino, oppure nel momento in cui agiscono gli speroni, mettendo una mano fra lo sperone e il costato del cavallo, però queste due ultime prove forse è meglio non farle).

> ...aiutare con le gambe, cedere con le mani, assecondare col busto gli spostamenti d'equilibrio del cavallo.
>
> Carlo Giubbilei "Federico Caprilli, Vita e scritti", pag. 119

Se siamo stati chiari nell'esporre i concetti di comunicazione, stimolo e pressione, adesso dovremmo avere tutti gli strumenti per capire cosa vuol dire comunicare con il cavallo, durante le normali manualità che eseguiamo quando montiamo in sella o lo portiamo a mano, in altre parole in quelle occasioni in cui è maggiore il grado d'interazione fisica fra noi e lui.

Comunicare attraverso le redini e gli aiuti di mano

Il sistema "redini-imboccatura" è stato, ed è, il mezzo principale per condurre un cavallo dalla sella, cioè per farlo girare, fermare o avanzare in base alle nostre richieste. Le redini, come sapete, sono collegate all'imboccatura e, attraverso esse, applichiamo una pressione direttamente sulla bocca del cavallo e nelle zone vicine, come il naso o il mento (o barbozza che dir si voglia) secondo quale tipo di briglia utilizziamo. Con le dovute differenze date dal tipo di azione meccanica e da com'è trasmessa, questo accade con qualsiasi tipo d'imboccatura usata. Non ci soffermeremo a parlare di filetti o morsi e delle decine di tipi che ne esistono, e che spesso somigliano più allo sfogo fantasioso di un artista che non a mezzi di comunicazione con il cavallo. È un argomento che non ci interessa e che, ai fini della nostra trattazione, non reputiamo utile approfondire. Ciò che invece pensiamo sia importante rilevare è come, a parità di forza usata per tirare una redine, le differenze per il cavallo possano essere davvero grandi, secondo quale imboccatura si utilizza. Più è duro un morso, maggiore è il sistema di leve che ha, maggiore sarà la pressione che può essere fatta sulla bocca, sul palato e sulle altre zone della testa, a parità di forza di tensione esercitata sulla redine. Tuttavia, come sappiamo, ci sono anche briglie che non prevedono l'uso d'imboccature. Non sono né migliori, né peggiori. Con un hackmore si può esercitare una pressione molto forte sul naso e sotto il mento del cavallo (proviamo a mettere lì il dito per rendercene conto), usando una forza relativamente leggera con le nostre mani, mentre una briglia senza imboccatura diversa, può prevedere l'uso di una forza maggiore che però può provocare pressioni minori.

Nella figura sono riportate le principali zone (in grigio) della testa del cavallo dove sono applicate le pressioni dovute all'azione della briglia.

Ricordiamoci che non è importante quale briglia usiamo, con imboccatura o senza, ma è fondamentale sapere cosa stiamo facendo, o meglio, come il cavallo percepisce e interpreta ciò che stiamo facendo. Per adesso è sufficiente sapere che, qualsiasi briglia si usi, con o senza imboccatura, il funzionamento è sempre lo stesso e consiste nell'applicare una pressione fisica da qualche parte sulla testa del cavallo, direttamente nella bocca, sul naso, sotto il mento oppure sulle guance o sulla nuca. Qualcuno potrà obiettare che già non usare un'imboccatura è un bel passo avanti dal punto di vista etico e in linea di principio siamo d'accordo. Tuttavia dobbiamo precisare che lo scopo di questo libro è cercare di divulgare le nozioni conosciute di etologia applicata al rapporto con il cavallo e lasciare poi libere le persone di fare le scelte che più ritengono opportune, in conformità a queste conoscenze, alla propria sensibilità e al tipo di relazione che intendono intraprendere con i cavalli. Comunque, per essere sinceri, possiamo dire che, ipotizzando di mettersi nei panni del buon quadrupede, preferiremmo essere montati con un filetto da qualcuno che conosce le regole psicologiche dell'apprendimento animale e sa quale significato hanno le sue azioni per il cavallo, piuttosto che essere montato senza imboccatura da qualcuno che non sa cosa sta facendo. Riassumendo, la tensione che applichiamo alle redini con le nostre mani diventa una pressione (stimolo) sulla pelle del cavallo che è usata come segnale per inviargli messaggi (fermati, fai una volta, cedi l'incollatura e altro).

Comunicare attraverso gli aiuti di gambe

Analogamente a quanto già visto per il sistema "redini-imboccatura", anche attraverso gli aiuti di gamba il cavaliere applica delle pressioni sul corpo del cavallo. Queste pressioni possono essere applicate con il tallone, ma anche con il polpaccio, in una superficie a forma di semi arco, con centro il ginocchio del cavaliere, che può oscillare sulla parte laterale del torace del cavallo per un'ampiezza variabile di circa 40 - 50 cm. È evidente come, con l'uso degli speroni, si possa aumentare enormemente la possibilità di far sentire la pressione della gamba, che anzi in questi casi può non essere più considerata solo come "pressione", ma piuttosto come uno stimolo che può generare dolore. La pressione può essere fatta anche con l'ausilio di tutta la gamba, oppure con la contrazione dei glutei, che determinano una variazione di pressione anche sull'area della sella.

Siccome ripetere aiuta, tutti i movimenti che compiamo con le gambe e con la contrazione dei nostri muscoli diventano una pressione (stimolo) sul corpo del cavallo che può essere usata come segnale per inviargli dei messaggi (vai avanti, fermati, fai una volta, cedi l'incollatura e altro).

> L'applicazione delle regole che ho esposte, assai semplice in casi normali, a moderata andatura ed in facile terreno, va ricordata anche a veloce andatura ed in terreno vario, poiché accade spesso che il cavaliere perda l'assetto, e sia quindi portato ad attaccarsi con le mani e con le gambe; inoltre che perdendo la calma, invece di restare fermo e passivo, si affanni a voler fare qualche cosa,...
>
> Carlo Giubbilei "Federico Caprilli, Vita e scritti", pag. 81

Comunicare con la cavezza e la longhina

Un breve inciso lo merita l'uso di cavezza e longhina. La cavezza funziona come una briglia, perché trasforma la tensione esercitata dalla mano della persona sulla longhina, in pressione che agisce in determinati punti della testa del cavallo, circa gli stessi su cui agiscono le briglie senza imboccatura. La cavezza però non è nata per dirigere il cavallo come la briglia, ma per condurlo da terra, in modo che segua e si fermi quando la persona lo richiede, per questo la distribuzione delle pressioni, trasmesse attraverso una longhina e non tramite due redini, è più omogenea su tutta la testa del cavallo. Inoltre, sempre che non sia utilizzata in maniera diversa da quella usuale (ad esempio fatta passare sopra il naso o sotto il mento del cavallo), la longhina non prevede l'uso di leve che possano amplificare la tensione esercitata con la mano. Giusto per completezza, quando si porta un cavallo a mano, si possono fare anche altre pressioni, come appoggiarsi alla sua spalla.

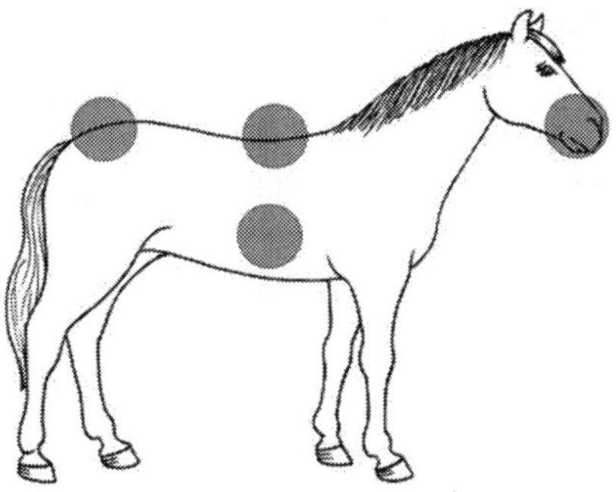

L'azione del cavaliere consiste nell'applicazione di una serie di forze meccaniche sul corpo del cavallo (i cerchietti grigi indicano i principali punti dove ciò accade) che per semplicità possiamo chiamare "pressioni". Queste pressioni possono essere usate in maniera meccanica, come se il cavallo fosse una marionetta che gira dalla parte dove si tira il filo, oppure possono essere usate come segnali per inviare precisi messaggi che il cavallo, attraverso l'addestramento, è in grado di comprendere e di associare a determinati suoi comportamenti, instaurando in tal modo un sistema di comunicazione interspecifica efficace.

Altre vie di pressione

Come possiamo immaginare ci sono altre vie per applicare una pressione e anche il semplice stare in sella lo è; infatti il cavallo riesce a percepire la contrazione dei nostri glutei e i cambiamenti della nostra posizione. Pertanto qualsiasi movimento del nostro corpo in sella, anche non voluto, potrebbe essere interpretato dal cavallo come un segnale di comunicazione (stimolo) che contiene un messaggio e potrebbe, perciò, innescare un comportamento da parte sua. Elenchiamo solamente, e per ampiezza di definizione, i vari gadgets che possono essere usati (martingale, redini di ritorno, chambon, pettorali, ecc...), tutti strumenti che permettono di esercitare pressioni fisiche tenendo le nostre mani lontane dal punto di pressione sul corpo del cavallo.

Le pressioni non fisiche e i comportamenti di Evitamento

Quante volte abbiamo visto scartare o comunque reagire un cavallo in seguito a un gesto un po' brusco, che abbiamo fatto senza toccarlo? È probabile che sia successo molte volte, anche se non sempre lo notiamo. Magari lo stiamo toelettando e chiediamo a qualcuno di passarci una spazzola, alziamo la mano per prenderla e il nostro cavallo ha un brusco movimento di testa e incollatura verso l'indietro. Oppure andiamo al *paddock* a prenderlo, i suoi compagni ci seguono ordinatamente fino al cancello e noi, per evitare che escano, alziamo le braccia facendo un gesto per allontanarli, loro bruscamente alzano l'incollatura, drizzano le orecchie, ci guardano perplessi e si fermano. Questo tipo di comportamenti si chiamano, in etologia, "comportamenti di evitamento" e si manifestano quando il cavallo si trova di fronte a qualcosa che non gradisce, qualcosa che gli crea un fastidio, anche senza che ci sia un'interazione fisica. È un po' come quando apriamo un barattolo che contiene qualcosa di maleodorante che ci crea un fastidio e ci fa voltare dall'altra parte (ma non scappiamo a gambe levate).

O come quando un amico si avvicina e, in maniera benevola, fa il gesto di darci uno schiaffo, senza darcelo veramente. Anche se non ci tocca, se il suo gesto è stato brusco e veloce, è probabile che faremo un movimento per ritrarci. Questi comportamenti di evitamento non sono reazioni di paura, e permettono al cavallo (e a tutti gli altri animali) di allontanarsi da qualcosa (un movimento, un odore, una situazione) con cui in quel momento è meglio non avere a che fare, per evitare uno stimolo che è valutato come fastidioso. Se ci fermiamo a riflettere (e consigliamo di farlo), di situazioni come queste ne possiamo rivivere decine nella relazione giornaliera con i nostri cavalli. Perché se siamo davanti al nostro cavallo, anche a pochi metri di distanza e alziamo improvvisamente un braccio, lui ha un movimento di retrazione repentino e brusco della testa e del collo? Perché può avere una reazione analoga se ci infiliamo il giubbotto velocemente prima di salire in sella? Possiamo affermare che non sono reazioni di paura perché il comportamento di evitamento è temporalmente molto breve, limitato nello spazio e non c'è la volontà evidente di fuggire o difendersi. È importante tenere presente che il limite fra un semplice comportamento di evitamento e una reazione di paura è molto sottile e occorre fare attenzione a questo limite. Ricordiamoci che quando un cavallo ha paura non apprende niente e il suo comportamento è finalizzato a togliersi dalla situazione che ha generato la paura il prima possibile, con qualsiasi mezzo e in qualsiasi modo. Infatti, questi comportamenti di evitamento non sono ben definiti, ma hanno una gradualità di comparsa che può andare dal semplice movimento di retrazione della testa, fino al cavallo che scarta quando è tenuto alla lunghina. Maggiore è l'intensità del comportamento di evitamento, più ci si sposta verso la paura, per questo, durante qualsiasi tipo d'interazione, è sconsigliato generare la forma più intensa di questi comportamenti (quando diventa molto evidente, repentino e coinvolge tutto il corpo nel movimento) e per farlo dobbiamo abituarci a controllare i segnali che il cavallo ci invia (molto importante in tal senso è il comportamento di attenzione).

Quello che ci interessa sottolineare è che questi comportamenti di evitamento permettono all'animale di eseguire una rapida valutazione dello stimolo. Generalmente, insieme al comportamento di evitamento, il cavallo drizza le orecchie nella direzione dello stimolo che l'ha generato, cioè vi pone attenzione. Questo è molto importante perché è attraverso questo comportamento che il cavallo decide che quello stimolo, in quel caso, non è piacevole. Sul significato cognitivo dei comportamenti di attenzione ed evitamento torneremo in seguito; adesso cerchiamo di capire perché certe azioni che noi facciamo generano questo tipo di reazione e come possiamo usarle, volendo, nella comunicazione. I comportamenti di evitamento sono causati da stimoli fastidiosi, che possiamo definire come pressioni ambientali, senza contatto fisico. Questi stimoli sono generalmente brevi e improvvisi, e possono manifestarsi anche in ambito sociale: ad esempio un cavallo si avvicina a un altro, quest'ultimo schiaccia le orecchie e gira la testa verso il nuovo arrivato, oppure fa il gesto di sollevare un posteriore come per preparare un calcio. Il cavallo che si è avvicinato si ferma, retrae la testa e l'incollatura e può, eventualmente, fare qualche passo indietro. Quello che ci interessa in questo capitolo sono, però, i comportamenti di evitamento causati da nostri gesti o movimenti, più o meno intenzionali.

Perché ha questo tipo di reazioni di fronte a certi stimoli? Torniamo alla percezione visiva e ricordiamoci che il cavallo è particolarmente abile nel percepire un movimento nell'ambiente che lo circonda, soprattutto se questo avviene in maniera improvvisa. È altrettanto abile nell'individuare un elemento (una forma) che risalta rispetto al resto dell'ambiente. È l'evoluzione che gli ha insegnato a farlo, per rilevare prima possibile un ipotetico predatore. Per questo motivo alcuni tipi di stimoli, movimenti rapidi che avvengono nel suo campo visivo, ma anche elementi che risaltano, diventano per il cavallo molto evidenti rispetto all'ambiente che lo circonda e attraggono la sua attenzione proprio per il movimento che li caratterizza o per l'evidenza che hanno, perché deve capire la situazione (se positiva o negativa). Noi possiamo sfruttare la sua capacità di prestare attenzione a ciò che nel suo ambiente è evidente, ovvero rilevante per lui rispetto al resto, utilizzando la posizione del nostro corpo nello spazio del suo campo visivo. La situazione che meglio si presta, come esempio, dal punto di vista didattico, è il lavoro in libertà nel tondino, o in maneggio. Restando a qualche metro dal cavallo (sempre a distanza di sicurezza), ci muoviamo con passo deciso e ci spostiamo verso il margine del suo campo visivo, andandoci a mettere dietro e di lato rispetto ai suoi posteriori. È molto probabile che il cavallo per prima cosa diriga l'orecchio, quello dello stesso lato dove ci troviamo, verso di noi e poi inclini la testa per collocare meglio la nostra presenza nel suo campo visivo. In seguito, se ciò non è sufficiente a comprendere la situazione (secondo il suo punto di vista), è probabile che si giri di lato per collocare ancora meglio il nostro corpo nel suo campo visivo. In una situazione del genere, se facciamo un passo verso di lui, è probabile che si muova nella direzione opposta (rispetto a dove ci troviamo noi), tenendoci sempre nel suo campo visivo (ce ne possiamo accorgere dalla posizione del suo orecchio dello stesso lato e dall'inclinazione della sua testa). Questo accade perché noi, in quel momento, siamo uno stimolo molto evidente rispetto all'ambiente circostante, che si muove verso di lui e che, in tal modo, gli crea una pressione anche se "da distanza". Proviamo a fare un altro esempio: siamo fermi appoggiati a leggere il giornale. Improvvisamente, con la coda dell'occhio, vediamo una persona che non conosciamo e che, a passo spedito, viene verso di noi. Che reazione avremo? È molto probabile che ci venga di muoverci nella direzione opposta se questa persona si avvicina oltre un certo limite e se cammina con un atteggiamento particolare (avvicinamento frontale, testa alta e spalle aperte). In quel momento quella persona è diventata per noi qualcosa di molto rilevante nell'ambiente rispetto a tutto il resto, ci prestiamo attenzione e se continua ad avvicinarsi, è probabile che la percepiamo come qualcosa di fastidioso, come una pressione, e ci comportiamo di conseguenza.

Pertanto possiamo usare la nostra presenza fisica nel campo visivo del cavallo, muovendoci più o meno rapidamente e cambiando la nostra postura (la posizione del nostro busto o delle braccia) per diventare, per lui, qualcosa di molto evidente nell'ambiente e poter così dare una pressione senza toccarlo. In quel momento diventiamo uno stimolo che richiama la sua attenzione e che può indurlo a muoversi, in base a come ci muoviamo e a quali gesti facciamo. È, questo, un argomento alquanto delicato (c'è una notevole differenza individuale in questo tipo di comportamenti, perché ogni cavallo ha una percezione e una valutazione di questi stimoli diversa da ogni altro, e non considerarla porta a compiere errori gravi), sul quale torneremo perché prevede l'uso di vie di apprendimento che penetrano anche la sfera cognitiva. La nostra presenza nell'ambiente che circonda il cavallo, quanto siamo rilevanti per lui e come valuta le azioni che facciamo, sono, di fatto, il fulcro su cui si basa la realizzazione di una relazione equilibrata e positiva per entrambi. Per adesso ci accontentiamo di dire che possiamo usare anche questa strategia per comunicare con il cavallo da una certa distanza, senza necessità di toccarlo, somministrando delle pressioni ambientali che possono influenzarne il comportamento. Possiamo usare questo modo di comunicare per l'addestramento di base, per esempio, per fare *horse agility* o più semplicemente per farlo muovere nel tondino, senza necessità della longia.

> ...si debba approfittare sempre degli istinti naturali dell'animale, assecondarne i movimenti e le andature, e produrgli il minor fastidio possibile sulla bocca, sulle reni e sul costato. Devesi abolire tutto ciò che è piego, posizioni ed equilibri forzati,...
>
> Carlo Giubbilei "Federico Caprilli, Vita e scritti", pag. 76

Pertanto, il termine "pressione" non va solo inteso dal punto di vista fisico (applicazione di forze sul corpo del cavallo), ma anche in senso spaziale, come presenza del nostro corpo e delle nostre azioni nel suo campo visivo, nell'ambiente che lo circonda, per diventare uno stimolo rilevante per lui che può innescare comportamenti di risposta. Crediamo sia oltremodo evidente come queste pressioni possano, secondo l'intensità e il modo con cui sono applicate, trasformarsi in dolore per il cavallo (le pressioni fisiche), oppure dare luogo a reazioni di paura (le pressioni non fisiche). Ci sarà occasione di tornare sull'argomento, e per il momento è sufficiente rilevare come anche infliggere dolore o generare paura sia una possibilità per comunicare con il cavallo, ma una possibilità da evitare. Oltre a ovvie implicazioni etiche e legali, infliggere dolore o generare paura è sempre da evitare perché i meccanismi biologici e psicologici dell'apprendimento sono "registrati" per insegnare agli animali (esseri umani inclusi) come togliersi da una situazione di dolore o paura, prima possibile e in qualsiasi modo. È imperativo evitare che questi meccanismi entrino nel processo di addestramento perché, se li facciamo entrare, aumenteranno di molto la possibilità che il comportamento del cavallo diventi imprevedibile, non desiderato e pericoloso.

> Dopo l'ammansimento il cavallo dovea essere istruito, non con sistemi di contorsione, con il piego, con le riunioni (...) ma insegnandoli invece i principi facili e piani del procedere a collo teso, con lievissimo appoggio costante, del girare, indietreggiare, muoversi a tutte le andature, affrontare con sicurezza gli ostacoli adatti ai suoi mezzi, libero per quanto è possibile nei movimenti, col naturale equilibrio modificato solo dal peso dell'uomo e della bardatura. In questo cavallo calmo, persuaso, obbediente, più resistente, perché meno tormentato nel suo lavoro e meno allontanato dalle naturali abitudini di procedere, la recluta dovea trovare un mezzo piacevole di trasporto, e sulla sella comoda uscire per una passeggiata...
>
> Carlo Giubbilei "Federico Caprilli, Vita e scritti", pag. 55

Speriamo che adesso il concetto "comunicare con il cavallo" sia un pochino più comprensibile, poiché sarà l'albero maestro di questo libro. Senza la comprensione di tale concetto diventa difficile parlare di etologia applicata alla gestione del cavallo. Tuttavia non vi è dubbio che, per comunicare efficacemente con un cavallo, è indispensabile sapere quale "lingua parla" e conoscere bene come percepisce gli stimoli provenienti dall'ambiente. Un ultimo inciso per concludere questo capitolo: non ci sono solo le pressioni (fisiche o non fisiche) per comunicare con il cavallo, possiamo usare altri stimoli come segnali per inviargli dei messaggi (abbiamo accennato all'uso della voce e avremo modo di approfondire l'argomento nei prossimi capitoli). Possiamo provare anche a usare vie di comunicazione cognitive, che sfruttano le abilità intellettive superiori, rispetto al semplice apprendimento associativo e non-associativo. Non è una cosa facile con una specie così diversa da noi, ma proveremo a dare delle indicazioni, forti dei progressi che la ricerca ha fatto negli ultimi anni sulla psicologia cognitiva del cavallo.

Volendo riassumere, affinché il sistema di comunicazione con il cavallo sia efficace, la pressione (fisica o non fisica) cioè il segnale che gli inviamo per mandargli un messaggio, deve avere un significato inequivocabile e perciò deve essere:

1) *Evidente*. Che si vede chiaramente, che non ha bisogno di dimostrazione, che non suscita ombre o dubbi (cit. vocabolario on-line Treccani).
2) *Semplice*. Che è costituito da un solo elemento e non può risolversi perciò in ulteriori componenti (cit. vocabolario on-line Treccani).
3) *Coerente*. Che non è in contraddizione (cit. vocabolario on-line Treccani).

Come potete immaginare tutto ciò non è facile da realizzare, ma se ci poniamo nelle condizioni di saper "ascoltare" e "conoscere" nella maniera corretta il nostro cavallo saremo in grado di fare notevoli passi avanti. Come ciò sia possibile proveremo a spiegarlo nei prossimi capitoli. Senza fretta, un passo alla volta.

Video di riferimento del capitolo: 3, 6, 7, 8, 9, 17 e 18

Capitolo 4 – Apprendere o addestrare?

Ogni minuto, ogni ora, ogni giorno, ci accade qualcosa. Certe volte questo qualcosa è evidente e ne abbiamo la consapevolezza, altre volte non ci rendiamo conto di aver appena fatto una qualsiasi esperienza. Tuttavia, sia che le cose ci accadano consapevolmente oppure no, qualsiasi evento ci insegna qualcosa che potrà esserci utile in futuro. L'insieme di queste esperienze è ciò che normalmente, è chiamata conoscenza ed è uno degli elementi fondamentali che ci permettono di andare avanti, giorno dopo giorno. Rappresenta un bagaglio che ci portiamo sempre dietro e che aumenta costantemente, e per gli animali è la stessa cosa. La conoscenza è un fenomeno molto importante dal punto di vista biologico, che consente a tutti gli esseri viventi di acquisire gli strumenti necessari per affrontare meglio il futuro. È importante dal punto di vista individuale ma lo è anche a livello di popolazione e di specie. Ogni animale, per sopravvivere, ha la necessità di capire come ottenere vantaggi dall'ambiente in cui vive, come evitare pericoli, come affrontare e risolvere problemi; cioè ha la necessità continua di acquisire conoscenze.

Konrad Lorenz affermava che la vita intera può essere definita come un processo continuo di acquisizione della conoscenza. Per tutti gli organismi viventi è fondamentale acquisire ed elaborare correttamente le informazioni provenienti dall'ambiente, per comprendere il valore, in termini positivi o negativi, di ciò che accade attorno a loro e delle relative variazioni. Ciò fa parte del processo biologico di adattamento alla vita, senza il quale sarebbe impossibile capire ciò che è vantaggioso e che permette la continuazione dell'esistenza di una specie animale. Questo fenomeno fa sì che ci sia la tendenza a mettere in atto comportamenti volti a valorizzare e sfruttare quelle variazioni ambientali che sono percepite come positive. Un certo evento ambientale (stimolo) fa sì che l'animale risponda attuando un determinato comportamento; le informazioni ricavate da questa interazione finiscono nella memoria e formano la conoscenza che ciascun animale accumula, ogniqualvolta interagisce con l'ambiente. L'animale in tal modo cambierà il suo comportamento di fronte a quel determinato stimolo, in maniera più o meno permanente ogni volta che quello stesso stimolo si ripresenterà in futuro. Questo fenomeno prende il nome di "apprendimento".

L'apprendimento è un processo che si manifesta attraverso dei cambiamenti nel comportamento di un animale, che hanno valore adattativo (gli permettono di adattarsi all'ambiente circostante), sono durevoli nel tempo e nel loro insieme determinano la conoscenza di un individuo. La capacità di apprendere vuol dire capire gli eventi ambientali e le relazioni che ci sono fra essi, per modificare il proprio comportamento in base alle informazioni ottenute dalla comprensione di queste relazioni, memorizzarle (immagazzinarle nella mente) per richiamarle in seguito e usarle quando quegli eventi si ripresentano in futuro. Un evento che accade con una certa frequenza nelle scuderie è dato dal cavallo che per un caso fortuito, esce dal box e invariabilmente si dirige verso i bidoni del mangime. Un evento accidentale accaduto nell'ambiente (l'apertura del box) gli ha permesso, magari guidato dall'odore del cibo, di trarre un vantaggio dal suo punto di vista. È molto probabile che, qualora si ripresenti l'evento di apertura del box, il cavallo, basandosi proprio su quest'esperienza che ha ritenuto positiva, si diriga nuovamente verso il cibo, anche se è passato molto tempo dalla prima volta e anche se il responsabile ha preso le necessarie contromisure per evitare che ciò accada di nuovo. Anzi è probabile che il cavallo provi volontariamente ad aprire la porta, proprio perché ha appreso il nesso che c'è fra uscire dal box e la possibilità di accedere al cibo.

Non tutte le modifiche del comportamento di un animale sono da considerare apprendimento. Sono da escludere quelle modifiche dovute a fattori motivazionali, variabili fisiologiche o fatica. Un cavallo affamato che si alimenta ha cambiato il suo comportamento, ma non ha appreso qualcosa, è la sua motivazione ad alimentarsi che è cambiata, in conseguenza di una variazione del livello degli zuccheri nell'organismo. Allo stesso modo, la fatica può cambiare il comportamento e un cavallo esuberante e difficile da gestire può diventare docile e mansueto, ma questo effetto non può essere descritto come relativamente permanente: dopo che si sarà riposato quel cavallo tornerà a crearci problemi e in questo caso non si può parlare di apprendimento. Il fatto che l'apprendimento sia legato alla conoscenza ci permette di escludere anche quelle modifiche del comportamento dovute alla maturazione (crescita) dell'organismo o da un danno fisico. Uno stallone durante l'accoppiamento esibisce un preciso comportamento sessuale che un puledro di pochi mesi non attua, questo perché la copula in sé è innata e dovuta alla maturazione fisica dell'organismo. Allo stesso modo, un cavallo con una zoppia ha modificato il suo comportamento locomotorio in seguito a un danno fisico. Volendo riassumere, attraverso l'apprendimento, gli animali sono in grado di usare le informazioni che provengono dall'ambiente circostante per adattare o modificare il loro comportamento in base alle variazioni che si presentano costantemente nella loro vita, in modo da poterle affrontare nella maniera più vantaggiosa.

> Egli era diventato conoscitore profondo dei cavalli e nel tempo istesso dei cavalieri, sapea facilmente discernere ciò che poteano rendere gli uni e gli altri...
>
> Carlo Giubbilei "Federico Caprilli, Vita e scritti", pag. 63

Cosa c'entra l'addestramento con l'apprendimento? Pensando ai bambini che vanno a scuola, siamo portati a ritenere che essi apprendano; ciò è vero, ma in parte. Una maestra che spiega il teorema di Pitagora sta in realtà "addestrando" un bambino. L'apprendimento è un processo naturale che avviene costantemente, e spontaneamente, giorno dopo giorno, momento dopo momento ed è dovuto alla normale interazione di un individuo con l'ambiente. L'addestramento invece è un fenomeno artificiale attraverso il quale si esegue una sorta di manipolazione dell'esperienza di un individuo. Addestrare significa far emergere comportamenti desiderati e sopprimere comportamenti non desiderati, per sostituirli con nuove risposte, volute da chi esegue l'addestramento. Perciò a scuola il bambino va incontro a un processo di apprendimento in senso generale (come farebbe se quello stesso giorno lo passasse a giocare al parco), ma ciò che apprende mediante l'insegnamento della maestra è, dal punto di vista etologico, un addestramento. Più precisamente lo scopo dell'addestramento è determinare nell'animale la manifestazione di un comportamento prevedibile, perché conseguente all'invio di specifici segnali da noi messi in atto. Segnali che, come abbiamo detto in precedenza, contengono un messaggio che l'animale può percepire, decifrare e capire.

Noi sappiamo quale messaggio abbiamo inviato, attraverso un preciso segnale, e sappiamo che a quel messaggio deve corrispondere un altrettanto preciso comportamento del cavallo, perché, tramite l'addestramento, lo abbiamo messo nelle condizioni di farlo. Il segnale che gli inviamo, come abbiamo detto, è uno stimolo e dall'interazione con questo il cavallo apprende qualcosa, cambiando il suo comportamento ogni volta che quello stimolo (cioè quel segnale) si ripresenterà.

> Il cavallo addestrato è quello che ha il piede sicuro e l'occhio abituato a comprendere ciò che deve fare per poter ubbidire nel miglior modo alla volontà di chi lo comanda.
>
> Carlo Giubbilei "Federico Caprilli, Vita e scritti", pag. 259

In pratica, la maggioranza delle azioni che facciamo con i cavalli esitano in un addestramento e, riflettendoci, ciò appare evidente. Quando portiamo un cavallo a mano e lo tratteniamo con la longhina, perché non ci sopravanzi, compiamo un addestramento, così come quando cerchiamo di abituare un cavallo a sollevare gli zoccoli al tocco della nostra mano sull'arto, senza esser costretti ogni volta ad appoggiarci con tutto il peso per farlo sbilanciare, e così via. Proviamo a fare un piccolo riassunto. Noi esseri umani abbiamo instaurato con il cavallo una relazione che si perde nella notte dei tempi, all'interno della quale le due parti devono comunicare perché i cavalli devono fare determinate cose che riteniamo importanti. Affinché questa comunicazione sia efficace, dobbiamo conoscere il loro mondo sensoriale (come percepiscono gli stimoli visivi, uditivi, olfattivi e tattili) e sapere come apprende la loro mente, cioè quali sono le regole psicologiche che ne guidano il comportamento di fronte agli stimoli ambientali. Solo dopo aver compreso ciò, possiamo essere in grado di insegnare al nostro cavallo a interpretare i segnali che gli inviamo per far sì che sappia quale comportamento eseguire. Questo è l'unico modo per comunicare con lui in maniera efficace, rispettando la sua psicologia e le sue esigenze etologiche. Seguendo le semplici regole dell'apprendimento, uguali per tutti gli animali (umani inclusi), rispetteremo il suo essere cavallo e potremo instaurare un rapporto paritario, facendo in modo che si fidi delle nostre azioni e si senta sicuro nell'averci accanto. Ovviamente tutto ciò a patto di sapere cosa vogliamo chiedergli. E noi di cose da chiedere al cavallo ne abbiamo tante, poiché, secondo come lo impieghiamo, vogliamo chiedergli di eseguire comportamenti, come avanzare, girare a mano destra o sinistra, saltare degli ostacoli, destreggiarsi fra i paletti e fermarsi, oppure altri comportamenti più complessi come "spinnare" o eseguire il piaffer. Ci sembra quasi superfluo, a questo punto, ricordare come le nostre richieste, i messaggi che gli inviamo con i segnali (le pressioni), debbano essere evidenti, semplici e coerenti per ottenere dal cavallo il comportamento che vogliamo.

> ...per insegnar bene si richiede che gli istruttori sappiano e non credano soltanto di sapere...
> Carlo Giubbilei "Federico Caprilli, Vita e scritti", pag. 124

Capita qualche volta di incontrare persone che ci chiedono qualcosa, ma senza riuscire a spiegarsi bene, con il risultato che non capiamo cosa ci stanno chiedendo. Tralasciando che noi possiamo chiedere "chiarimenti" (cosa che anche il cavallo per la verità può fare, se siamo attenti a comprenderne il comportamento), i rischi in una situazione del genere sono essenzialmente due: 1) non avendo capito cosa ci viene chiesto, non facciamo niente; 2) facciamo qualcosa di sbagliato, magari procedendo per tentativi. Se la persona insiste, ma continuiamo a non capire, è probabile che a un certo punto si sviluppino due possibili stati d'animo: un senso di frustrazione e d'impotenza, oppure un senso di rabbia che può sfociare nella difesa (nello specifico allontanarsi dall'interlocutore). È ciò che accade ai cavalli quando non riusciamo a stabilire un processo di comunicazione efficace con loro, cioè quando i segnali che gli inviamo sono confusi.

A questo punto è indispensabile precisare che, in realtà, ci sono diverse forme di apprendimento. Alcune, molto semplici, si basano su meccanismi automatici e semi-automatici (apprendimento non-associativo e associativo), utili perché consentono agli animali di modificare il proprio comportamento per avere dei benefici immediati, senza sprecare tempo ed energie. Altre forme di apprendimento sono più complesse e si riferiscono a capacità cognitive superiori (apprendimento spaziale, per intuizione, latente, problem solving e altro), che consentono l'elaborazione di stimoli ed eventi, mediante un ragionamento che porta a valutare e distinguere ciò che è positivo da ciò che è negativo e a trovare soluzioni. Quello però che è fondamentale capire è che non c'è una forma di apprendimento migliore di un'altra. La psicologia comparata ci indica che il cervello possiede dei meccanismi neurali attraverso i quali gli stimoli, le azioni, gli eventi e le situazioni possono essere associati tra loro oppure valutati e ragionati. Questi meccanismi, che determinano il comportamento di un individuo, si sono sviluppati nel corso dell'evoluzione e sono sostanzialmente gli stessi negli animali e nell'essere umano.

Riteniamo importante porre l'accento su quest'aspetto perché negli ultimi anni, nell'ambiente equestre, in nome di un presupposto miglioramento delle condizioni di "benessere" dei cavalli, si sono delineate linee di pensiero sulla gestione e sull'addestramento alquanto diverse fra loro. Da un lato troviamo una serie di metodi standardizzati per l'addestramento, delle vere e proprie "istruzioni per l'uso", da applicare in maniera uguale a ogni cavallo, che richiedono l'impiego di specifici oggetti, senza i quali sembra che l'addestramento non sia possibile. Quest'approccio riduce il cavallo stesso ad attrezzo, negandone l'individualità e la capacità di elaborare un pensiero cosciente. Dall'altro lato troviamo l'esatto opposto, cioè una visione antropomorfizzata secondo la quale noi e i cavalli possiamo instaurare un rapporto come se loro fossero degli esseri umani con quattro zampe, coda e criniera. In questo caso ciò che è negato sono le loro necessità etologiche (molto diverse dalle nostre) con la presunzione che i cavalli possano utilizzare modi di ragionamento e vie di comunicazione umane, che prescindono dalla psicologia della loro specie. Tutto ciò è profondamente sbagliato.

Il cavallo, come tutti gli animali e come noi umani, usa tutti i sistemi di apprendimento, da quelli più semplici e automatici a quelli superiori, così detti cognitivi. L'uso di un sistema di apprendimento piuttosto che di un altro è dovuto a due fattori: 1) il tipo di stimolo che il cavallo si trova di fronte in un determinato momento; 2) il livello d'importanza biologica che ha quello stimolo in quel contesto. Pensare di gestire il cavallo usando solo alcune delle sue capacità porterà a errori nella sua gestione, a un processo di comunicazione non efficace e un'alterazione rilevante del suo equilibrio psichico.

Speriamo, con queste poche righe, di avervi dato un'idea di quale sia la strada da seguire per instaurare una relazione che sia vantaggiosa per i cavalli e per noi e di quali rischi si corrano non seguendo questa strada. Con questo concetto possiamo adesso entrare nel vivo degli argomenti, cosa che (speriamo) permetterà di comprendere i dettagli di ciò che abbiamo appena detto.

Capitolo 5 – I cavalli statistici e il calcolo delle probabilità

Iniziamo dal gradino più basso della scala dell'apprendimento e che si chiama "non-associativo". In questo caso l'animale apprende a cambiare il proprio comportamento in seguito all'esposizione a un singolo stimolo. Sarà capitato a qualcuno di sobbalzare per un rumore forte o improvviso, come il rumore di un petardo. Al primo botto di solito segue un notevole spavento poi, ai botti successivi, l'intensità della reazione diminuisce progressivamente. Dal punto di vista etologico si è avuta un'assuefazione al rumore dei petardi; questa è una delle forme più semplici di apprendimento, che si ottiene quando un animale è esposto a un singolo stimolo, ripetuto più volte. In questo caso succede che, in seguito all'esposizione ripetuta a un singolo stimolo, si forma nella mente una specie di memoria di quello stimolo e quando questo ricompare, è confrontato con quello presente in memoria; se dal confronto i due stimoli risultano uguali, non si ha la risposta comportamentale, se invece il nuovo stimolo è diverso, allora si ha la risposta.

Perché accade ciò? Per quale motivo il rumore di un petardo all'inizio fa sobbalzare e poi, se ripetuto un numero sufficiente di volte, in maniera sempre uguale e costante, non fa più sobbalzare? C'è una logica molto semplice in questo che si rifà a una delle leggi miliari della natura: la legge del risparmio energetico. Se un determinato stimolo, la prima volta che è comparso ha prodotto nell'animale una reazione di fuga, allora quello stimolo ha avuto un costo importante in termini di energia, che è servita per fuggire da qualcosa che è stato ritenuto pericoloso. Questo tipo di risposta ha un ruolo centrale per la sopravvivenza, perché ovviamente, fuggire da qualcosa di pericoloso, è un processo adattativo molto importante in natura, che permette di avere maggiori possibilità di sopravvivere (tenete presente cosa abbiamo detto a proposito dei cavalli nel capitolo sulla loro percezione sensoriale). Se lo stimolo ricompare, è ragionevole fuggire una seconda volta, anche la terza e magari la quarta. Se però lo stimolo continua a ripresentarsi sempre uguale alla prima volta, e sempre senza recare danni all'animale (è importante quest'aspetto), continuare a fuggire rappresenta un inutile spreco di energia, che potrebbe invece essere utile per altri comportamenti, come corteggiare il partner o procurarsi cibo.

Ecco che la natura ha inventato questa modalità di apprendimento che è, in pratica, un sistema automatico di risparmio energetico che gli animali pongono in atto per eliminare risposte comportamentali superflue, cioè inutili. Se uno stimolo si presenta invariato per molte volte, con la stessa intensità e la stessa modalità con cui si è presentato la prima volta e sempre senza recare danni, è probabile che continui a presentarsi allo stesso modo anche in futuro e che continui a essere innocuo; perciò, perché fuggire e sprecare energia?

Questo meccanismo di apprendimento è, di fatto, un semplice calcolo delle probabilità che la maggior parte degli organismi viventi, dai più semplici molluschi fino all'essere umano, attua inconsciamente ogni volta che si trova di fronte uno stimolo nuovo che ha certe caratteristiche (è sempre uguale e costante nel tempo). Tutto ciò che compare con una certa frequenza e con regolarità nell'ambiente è più probabile si tratti di qualcosa d'innocuo, che può essere catalogato come "conosciuto" dalla mente. Espressa in tali termini, cioè dal punto di vista strettamente comportamentale, l'assuefazione è, appunto, un semplice e inconscio calcolo delle probabilità, importante dal punto di vista biologico e costantemente presente nella vita degli animali e nella nostra.

Tutti noi camminiamo sui marciapiedi, ma nessuno lo fa guardando in alto per accertarsi che non cada una tegola, eppure sappiamo che esiste questa probabilità, ma che è così bassa da farci camminare tranquillamente, senza doversi preoccupare di eventuali tegole volanti. Allo stesso modo, chi abita in città non si preoccupa minimamente di un piccione che gli vola sopra la testa (a parte per certi "inconvenienti", etichettati come "porta fortuna" dalla scaramanzia umana, vista l'impossibilità di evitarli), mentre per un topolino che vive nel bosco, un'ombra che si muove sul terreno può essere dovuta alle foglie mosse dal vento, ma anche al volo di un falco. Ecco che la natura, tramite l'apprendimento non-associativo, ha fornito al topolino uno strumento per distinguere fra l'ombra delle foglie e quella di un falco. La differenza sta nel fatto che l'ombra delle foglie è uno stimolo che si ripete con regolarità e il topolino può riconoscerla, proprio in base a questa regolarità con cui compare.

In pratica, l'assuefazione usa il ripetersi regolare di uno stimolo per distinguere ciò che è innocuo da ciò che potrebbe essere pericoloso. Proprio a causa di questa caratteristica, l'assuefazione è un processo di apprendimento che s'instaura gradatamente e che necessita che l'animale sia esposto a un determinato stimolo in maniera costante e per diverse volte, prima che la sua mente lo "cataloghi" come innocuo. Purtroppo non è dato sapere preventivamente per quante volte è necessaria l'esposizione a un certo stimolo affinché si abbia l'assuefazione, e non è possibile saperlo perché c'è una variabilità individuale di risposta che non è possibile prevedere. Stimoli diversi possono indurre l'assuefazione in tempi diversi nello stesso individuo, mentre un altro stimolo può indurre una risposta di fuga in un animale, ma essere innocuo per un altro soggetto, già alla sua prima comparsa.

Se però accade qualche modifica, anche minima, allora il processo di assuefazione non è più valido, perché lo stimolo modificato sarà per l'animale diverso dal precedente e perciò provocherà una risposta comportamentale nuova. Questa è una caratteristica importante, perché un evento ambientale che subisce una modifica potrebbe divenire fonte di pericolo, anche se prima non lo era, o più semplicemente potrebbe somigliare a uno stimolo innocuo, ma non esserlo (ricordiamoci della differenza sul terreno fra l'ombra delle foglie e quella di un falco in volo). Per tale motivo un animale, di fronte a una modifica, anche lieve, dello stimolo che aveva indotto l'assuefazione, si comporterà come se si trovasse di fronte uno stimolo nuovo e sconosciuto e attuerà nuove strategie di comportamento.

Come facciamo a sapere che l'assuefazione non è dovuta ad affaticamento sensoriale o motorio? Per toglierci questo dubbio basta fare una prova. Facciamo assuefare il nostro cane a un rapido battito delle mani; quando il processo di assuefazione sarà completato l'animale non mostrerà più alcuna reazione, cambiando lo stimolo però, per esempio battendo forte il piede per terra; il cane sobbalzerà di nuovo. Quindi, i suoi sistemi, sensoriale e motorio, funzionano bene. Adesso complichiamoci un po' la vita. Nell'apprendimento non-associativo non c'è solo l'assuefazione, ma anche un altro fenomeno diametralmente opposto. Può capitare, infatti, che uno stimolo che si presenta sempre invariato e in maniera costante nell'ambiente dell'animale, induca, anziché la soppressione di una risposta comportamentale, un aumento della sua manifestazione. In questo caso si parla di "sensibilizzazione". La sensibilizzazione, al contrario dell'assuefazione, è un meccanismo di apprendimento che serve per aumentare le risposte vantaggiose. Se uno stimolo ha portato un vantaggio all'animale le prime volte che si è presentato, allora è ragionevole credere che, quando si ripresenterà porterà di nuovo tale vantaggio. Chi ha una qualche fobia (per esempio ai ragni) potrà capire bene il fenomeno della sensibilizzazione, perché avrà la tendenza a spaventarsi anche di qualcosa che somiglia alla causa della sua fobia, ma che non lo è. Nei prossimi capitoli vedremo un altro genere di apprendimento, quello associativo, e capiremo come la sensibilizzazione sembri molto simile al condizionamento, e per tale motivo sia anche detta "pseudo-condizionamento".

Ciò che la differenzia dal condizionamento è che, nella sensibilizzazione, l'animale non esegue nessun collegamento fra lo stimolo e altri eventi ambientali, cosa che invece è alla base del condizionamento. Può sembrare strano che uno stimolo ripetuto in maniera costante nel tempo possa produrre effetti così diversi come la diminuzione (assuefazione) o l'aumento (sensibilizzazione) della risposta comportamentale. In realtà i due fenomeni possono verificarsi entrambi, ma in tempi diversi. Uno stimolo sufficientemente intenso produrrà prima una reazione di fuga che le prime volte, al suo ripresentarsi, aumenterà d'intensità, per poi diminuire alle successive ricomparse di quello stesso stimolo, fino a scomparire del tutto. Questo accade in funzione dell'intensità dello stimolo. Stimoli deboli normalmente determinano subito un'assuefazione, senza alcun iniziale aumento della risposta comportamentale. È importante ricordarsi che questo calcolo delle probabilità avviene in maniera inconscia, senza che l'animale abbia la consapevolezza di quello che sta facendo, è cioè un meccanismo automatico molto utile, che permettere una vita migliore senza dover collegare lo stimolo all'ambiente o ragionarci sopra, che, nel caso di stimoli semplici, sarebbe solo un inutile spreco di tempo ed energie.

Vediamo adesso come inserire l'apprendimento non-associativo nell'addestramento del cavallo e più in generale, nella relazione che abbiamo instaurato con lui. In realtà, questo tipo di apprendimento è molto usato nell'addestramento per far sì che il nostro cavallo diminuisca, in frequenza e intensità, comportamenti indesiderati o si abitui a oggetti e rumori nuovi, senza fuggire e senza assumere atteggiamenti di difesa. L'apprendimento non-associativo è una delle vie più semplici che la natura ha trovato per insegnare a tutti gli esseri viventi come affrontare meglio la vita e, quanto ai cavalli, è spesso impiegato per addestrarli a svolgere compiti particolari e affrontare situazioni estreme, senza temere l'ambiente che li circonda: basti pensare ai cavalli coinvolti in scene con il fuoco o con il rumore delle armi nelle pellicole cinematografiche. Oppure, più concretamente, è sufficiente pensare a importanti compiti sociali, come quelli svolti dai cavalli delle forze dell'ordine in operazioni antisommossa. Per sfruttare al meglio questo apprendimento è necessario conoscerlo e applicarlo nel modo corretto.

> Vedremo, del resto, come l'andar male di tanti cavalli dipenda appunto dal volere ad ogni costo applicare ad essi esattamente certi metodi anche quando la loro costituzione non lo comporti, o vi facciano ostacolo altre difficoltà.
>
> Carlo Giubbilei "Federico Caprilli, Vita e scritti", pag. 70

Normalmente, per abituare il cavallo a uno stimolo che genera paura, s'inizia presentandolo da notevole distanza, e solo quando ha appreso a ignorarlo da una certa distanza, si procede con l'avvicinarlo e, in seguito, ad aumentarne l'intensità. Vediamo un paio di esempi per cercare di capire la situazione. Stiamo facendo una bella passeggiata su un percorso nuovo ma improvvisamente, alla fine di una siepe, uno spaventapasseri compare nel campo visivo del nostro cavallo, il quale scarta e parte al galoppo per lo spavento. Non è un'esperienza piacevole, però quel sentiero è molto bello e sarebbe un peccato non poterlo esplorare perché il nostro amico ha paura dello spaventapasseri; allora torniamo indietro e lo facciamo ripassare nello stesso punto. Dovremo fare attenzione perché la sua reazione sarà in pratica uguale alla prima volta o forse anche superiore in intensità (ricordate la sensibilizzazione?). Tuttavia, se avremo la costanza di riportarlo davanti all'oggetto delle sue paure, la sua reazione diventerà sempre meno violenta e, dopo un certo numero di passaggi, non si spaventerà più, permettendoci di godere quel percorso con gli amici. Che cos'è successo? Il nostro cavallo ha "appreso" che lo spaventapasseri non rappresenta una minaccia; infatti, tutte le volte che gli è passato davanti, quello non si è mai mosso, non gli ha fatto niente. Quindi perché averne paura? Perché disperdere inutilmente energie fuggendo? Questo è un esempio di apprendimento per via non-associativa di fronte a uno stimolo singolo. Come abbiamo già anticipato in senso generale, il cavallo ha inconsciamente eseguito un rapido calcolo delle probabilità che, per capirci, potrebbe essere riassunto così: se passo davanti allo spaventapasseri per dieci volte e non capita niente, è improbabile che succeda qualcosa l'undicesima (ovviamente questa frase è una metafora per aiutare a capire di fronte a quale situazione etologica ci troviamo).

È probabile che adesso vi stiate domandando quanti passaggi davanti allo spaventapasseri sono necessari affinché il cavallo non ne abbia più paura; ebbene, come già accennato in precedenza, non è possibile rispondere a questa domanda, perché ogni cavallo è un individuo a sé e ciascun soggetto "applica", per così, dire i meccanismi dell'apprendimento in maniera diversa di fronte a uno stesso stimolo. È meglio diffidare di chi fornisce delle "ricette" per addestrare e gestire i cavalli; molti propongono situazioni come: ora fai questo e vedrai che il cavallo farà quest'altro. Sarebbe come avere una classe di venti bambini, spiegare a tutti una sola volta il teorema di Pitagora e poi pretendere che sia capito da tutti allo stesso modo e nello stesso tempo.

Torniamo al nostro esempio per fare alcune considerazioni. Se durante gli ultimi passaggi una folata di vento fa muovere lo spaventapasseri, la situazione cambia e il cavallo potrebbe manifestare nuovamente reazioni di fuga. Questo accade perché lo stimolo non è più uguale a quello a cui si stava abituando. Adesso allo spaventapasseri (inteso come forma fisica) si è aggiunto il movimento dato dal vento, perciò il cavallo si trova di fronte ad uno stimolo nuovo che non conosce e dal quale, in via precauzionale, è sempre meglio allontanarsi. Se vogliamo far apprendere qualcosa al nostro amico utilizzando il meccanismo dell'assuefazione, dobbiamo ricordarci che lo stimolo proposto deve essere unico, uguale e costante durante tutto il procedimento, fino al risultato finale che desideriamo ottenere. Se lo stimolo cambia anche solo in qualcosa (intensità, colore, forma o movimento), al cavallo sembrerà di trovarsi alla presenza di uno stimolo diverso e si dovrà ripartire da capo. Per questo, l'esempio che abbiamo fatto è in linea teorica un'evenienza che sarebbe meglio evitare. La cosa più sensata sarebbe quella di tornare alla scuderia, riprodurre nei dettagli lo spaventapasseri nel nostro maneggio (meglio se al coperto) e procedere con l'assuefazione a quello stimolo nell'ambiente familiare conosciuto dal cavallo (persone incluse), facendolo prima assuefare allo spaventapasseri da una certa distanza e poi completare l'addestramento ripetendo la sequenza ma da distanze sempre minori. Solo in seguito potremo verificare l'avvenuta assuefazione, riportando il cavallo sul percorso della passeggiata. Certo questa strategia è senz'altro più lunga e complessa, e magari difficilmente attuabile nella pratica, che non il semplice passare qualche volta davanti allo spaventapasseri nel luogo dove è stato trovato. Ricordiamoci però, che in quella situazione, abbiamo poche possibilità di controllare che non succeda niente intorno che possa rendere vano il nostro lavoro (vedi la folata di vento). Sarà poi la nostra esperienza e la nostra conoscenza del cavallo che montiamo a farci scegliere il modo migliore per l'esecuzione di un addestramento per assuefazione a un certo stimolo, conoscendo come funzionano le regole di applicazione di questo meccanismo di apprendimento.

Vediamo un altro esempio: in scuderia c'è un nuovo puledro che non è abituato a essere toelettato e noi entriamo nel box con una spazzola in mano. Lentamente la allunghiamo verso il puledro che si gira, guardando noi e la spazzola, con una certa perplessità. Avviciniamo la spazzola, lui continua a guardarla con attenzione, poi la annusa e noi gliela passiamo lentamente sul naso e ci fermiamo. Il puledro si scosta bruscamente, ma alla fine viene a cercare quella cosa strana che gli ha accarezzato il muso e ne approfittiamo per ripetere più volte l'operazione. Verificato che il puledro non indietreggia più al contatto della spazzola sul muso, ampliamo il nostro raggio d'azione e iniziamo a passargliela lentamente anche sulla fronte; lasciando sempre al cavallo il tempo di valutare bene ogni nostro movimento, poi faremo lo stesso sul collo e sul resto del corpo. Ci vorrà qualche seduta, ma dopo un po' il cavallino si farà spazzolare tranquillamente; anzi scoprirà che è piacevole, un po' come fare grooming con un suo simile. Ebbene, il puledro ha "appreso" a non temere la spazzola: se non ha fatto male quando è passata sul muso, perché dovrebbe fargliene in altre parti del corpo? Lo spaventapasseri e la spazzola sono uno stimolo singolo che si ripete nel tempo e non c'è nient'altro che possa fornire indicazioni al cavallo sul fatto che né l'uno né l'altra rappresentano un pericolo. Lo spaventapasseri si trova su una strada mai percorsa e il nuovo puledro non conosce l'azione della spazzola. Tuttavia, fra le due situazioni c'è una differenza sostanziale da tenere a mente: nel primo caso il cavallo riduce la risposta di paura passando più volte davanti allo spaventapasseri, mentre nel secondo il comportamento del cavallo rimane sostanzialmente invariato ed è lo stimolo spazzola che cambia d'intensità e posizione: prima è solo visivo, poi diventa tattile su una parte e poi si estende a tutto il corpo. In entrambi i casi possiamo parlare di assuefazione e sono esempi di come l'apprendimento non-associativo interessi le normali attività di scuderia.

Tuttavia quello che abbiamo detto sul fatto che lo stimolo deve essere sempre uguale e della stessa intensità, nel caso del puledro e della spazzola non sembrerebbe valido. Quest'osservazione è parzialmente vera, perché se analizziamo più in dettaglio l'esempio della spazzola, possiamo osservare come, ogniqualvolta la spazzola passa sul corpo del cavallo, senza che questo mostri segni di difesa, è già avvenuta l'assuefazione all'oggetto in quel preciso contesto, dato dalla spazzola passata in quel determinato punto del corpo e con una certa intensità (molto bassa). Vi ricordate? Stimoli lievi possono indurre l'assuefazione molto velocemente. Una volta avvenuta l'assuefazione alla spazzola in una precisa zona del corpo, possiamo passare a un altro stimolo, che è sempre la spazzola, ma su un'altra parte del corpo. Una volta che il cavallino si è assuefatto al passaggio della spazzola nella nuova zona, si potrà volendo aumentarne l'intensità, sempre in quella certa zona. In pratica, passare la spazzola con una certa intensità e su una certa parte del corpo equivale ad assuefare il nostro cavallo allo spaventapasseri ricostruito in maneggio, mentre passare la spazzola su un'altra parte del corpo (o aumentarne l'intensità nella zona in precedenza assuefatta) equivale a portare di nuovo il nostro cavallo sul sentiero con lo spaventapasseri originale, dopo che si è assuefatto a quello ricostruito in maneggio. In questi esempi entra un'altra caratteristica dei processi di apprendimento: la "generalizzazione", cioè la capacità di capire che un certo stimolo è uguale, anche se ci si trova in ambienti diversi. Grazie a questa capacità i cavalli possono essere addestrati nel maneggio della propria scuderia a rispondere a determinati stimoli, per poi ripetere quegli stessi esercizi in un campo gara dove non sono mai stati, con decine di persone attorno. La nostra capacità di guidare i cavalli a generalizzare stimoli, esercizi e contesti durante tutto l'addestramento è un elemento molto importante per l'apprendimento e per il loro equilibrio psichico. Nel caso dell'apprendimento non-associativo, i cavalli possono assuefarsi a determinati stimoli e ad altri simili, che non sono esattamente uguali a quello che ha generato l'assuefazione.

Abbiamo detto che l'assuefazione a uno stimolo avversivo si ottiene con l'applicazione di questo stimolo in maniera uguale e costante durante tutto il procedimento, fino al risultato finale. Solo dopo si potrà cambiare qualcosa, variare l'ambiente in cui è somministrato lo stimolo oppure altre sue caratteristiche come l'intensità, il colore o la forma. Se il cavallo rimane rilassato quando è esposto a stimoli avversivi, presentati la prima volta con un'intensità tale da essere comunque percettibili dai suoi sensi e somministrati uno per volta, potrà più facilmente apprendere come tali stimoli non rappresentino una minaccia e non ci sia necessità di fuggire, o comunque di stare in allerta.

L'elemento centrale dell'applicazione dell'apprendimento non-associativo all'addestramento del cavallo è l'aumento progressivo di stimoli problematici, aumento che deve avvenire solo quando si è raggiunta l'assuefazione allo stimolo precedente. Velocizzare l'incremento degli stimoli può determinare il ritorno a risposte di fuga o può portare a instaurare altri comportamenti di difesa, vanificando il lavoro svolto fino a quel momento. Se ciò avviene, l'esposizione agli stimoli deve tornare al livello in cui il cavallo mostrava l'assuefazione. Tuttavia è indispensabile sottolineare che è meglio evitare di innescare riposte di fuga o difesa. Nel caso della spazzolatura del puledro dobbiamo tener presente che lo stimolo singolo, aumentando d'intensità, non deve mai dar luogo a reazioni di paura. Se andiamo troppo di fretta, e per esempio spazzoliamo improvvisamente la grassella che è un punto delicato, potremo innescare comportamenti di evitamento e avremo reso vano quanto fatto in precedenza. Anche perché, e qui entra in gioco la sensibilizzazione, se il puledro si è spaventato al contatto della spazzola con la grassella, è possibile che, tramite la sensibilizzazione, mostri reazioni di paura o comunque di evitamento anche quando la spazzola torna a farsi sentire su parti del suo corpo sulle quali già in precedenza, era avvenuta l'assuefazione. In quel caso, con calma, dobbiamo tornare indietro e ripartire con lo spazzolare un punto dove il cavallo non mostri nessuna reazione.

La probabilità e il livello di assuefazione dipendono dal tipo, dall'intensità e dalla regolarità di presentazione dello stimolo. Quando si vuole far assuefare un cavallo, è essenziale che lo stimolo sia ripetuto uguale e costante fino a che si è superato il livello di assuefazione; fermarsi prematuramente può far apprendere al cavallo, tramite la sensibilizzazione, esattamente l'opposto di quanto desiderato. Tuttavia per quanto riguarda la sensibilizzazione, la situazione è più complessa, perché sono poche le occasioni in cui tale modo di apprendere può entrare nella relazione con i cavalli. A meno di non avere un'adeguata riserva di giubbotti, possiamo immaginare che nessuno abbia permesso al proprio cavallo di mangiare carote direttamente nella tasca, eppure molti cavalli cercano leccornie annusando e investigando il giubbotto proprio in prossimità delle tasche; ma anche se il cavallo cerca, di solito si prende la carota che gli si offre con la mano. Se alla base di tale comportamento di esplorazione ci fosse un fenomeno di condizionamento (di cui parleremo), dopo alcune volte il cavallo non dovrebbe più investigare il giubbotto, ma cercare la mano. È probabile che la base, l'innesco di questo comportamento sia la sensibilizzazione, il che potrebbe suonare più o meno così: il mio olfatto mi dice che ci sono carote, perciò maggiore è la mia attività di investigazione, maggiore sarà la probabilità di recuperarle. Negli esempi che abbiamo fatto, e che faremo, occorre tener presente che il comportamento del cavallo, e degli animali in generale, è spesso dettato da una regola semplicissima che è il rapporto costi/benefici. Se l'animale percepisce che il "beneficio" di una certa situazione o di uno stimolo è maggiore del relativo costo, allora siamo sulla buona strada. Se invece, la somministrazione di uno stimolo sconfina nel dolore oppure il costo è valutato superiore al beneficio percepito, il cavallo continuerà a difendersi o comunque a opporsi a quello stimolo. Questo però nessuno può dircelo a priori (e diffidate di chi pensa che invece sia possibile saperlo), se non il cavallo con il suo comportamento, durante la somministrazione dello stimolo. Nel caso della spazzola, possiamo pensare che il beneficio sia piuttosto alto se consideriamo che essere spazzolati potrebbe risultare piacevole per il cavallo. Mentre il costo è presumibile sia basso, visto che si è già abituato alla presenza della persona e della spazzola ed è difficile che ciò possa trasformarsi in qualcosa di fastidioso o doloroso.

Purtroppo non esiste un modo per misurare costi e benefici percepiti dal cavallo in una certa situazione, o quando è somministrato un certo stimolo; l'unico modo che abbiamo per procedere è osservare attentamente il suo comportamento e agire con calma, valutando momento dopo momento la sua reazione. Soffermiamoci su quest'aspetto e non solo durante l'assuefazione, ma in tutte le situazioni riguardanti l'addestramento, dove sono coinvolti anche altri modi di apprendimento. Prestare attenzione e verificare le reazioni dopo ogni nostra azione è molto importante perché il cavallo con il suo comportamento ci invia dei segnali, e cercare di interpretare il messaggio che contengono è l'unico modo che abbiamo per capire se stiamo facendo la cosa giusta. Il problema è che molte persone pensano che il tempo passato a cercare di "convincere" un cavallo, attraverso la psicologia dell'apprendimento animale (e non con le chiacchiere), a fare determinate cose, oppure a cercare di capire il perché di un suo comportamento, sia tempo perso e che la via più sbrigativa e vantaggiosa sia quella di costringerlo.

L'abituazione (apprendimento non-associativo) è importante soprattutto per i giovani cavalli (in generale per tutti gli animali giovani, l'apprendimento non-associativo gioca un ruolo di rilievo perché rappresenta un modo veloce ed energeticamente economico per comprendere se un certo stimolo è innocuo oppure no, senza stare a pensarci troppo) perché rappresenta il processo attraverso il quale essi apprendono a tollerare molti stimoli ambientali, comprese le persone, gli altri animali e gli oggetti. Accade anche con gran parte delle attrezzature usate in equitazione, come briglie, sella, paracolpi, parastinchi, sottosella, coperte. Il cavallo si assuefà anche alla presenza del cavaliere sulla groppa. In pratica, un giovane cavallo si abitua, tramite l'apprendimento non-associativo, agli strumenti usati per montarlo e gestirlo, che sono applicati sul suo corpo.

Colleghiamoci adesso a quanto abbiamo detto riguardo alle pressioni, che sono usate come segnali per inviare messaggi al cavallo, cioè per comunicare con lui. Tutte le attrezzature cui abbiamo accennato in precedenza, esercitano delle pressioni più o meno lievi sul corpo, alle quali il cavallo si abitua per assuefazione. Pensiamo, ad esempio, a quando si mettono per la prima volta i parastinchi o la sella a un giovane cavallo: all'inizio avremo dei comportamenti di fuga o comunque di disagio, d'intensità variabile secondo il soggetto, che andranno poi ad attenuarsi fino a scomparire. Possiamo dire quindi che un cavallo, attraverso l'apprendimento non-associativo, può abituarsi a determinate pressioni che, con il passare del tempo, non danno più luogo a reazioni comportamentali. Significa forse che il cavallo può assuefarsi alle pressioni che sono, come abbiamo detto, il mezzo di cui disponiamo per inviargli dei segnali? Sì, può farlo. Le pressioni che applichiamo possono divenire inefficaci, come lo diventano quelle date dai parastinchi e dalla coperta, ad esempio. Che differenza passa fra una pressione che è un efficace segnale per inviare messaggi e una cui il cavallo si abitua e che perciò non è più efficace? La differenza è data dal modo di applicazione e dalla relativa intensità della stessa. Una leggera pressione, costante, applicata con intensità uniforme, produrrà l'assuefazione e il cavallo, dopo un certo tempo, ci si abituerà. Questo tipo di pressione diventerà inefficace come mezzo di comunicazione. È ovvio che, dal punto di vista della comunicazione, interessino poco pressioni come quelle esercitate dai parastinchi o dalla coperta da box. Per la comunicazione sono importanti altri tipi di pressione, come quelle esercitate con le redini e le gambe, poiché, come abbiamo detto, rappresentano uno dei mezzi principali per inviare messaggi al cavallo. Se queste, a causa di un modo sbagliato di applicazione, divengono inefficaci, è evidente che non possono più essere usate come segnali per inviare messaggi, perché il cavallo non sarà più in grado di percepirli.

> ...non insiste abbastanza per esigere che il soldato faccia sulla bocca del cavallo le minori azioni che può, tenga più che è possibile la mano leggera ed avanzi i pugni ogni qualvolta il cavallo ha bisogno di distendere l'incollatura.
>
> Carlo Giubbilei "Federico Caprilli, Vita e scritti", pag. 106

Su quest'argomento torneremo in seguito. Per adesso è importante fissare questo concetto: il cavallo, mediante l'apprendimento non-associativo, si può assuefare alle pressioni che noi applichiamo, qualunque esse siano e in qualunque modo siano applicate, purché di intensità tale da non provocare dolore o eccessivo fastidio. Un'ultima considerazione prima di iniziare a parlare di apprendimento associativo. L'assuefazione è un processo reversibile; se il nostro cavallo non vede lo spaventapasseri per molto tempo (anche in questo caso non si può sapere per quanto tempo, perché ogni cavallo è un individuo a sé) quando lo rivedrà potrebbe di nuovo spaventarsi. Così come un cavallo che non sente più le pressioni delle gambe, a causa di sovra stimolazione da parte del cavaliere, può tornare a essere sensibile a quelle pressioni dopo un certo periodo in cui non le ha sentite.

Video di riferimento del capitolo: 2, 3, 4, 5, 14, 15, 17 e 18

Capitolo 6 – Collegare due eventi (apprendimento associativo)

Abbiamo visto come, con l'apprendimento non-associativo, l'animale è esposto a un singolo stimolo che si ripete costante nell'intensità e nella frequenza. In seguito a questa esposizione cambia il suo comportamento, avendo come uniche informazioni il tipo di stimolo e la frequenza di comparsa. Con quest'apprendimento l'animale non acquisisce nessuna informazione né sull'ambiente, nel quale lo stimolo si presenta, né su eventuali collegamenti fra lo stimolo stesso, l'ambiente e il suo comportamento.

L'apprendimento associativo è diverso. In questo caso l'animale apprende il collegamento che c'è fra due stimoli ambientali, o fra uno stimolo e un suo comportamento. Gli studi sull'apprendimento associativo (comunemente conosciuto come condizionamento) prevedono che ci sia l'esposizione a due stimoli che hanno un certo rapporto fra loro (di solito temporale, ma non solo), per verificare se l'animale ha modificato il suo comportamento, in seguito all'esposizione a questi due stimoli.

Alzi la mano chi non ha mai sentito parlare di Ivan Pavlov e dei suoi esperimenti sul suono dei campanelli e la salivazione dei cani. All'inizio del XX secolo, in Russia, Pavlov descrisse uno strano fenomeno che si verificava quando i cani erano esposti a due eventi collegati fra loro. In realtà Pavlov era un fisiologo e non stava studiando il comportamento animale, ma il funzionamento dell'apparato digerente. Lo studio prevedeva che fosse presentato del cibo a un cane, e la visione e l'odore del cibo facevano aumentare la sua salivazione. Per esigenze di gestione il suono di un campanello avvisava il personale del laboratorio che stava per essere portato il cibo. Pavlov notò che, dopo alcune volte che si ripeteva questa procedura, il solo suono del campanello era sufficiente a far aumentare la salivazione del cane, senza che fosse necessaria la presentazione del cibo. I risultati di Pavlov descrivono un particolare tipo di apprendimento associativo, chiamato condizionamento classico (o pavloviano appunto). Entriamo più nel dettaglio e iniziamo a comprendere meglio questo fenomeno. Il suono del campanello è uno stimolo che, da solo, non produce alcun effetto e non è in grado di provocare la salivazione del cane. Se ne avete uno in casa e gli suonate un campanello in maniera casuale probabilmente l'unica cosa che otterrete sarà uno sguardo perplesso, misto a un certo grado di disappunto.

Il cibo presentato al cane determina invece la salivazione e, negli esprimenti di Pavlov, è successo che il cane ha associato il suono del campanello alla presentazione del cibo, per cui il campanello diventa sufficiente ad annunciare l'arrivo del cibo. È ciò che accade anche nelle nostre case quando è l'ora del pasto di Fido. Da alcuni nostri stimoli che gli inviamo inconsciamente e che precedono la somministrazione del pasto (avvicinarsi alla ciotola, aprire la dispensa, il rumore del sacchetto delle crocchette), il nostro cane capisce che il cibo sta effettivamente per arrivare. Il cane, in queste situazioni, apprende a collegare i due stimoli, in seguito alla loro esposizione in sequenza temporale.

Nel condizionamento classico la misura dell'apprendimento è data dal cambiamento nel comportamento prodotto in origine dal suono del campanello che, come abbiamo detto, prima del condizionamento non ha nessun effetto, cioè non provoca la salivazione. La salivazione (risposta "incondizionata", RI) normalmente prodotta nel cane dalla vista del cibo (stimolo "incondizionato", SI), può perciò essere provocata dalla sola presentazione del suono del campanello (stimolo "condizionante", SC). La salivazione indotta da questo suono è detta risposta "condizionata" (RC). Affinché l'apprendimento mediante condizionamento classico sia possibile, è fondamentale che lo stimolo condizionante, in questo caso il suono del campanello, sia presentato all'animale immediatamente prima dello stimolo incondizionato, cioè il cibo. Pertanto con il condizionamento classico non si apprende a generare nuovi comportamenti, ma a far sì che una stessa risposta comportamentale (RI) a uno stimolo (SI) sia prodotta anche come risposta (RC) a un altro stimolo (SC).

È probabile che adesso vi chiederete cosa c'entra tutto ciò con i cavalli e il loro addestramento. Lo capirete proseguendo nella lettura, per adesso ciò che è importante è che queste regole siano ben comprese.

Non esiste solo il condizionamento classico. Quasi negli stessi anni in cui Pavlov faceva i suoi esperimenti, Eduard Thorndike, negli Stati Uniti, ebbe una strana idea: chiuse un gatto in una gabbia piuttosto angusta, da cui il povero micetto poteva uscire solo premendo una leva. Muovendosi nervosamente e disordinatamente dentro la gabbia, il gatto finì davvero col premere la leva, e uscì. Thorndike lo riprese e lo rimise nella gabbia e così per diverse volte, dopo che l'animale era uscito. Perché lo scienziato lo rimetteva sempre nella gabbia? Per un motivo molto semplice: Thorndike voleva capire se il gatto aveva appreso qualcosa da quella situazione; se così fosse stato, il tempo che avrebbe impiegato per uscire dalla gabbia si sarebbe ridotto sempre più. Così pensava lo scienziato e così fece il gatto: ogni volta che era rimesso nella gabbia, il tempo che il micetto impiegava per uscire si riduceva con il susseguirsi delle prove. Non solo, il comportamento che permetteva al gatto di uscire dalla gabbia all'inizio sembrava del tutto casuale mentre, con il susseguirsi delle prove, fu evidente che tale comportamento era sempre più preciso e diretto ad azionare la leva. In pratica, il gatto aveva appreso a dirigere il suo comportamento per attivare la leva e poter uscire dalla gabbia.

Molto simile fu anche l'esperimento di Skinner, nel quale alcuni topini dovevano premere una leva per ottenere del cibo. In conseguenza del ripetuto accoppiamento temporale tra abbassare la leva e ottenere cibo, la frequenza di emissione del comportamento "premere la leva" diventava più elevata. Sia il gatto di Thorndike che i topini di Skinner avevano appreso un comportamento, premere una leva, per ottenere una ricompensa. Hanno, cioè, associato due eventi che sono in relazione fra loro: premere una leva e avere la ricompensa. Quello appena descritto è il condizionamento "operante", o "strumentale" poiché è strumentale a ottenere qualcosa (la ricompensa appunto).

Nel condizionamento classico l'animale apprende il collegamento che c'è fra due stimoli; nel condizionamento operante l'evento che compare temporalmente dopo è allo stesso modo una ricompensa, com'era il cibo negli esperimenti di Pavlov, ma il primo evento (che era il suono del campanello nel condizionamento classico) non è più uno stimolo esterno, ma una risposta dell'animale, cioè un suo comportamento. Nel condizionamento operante la misura dell'apprendimento è data dalla variazione del comportamento dell'animale in seguito alla somministrazione di una ricompensa. Tutto ciò può sembrare un pochino complicato adesso, ma un piccolo sforzo per capire la mente dei nostri amici cavalli lo possiamo fare, dopo tutto quello che hanno fatto, e fanno, per noi.

Torniamo brevemente agli esperimenti di Pavlov perché c'è una considerazione importante da fare, che ci sarà utile nelle prossime pagine. Il cane non aveva nessun controllo sugli eventi; c'era un campanello che era fatto suonare a discrezione dello sperimentatore che provvedeva, subito dopo, a presentare il cibo all'animale, la cui risposta (la salivazione), pur dipendendo dalla successiva presentazione dei due stimoli, non era sotto il suo controllo. Cosa ben diversa nel condizionamento strumentale, nel quale è il comportamento volontario dell'animale che determina, o no, la comparsa della ricompensa, cioè del rinforzo (iniziamo a usare le parole corrette per riferirci alle situazioni che stiamo affrontando). Questa differenza è sostanziale e molto importante per l'addestramento del cavallo. Se poi consideriamo che l'animale deve scoprire da solo, e spesso con una serie di tentativi, che un particolare suo comportamento è seguito dall'arrivo del rinforzo, il condizionamento operante corrisponde a quello che è conosciuto anche come "apprendimento per prove ed errori".

In realtà le cose sono più complesse. La somministrazione di un rinforzo (il cibo per i cani di Pavlov) in seguito a uno stimolo può non essere sufficiente per ottenere il condizionamento. Affinché ciò accada, è necessario, anzi è indispensabile, che lo stimolo fornisca informazioni chiare e specifiche sulla comparsa del rinforzo, non ottenibili dall'animale in altro modo (lo stimolo deve perciò essere evidente, semplice e coerente). Per tale motivo, oltre il semplice accoppiamento temporale, lo stimolo deve avere anche altre caratteristiche. Questo concetto è abbastanza intuibile, se consideriamo ciò che abbiamo detto qualche riga sopra: il condizionamento permette agli animali di scoprire quali eventi del loro ambiente anticipano, o causano, altri eventi biologicamente rilevanti (i rinforzi).

Dopo gli esperimenti iniziali che servirono a definire il concetto e il funzionamento del condizionamento classico, Pavlov iniziò altri esperimenti nei quali furono apportate alcune modifiche alla procedura e da una di queste emerse un fenomeno un po' particolare, che neppure Pavlov seppe, all'epoca, spiegare. In questa nuova prova, lo stimolo condizionante (il suono del campanello nell'esperimento originale) non era formato da un solo stimolo, ma era composto di due stimoli d'intensità diversa: un suono debole e una luce intensa, presentati all'animale contemporaneamente. Pertanto l'esperimento prevedeva la somministrazione contemporanea all'animale del suono debole e della luce intensa, seguiti immediatamente dal cibo. Forse Pavlov pensò di poter dimostrare un condizionamento a due differenti stimoli, che fornivano però informazioni sullo stesso evento rilevante per l'animale (la comparsa del cibo). Per verificare ciò, i due stimoli dovevano, nelle prove successive, essere presentati separatamente e, se l'ipotesi fosse stata giusta, entrambi avrebbero dovuto, agendo separatamente, indurre l'aumento della salivazione. Non fu così. Solo lo stimolo d'intensità maggiore, la luce forte in questo caso, era in grado di provocare la salivazione, mentre nessun effetto era indotto dal suono debole. Il condizionamento era avvenuto solo per lo stimolo d'intensità maggiore e perciò più evidente, più chiaro per l'animale, mentre nessun condizionamento era avvenuto per il suono debole che pure aveva preceduto la comparsa del cibo, tanto quanto la luce forte. Perciò il semplice accoppiamento temporale di uno stimolo con un rinforzo non garantisce che ci sia apprendimento. Il fenomeno fu compreso meglio molti anni dopo e fu chiamato *overshadowing*, perché lo stimolo d'intensità maggiore, la luce, aveva messo in ombra lo stimolo d'intensità minore, il suono debole, facendo in modo che nessun condizionamento avvenisse per quest'ultimo.

Facciamo un salto di qualche decennio arrivando alla fine degli anni '60, agli studi di Kamin, che dimostrarono un fenomeno simile all'overshadowing, anch'esso dovuto all'interferenza che ci può essere fra stimoli che predicono l'arrivo dello stesso rinforzo. Nell'esperimento di Kamin una luce rossa era seguita dalla comparsa del cibo e, come accadeva per il campanello, dopo un certo numero di volte, la luce rossa era in grado di far comparire la salivazione. A questo punto Kanim ripeté l'esperimento, accoppiando alla luce rossa una luce di uguale intensità ma verde e, a entrambe le luci presentate insieme all'animale, faceva seguito la comparsa del cibo. Se il condizionamento fosse stato un fenomeno meccanico, ci si poteva aspettare che anche la luce verde, quando somministrata da sola, fosse in grado di indurre la salivazione nel cane. Questo non successe e Kamin scoprì che l'animale non sviluppava nessun condizionamento per la luce verde che, presentata da sola, non induceva la salivazione. Questo fenomeno fu chiamato *blocking* e, al pari dell'overshadowing, mostra come il semplice accoppiamento di uno stimolo e di un rinforzo non sia sufficiente a produrre l'apprendimento associativo. La spiegazione del blocking (ritenuta valida anche per l'overshadowing) è in realtà abbastanza semplice. Nella prima parte dell'esperimento, il cane apprende che lo stimolo "luce rossa" predice l'arrivo del rinforzo, cioè del cibo. Quando si presenta al cane lo stimolo composto di luce rossa e verde, lo stimolo "luce verde" è seguito da un rinforzo che non è più una sorpresa, perché la luce rossa ha già segnalato all'animale il suo arrivo. In pratica il blocking e l'overshadowing testimoniano la presenza di una componente cognitiva all'interno del condizionamento classico. Attraverso questi fenomeni è stato possibile dimostrare che in certi casi l'animale compie una "scelta" (inconsapevole, ma una scelta) all'interno del processo di condizionamento. Se il condizionamento fosse solo un mero meccanismo automatico stimolo - risposta, questi due fenomeni non avrebbero potuto aver luogo.

In estrema sintesi, ciò che produce l'apprendimento nel condizionamento classico è la rilevanza che lo stimolo ha per l'animale. Non solo è indispensabile che lo stimolo preceda temporalmente il rinforzo, ma lo stimolo deve essere anche chiaro, netto e ben distinguibile da altri stimoli, affinché l'animale lo possa percepire nella maniera corretta. Cioè deve essere evidente, semplice e coerente, come gli stimoli che possiamo usare per i segnali della comunicazione con il cavallo.

Speriamo che questo ragionamento non sia troppo vago, perché il blocking e l'overshadowing sono molto importanti nell'addestramento dei cavalli, soprattutto nel lavoro in sella. Per questo è stato necessario riportarne la descrizione, anche se adesso forse c'è più confusione di prima. Cercheremo di andare avanti per gradi e chiarire a piccoli passi concetti che all'inizio possono sembrare un po' nebulosi. Per adesso è importante fissarne alcuni, come per esempio il significato della parola "rinforzo" che abbiamo trovato nel processo di condizionamento, e della quale deve essere ben chiaro il significato. Torniamo a parlare di Thorndike. Che cosa faceva il gattino una volta chiuso nella gabbia? Cercava di uscire, perché stare in gabbia costituiva per lui una situazione di disagio, per cui eseguiva un certo comportamento (premere la leva) per ottenere una ricompensa (uscire dalla gabbia). Questa ricompensa che l'animale ottiene eseguendo un certo comportamento prende il nome di rinforzo. I topini di Skinner facevano la stessa cosa; eseguivano un comportamento (premere la leva) per ottenere un rinforzo (cibo). In entrambi i casi, ottenere la ricompensa (uscire dalla gabbia o il cibo) faceva sì che gli animali, con il procedere delle prove, manifestassero con maggiore frequenza e in maniera sempre più precisa il comportamento (premere la leva) che gli permetteva di arrivare al rinforzo. Si definisce "rinforzo" qualsiasi evento che rende più probabile che un comportamento dell'animale si manifesti, o aumenti la sua frequenza di comparsa in futuro. È altresì un "rinforzo" il cibo somministrato nel condizionamento classico, grazie al quale aumenta la frequenza del comportamento di salivazione. È abbastanza ovvio che un rinforzo debba essere qualcosa d'importante per l'animale, qualcosa di biologicamente importante, come la rimozione di un fastidio o del cibo. Le famose "patte" sul collo che spesso vediamo dare ai cavalli al termine di un percorso ben fatto non sono un rinforzo per una ragione molto semplice: non hanno per il cavallo nessun significato. Vedremo più avanti come anche le patte sul collo o le parole possano essere impiegate nell'apprendimento che si ha con l'addestramento.

Un rinforzo può essere di due tipi: positivo o negativo. Qui occorre fare molta attenzione, perché le parole "positivo" e "negativo" non devono essere intese nel loro significato colloquiale. Come abbiamo detto, un rinforzo è, per definizione, sempre qualcosa che ha un valore per l'animale, per cui è un qualcosa che è positivo (nel senso di "buono") di per sé. I termini "positivo" e "negativo" devono essere intesi nel senso matematico di "aggiungere" o "togliere" qualcosa dall'ambiente dell'animale. Il gatto di Thorndike ha appreso a uscire dalla gabbia premendo la leva, il che ha fatto sì che uno stimolo avversivo, fastidioso (l'essere chiuso nella gabbia), fosse rimosso, cioè sottratto dal suo ambiente (rinforzo negativo). Mentre per i topini di Skinner il comportamento di premere la leva ha permesso di aggiungere, cioè di sommare, qualcosa di rilevante (il cibo) al loro ambiente e in questo caso si parla di rinforzo positivo.

Come abbiamo detto, l'apprendimento permette agli animali di usare le informazioni che provengono dal mondo esterno per adattare il loro comportamento alle variazioni dell'ambiente, aumentando la possibilità di successo e sopravvivenza. Fra i comportamenti che tutti gli animali apprendono meglio, c'è senz'altro la capacità di evitare situazioni che generano disagio e dolore fisico. Anche fra gli invertebrati si registrano queste forme di apprendimento, attraverso le quali questi animali apprendono a evitare stimoli avversivi. È perciò necessario aggiungere due parole sulla forza del condizionamento classico, perché attraverso di esso si può avere ciò che in psicologia è chiamato condizionamento alla paura, che ha gli stessi meccanismi negli animali e nell'essere umano.

Negli anni successivi, Pavlov eseguì anche un altro tipo di condizionamento seguendo una procedura uguale ai test con il campanello, ma cambiando stimolo e rinforzo. Somministrò una soluzione acquosa amara a un cane, che ovviamente dimostrò di non gradire, agitandosi, facendo smorfie e provando a espellerla con movimenti della lingua (in questo caso il rinforzo aumenta i comportamenti volti a eliminare il fastidio). Fece quindi precedere la somministrazione di questa sostanza dal suono di un metronomo. Dopo pochissime ripetizioni dell'accoppiamento fra il suono del metronomo e la soluzione amara, il cane iniziò a mostrare gli stessi segni del disgusto non appena sentiva il solo suono del metronomo, senza che fosse necessario somministrargli la soluzione amara. Con questo semplice esperimento Pavlov aveva aperto la strada del condizionamento alla paura. Alcuni anni dopo fece scalpore un test che due ricercatori americani fecero con un bambino di circa un anno di età, diventato famoso come il Piccolo Albert. Sfruttando la naturale curiosità dei bambini per altri esseri viventi, i due scienziati fecero accarezzare ad Albert un topolino bianco. Dopodiché, in maniera improvvisa e senza che Albert vedesse ciò che stava per accadere, produssero un rumore molto forte colpendo con un martello una lamiera alle spalle del bambino, mentre questi stava accarezzando il topolino. Il rumore improvviso condizionò immediatamente Albert che, alla sola vista del topolino, evitava di toccarlo, aveva sobbalzi di paura e piangeva, apparentemente senza motivo.*

* È importante sottolineare come, oggi, esperimenti come quelli eseguiti da Pavlov sui cani o quelli fatti con il Piccolo Albert non sarebbero possibili. La legge italiana, che è una delle più restrittive al mondo, vieta esperimenti dove sia inflitta sofferenza (anche se intesa come paura) ad animali e umani. Gli esperimenti devono essere approvati da Comitati Etici che ogni istituto di ricerca, pubblico o privato, deve avere per legge e alcune tipologie d'indagini cliniche hanno bisogno dell'approvazione del Comitato Etico dell'Istituto Superiore di Sanità.

La descrizione di questi test serve a sottolineare come la potenza del condizionamento classico sia evidente anche come risposta alla paura. Gli animali sono in grado di creare un'associazione fra uno stimolo ambientale (il topolino per Albert o il suono del metronomo per i cani di Pavlov) e un evento che ha generato una forte reazione di paura, dolore o comunque di disagio. Una volta avvenuta l'associazione, lo stimolo condizionante predice all'animale l'arrivo dell'evento che ha generato la paura. Il condizionamento classico è così forte che lo stimolo condizionante non solo dà luogo alla modifica del comportamento (fuga, sobbalzi e altri comportamenti legati alle reazioni di paura) ma induce anche variazioni nell'organismo come tachicardia, aumento della pressione sanguigna, sudorazione. Questo fenomeno è molto importante per i cavalli e la loro gestione. Facciamo un esempio molto (molto) realistico e immaginiamo un cavallo che deve salire sul trailer. Non è ancora ben addestrato a farlo e ha un momento di esitazione quando si avvicina alla rampa, forse perché il trailer è contro sole e non riesce bene a vedere l'interno, oppure perché ha bisogno di un pochino di tempo per valutare la situazione. Il suo momento d'indecisione è "interpretato" da chi lo gestisce come un rifiuto a salire, e improvvisamente questa persona colpisce con forza il cavallo sulla groppa con l'immancabile scopa (chissà perché quando c'è da far salire dei cavalli sul trailer ce n'è sempre una a portata di mano). Il colpo, oltre a provocare dolore, spaventa il cavallo e lo fa sobbalzare. Indipendentemente che poi salga sul trailer, come si comporterà quel cavallo quando vedrà di nuovo quel mezzo di trasporto o qualcuno con una scopa in mano? È semplice. È probabile che questi stimoli (la vista del trailer e la scopa alzata) lui li abbia associati alla paura e al dolore provati e che pertanto abbia reazioni di paura anche violente, solo vedendoli.

Il condizionamento classico ha un ruolo preciso in molte alterazioni psichiatriche dell'essere umano, come ad esempio le fobie, gli stati di ansia patologica e il disordine post-traumatico da stress. Potrebbe essere lo stesso per i cavalli? Per fortuna se lo stimolo condizionante (il topolino di Albert o il suono del metronomo) si presenta senza essere seguito dallo stimolo che ha indotto la reazione di paura, dopo un certo numero di volte questa reazione si estingue. Perciò se il cavallo vede per diverse volte un trailer, senza però che nessuno che lo colpisca con la scopa, avrà la tendenza a ridurre le sue reazioni di paura.

Purtroppo per noi, i test fatti col Piccolo Albert evidenziarono anche un altro fenomeno da tenere a mente nella gestione e nell'addestramento del cavallo. Il Piccolo Albert, dopo il condizionamento, mostrò le stesse reazioni di paura condizionata non soltanto quando vedeva il topolino, ma anche quando vedeva stimoli diversi che gli somigliavano in qualche modo (come ad esempio batuffoli di cotone, una maschera di Babbo Natale, un coniglio di peluche e un cappotto di pelliccia, cioè oggetti con il pelo). Cos'era successo? Albert aveva generalizzato lo stimolo condizionante e mostrava reazioni di paura anche quando vedeva oggetti che avevano una caratteristica comune (in questo caso l'essere provvisti di pelo) con il topolino. Perciò se un cavallo è stato condizionato alla paura dall'uso della scopa data sulla groppa per farlo salire sul trailer, è probabile che abbia reazioni simili se vede la scopa appoggiata in un angolo della scuderia, ma potrebbe avere le stesse reazioni di paura per oggetti che somigliano alla scopa (per esempio strumenti con il manico). Questi fenomeni che abbiamo appena descritto sono importanti per addestrare i cavalli. Qualsiasi cosa gli si voglia insegnare, qualsiasi esercizio gli si chieda, il cavallo lo apprenderà seguendo le regole che abbiamo esposto, e altre che esporremo in seguito. Regole queste, altrettanto importanti per evitare di creare stati di paura indotta, che potrebbero far sì che non si senta al sicuro quando ha esseri umani accanto.

Proprio per questo sentiamo la necessità di fare alcune riflessioni. La parola "condizionamento" in sé non evoca qualcosa di piacevole: la frase "quella persona è condizionata nei suoi comportamenti" spesso è usata con valenza negativa, intendendo che quella persona vede limitata la sua possibilità di agire da cause esterne, che non dipendono dalla sua volontà e che ne limitano la libertà. Anche in ambito scientifico, per molti anni la parola "condizionamento" ha significato un processo prettamente automatico, cioè la comparsa di due eventi che dirigono in maniera automatica la risposta comportamentale dell'animale. In realtà questa è una visione semplicistica e limitativa dei meccanismi dell'apprendimento animale, poiché esistono fenomeni ben più complessi, come vedremo più avanti. Ciò non di meno l'apprendimento associativo assume un ruolo importante nel momento in cui è inserito all'interno del rapporto fra cavallo ed essere umano, perché rappresenta una via semplice ed efficace di comunicazione, anche se parziale. Se siete in un paese straniero, per avere la possibilità di comunicare concetti semplici è sufficiente conoscere la costruzione delle frasi al presente, non è necessario avere un'approfondita conoscenza della grammatica e dell'ortografia di quella lingua. E così è per il condizionamento. Se vogliamo capire il comportamento animale in tutti i suoi aspetti, intellettivi ed evolutivi, riferirsi al solo uso del condizionamento è senz'altro limitante e sbagliato. Se, però, abbiamo la necessità di gestire un animale perché riteniamo interessante per noi che esegua determinati comportamenti, allora una buona conoscenza dei meccanismi del condizionamento ci permetterà quel minimo di comunicazione necessaria a rispettare il suo essere animale e a evitare comportamenti che non desideriamo, spesso frutto di un problema di comunicazione fra due specie diverse (l'essere umano e il cavallo, nel nostro caso).

Perciò l'automatismo dei processi di condizionamento non deve essere visto come un elemento di negatività nel rapporto con gli animali, poiché un certo grado di automatismo è comunque molto importante dal punto di vista evolutivo, dell'adattamento dell'animale all'ambiente (ricordiamoci che anche noi umani facciamo uso dell'apprendimento associativo e non-associativo nell'esistenza di tutti i giorni, anche se non ce ne rendiamo conto). Possiamo facilmente capire che più veloce è la comprensione della relazione che c'è fra due eventi ambientali, maggiori sono i vantaggi che l'animale potrà averne, in termini della propria possibilità di sopravvivenza e del proprio benessere. Essenzialmente i processi di condizionamento servono affinché gli animali siano in grado di distinguere se fra due eventi ambientali c'è una relazione (vantaggiosa o no), oppure se sono solo frutto del caso.

Gli esperimenti di Thorndike e Skinner svilupparono negli Stati Uniti il movimento così detto del "comportamentismo", secondo il quale qualsiasi comportamento messo in atto dagli animali, anche il più complesso, era il frutto di una sequenza di risposte condizionate. Negli anni successivi in Europa molti etologi e psicologi si resero conto che questa visione del comportamento animale era sbagliata, o almeno era parziale. Gli animali usano l'apprendimento associativo e non-associativo in determinate circostanze e di fronte a determinati stimoli, mentre per altre situazioni ambientali sono impiegate capacità intellettuali cosi dette cognitive.

Già negli anni venti del Novecento, lo scienziato tedesco Wolfang Kohler, uno dei pionieri della psicologia cognitiva, fece notare che gli animali di Skinner e Thorndike si comportavano in modo automatico negli esperimenti di condizionamento perché non avevano modo, né necessità, di mostrare la loro reale capacità intellettiva in quel tipo di esperimenti. Capacità che poteva essere messa in risalto in altre condizioni sperimentali, come quelle investigate dallo stesso Kohler con degli scimpanzé che dovevano recuperare una banana appesa al soffitto. Non potendo raggiungerla direttamente, gli scimpanzé apprendevano molto rapidamente ad accatastare alcune casse di legno per raggiungere l'agognato frutto, dimostrando di saper utilizzare l'intuito (insight) per risolvere un problema. Altre indicazioni in tale direzione scaturirono dalle prove di Edward Tolman, i cui topini esploravano accuratamente il labirinto in cui erano messi senza che vi fosse nessuna ricompensa all'interno, salvo poi essere in grado di riconoscerne le varie parti quando vi era la ricompensa da recuperare.

Molte delle azioni che si eseguono, come per esempio l'applicazione delle pressioni per inviargli determinati messaggi (finalizzate alla gestione, pratica o all'esecuzione di esercizi complessi), sono degli stimoli banali per il cavallo, per i quali non è necessaria una capacità cognitiva superiore. Nella pratica generale, soprattutto sportivo - agonistica del lavoro dalla sella e in molte situazioni da terra, il cavallo, come il gatto di Thorndike o i topini di Skinner, non ha modo, né necessità, di mostrare la sua reale capacità cognitiva. In queste situazioni l'apprendimento associativo e non-associativo sono più che sufficienti per permettergli di apprendere, in maniera veloce e certa, la via per ottenere dei vantaggi (cioè dei rinforzi), senza dover sprecare tempo ed energie intellettive. Chi nega ciò, nega l'essere cavallo e non lo rispetta, privandolo di una parte del suo comportamento che è fondamentale per il suo equilibrio psichico. Ben diversa è la situazione in altre circostanze, che avremo modo di analizzare nei capitoli successivi, nelle quali il cavallo usa il suo potere cognitivo, anche all'interno dell'ambiente artificiale che noi umani gli abbiamo costruito.

Video di riferimento del capitolo: 8

Capitolo 7 – Dimmi di sì

Abbiamo detto che il principale mezzo di comunicazione con il cavallo è l'uso delle pressioni, almeno per quanto riguarda l'impiego per l'equitazione, sia agonistica che ludica. Queste pressioni sono dei segnali, ciascuno dei quali (cioè ciascuna pressione) contiene un messaggio che il cavallo deve capire per rispondere in maniera corretta. Le azioni eseguite con le gambe sul corpo del cavallo, con le mani attraverso le redini e con la posizione del nostro corpo in sella influenzano il cavallo, che cambia il suo comportamento in funzione di tali pressioni. Così avviene anche durante la gestione da terra con la cavezza, nel corso di una medicazione o di una visita veterinaria. In tutte queste situazioni i nostri gesti sono delle azioni fisiche (pressioni) che si tramettono al corpo del cavallo e che determinano modifiche nel suo comportamento e quindi rappresentano dei segnali, necessari per la comunicazione. Abbiamo fatto l'esempio di come noi umani ci possiamo rendere conto dell'applicazione di queste pressioni, semplicemente mettendo un dito fra il corpo del cavallo e i vari strumenti necessari per trasmettere queste pressioni e, se lo avete fatto, vi sarete resi conto che queste pressioni sono, in diversi casi, alquanto fastidiose, se non potenzialmente dolorose. Del resto che il contatto fisico improvviso, di una certa entità sia una cosa fastidiosa per molti animali, possiamo verificarlo anche noi. Per esempio provate a fare pressione con la punta delle dita sulla spalla di qualcuno che conoscete a malapena, o più semplicemente a mettergli una mano sulla spalla, noterete che mediamente non è una cosa gradita.

In sostanza queste pressioni, che ci servono per comunicare con il cavallo, non sono altro che stimoli avversivi, cioè stimoli che gli creano un fastidio. Il fastidio può essere di varia intensità, da molto leggero, quasi impercettibile a livello sensoriale, fino a molto forte, per diventare vero e proprio dolore, se usiamo speroni, fruste o imboccature severe (perfino una cavezza, se usata male, può diventare fonte di dolore). Queste pressioni dovrebbero essere poi rimosse, nel momento in cui il cavallo esegue il comportamento da noi desiderato. Un cavallo si ferma quando il cavaliere tira le redini perché il fermarsi è un comportamento che lo aiuta a ridurre le pressioni su muso, naso o bocca. Perciò durante l'addestramento il cavallo apprende che le pressioni applicate dal cavaliere con le redini scompaiono (o almeno così dovrebbe essere) quando lui si ferma, rallenta l'andatura o esegue altri comportamenti. Le pressioni delle gambe del cavaliere scompaiono quando lui si muove in avanti e così via. Un esempio semplice potrebbe essere il cavallo che deve salire sul van e che è colpito leggermente sul posteriore con una frusta per stimolarlo a muoversi verso la rampa. Questa situazione è identica, dal punto di vista psicologico, a quella del gatto di Thorndike che eseguiva un comportamento per togliersi un fastidio. Per il cavallo, l'azione della frusta (spiacevole, anche se non usata con forza) s'interrompe quando avanza verso la rampa. Cioè lui esegue un comportamento per far cessare il fastidio dato dalla pressione della frusta sulla sua groppa. Pertanto ogniqualvolta si applica una pressione al cavallo e la si rimuove quando esegue il comportamento desiderato, stiamo applicando il rinforzo negativo per addestrarlo. Uno studio ha evidenziato come circa l'ottanta percento delle azioni che facciamo nella pratica di tutti i giorni, da terra e dalla sella, sono riferibili all'uso del rinforzo negativo. Possiamo perciò affermare che è molto utilizzata una modalità di addestramento che fa leva sulla capacità che hanno i cavalli (che sono delle prede) di evitare situazioni di disagio, fastidio e dolore.

Cerchiamo di capire meglio il significato di ciò che è stato appena detto. Volendo "umanizzare" questo concetto, potremo dire che addestriamo i cavalli attraverso una sorta di ricatto morale: "io, con le mie azioni, ti creo un fastidio fisico e lo faccio terminare solo nel momento in cui tu esegui il comportamento che desidero". È attraverso questo meccanismo che funzionano le briglie, con o senza imboccatura, con la sola differenza del punto dove è applicata la pressione sulla testa del cavallo (prevalentemente in bocca, nel caso dell'uso di morsi o filetti, in altre parti del muso se invece usiamo per esempio l'hackmore, altre briglie senza imboccatura o la semplice cavezza). Allo stesso modo, gli aiuti di gamba esercitano una pressione in un determinato punto del corpo del cavallo, usando o no gli speroni; analogamente quando facciamo uso del frustino si applica una pressione, e così via. Proprio perché costituisce una sorta di ricatto morale, l'uso del rinforzo negativo non è molto etico per gestire gli animali; basta pensare che il collare elettrico per i cani (oggi per fortuna non più legale) è basato sul rinforzo negativo. Da ciò possiamo capire come il rinforzo negativo in sé potrebbe avere gravi conseguenze per i cavalli, se non applicato adeguatamente. Il problema è che, per adesso, non esistono alternative se vogliamo salirci sopra, relazionarci con loro e fare in modo che siano i nostri compagni di sport e svago: dobbiamo utilizzare il rinforzo negativo.

Facciamo un esempio. Immaginiamo di essere a lavoro e dover fare assolutamente qualcosa che avremmo preferito non fare e supponiamo anche che ci sia qualcuno che controlli che svolgiamo correttamente il compito assegnatoci. Fermo restando che siamo comunque obbligati a fare qualcosa, sarete d'accordo che, secondo come si comporta la persona che ci controlla, per noi le cose potrebbero cambiare, e molto. Vediamo di tracciare alcuni possibili scenari in cui questa situazione potrebbe evolversi. Questa persona che ci controlla si siede davanti a noi e spiega tranquillamente, in maniera affabile e gentile, che quel compito lo dobbiamo assolutamente svolgere, che non abbiamo possibilità di evitarlo e che non possiamo andarcene finché non è finito. Tuttavia lo fa, appunto, con cordialità e gentilezza, senza alzare la voce, magari portandoci un caffè e scambiando qualche battuta con noi mentre portiamo avanti la nostra opera. Oppure questa persona si comporta in maniera molto maleducata, arrogante e, alzando la voce, ci fa capire senza mezzi termini che siamo obbligati a svolgere quel compito e ogni tanto viene a controllare, con severità e distacco, pronta ad arrabbiarsi se proviamo anche solo ad alzarci per sgranchirci un po' (oggi crediamo si chiami mobbing). E adesso vediamo un'ultima, estrema, possibilità in cui questa persona ci minaccia fisicamente, magari con un bastone, finché non portiamo a termine il nostro compito. Ebbene? Non pensate che ci sia una certa differenza fra queste opzioni? Adesso chiudiamo gli occhi e pensiamo di essere un cavallo con il nostro cavaliere che è la persona che controlla il nostro lavoro.

> È necessario che il cavallo andando all'ostacolo impari a non temere le azioni del cavaliere ed a persuadersi che questo gli concede sempre il modo di poter saltare e non lo contraria né lo addolora per nulla. In caso contrario il cavallo invece di fare attenzione a compiere bene il suo lavoro studierà il modo di sottrarsi al dolore. Per questa ragione, che il cavallo deve abituarsi ad avere fiducia nel cavaliere e a non temerne le azioni,...
>
> Carlo Giubbilei "Federico Caprilli, Vita e scritti", pag. 93

Questo per dire che il rinforzo negativo può essere usato in maniera molto diversa, da un modo corretto dal punto di vista psicologico e perciò accettabile, fino a essere usato in maniera molto costrittiva, sotto forma di violenza (in questo caso sarebbe violenza psichica e perciò molto più difficile da comprendere). Per rispetto dei cavalli, abbiamo perciò l'obbligo di conoscere bene le regole psicologiche dell'apprendimento animale che ci dicono come fare per gestire nel modo corretto l'applicazione del rinforzo negativo (e non solo ovviamente). Soltanto così potremo fare la differenza fra rispettare il cavallo come essere vivente assecondandone l'equilibrio psichico, ed eseguire in maniera coercitiva e non corretta le nostre azioni. Solo noi con le nostre azioni (e le adeguate conoscenze) possiamo fare la differenza.

Lo scopo principale dell'addestramento è poter inviare dei messaggi, mediante i segnali pressori, che il cavallo, attraverso il condizionamento, apprenda e associ a suoi precisi comportamenti che desideriamo che esegua. Concentriamoci sul momento in cui gli diamo una pressione: nel momento preciso in cui diamo una pressione, il cavallo sta sempre facendo qualcosa (parliamo del suo comportamento), magari è fermo oppure sta trottando, galoppa o guarda le farfalle. Non ha importanza cosa fa, ciò che dobbiamo tenere a mente è che il cavallo sta sempre facendo qualcosa nel momento esatto in cui facciamo pressione con le redini, le gambe o con altro. Per essere precisi, gli somministriamo una pressione perché vogliamo che il cavallo faccia qualcosa di diverso da ciò che sta facendo in quel momento. Se è fermo, magari vogliamo che muova di passo, se trotta, potremo volere che faccia una volta, se galoppa che rallenti l'andatura. Se guarda le farfalle, forse desideriamo che presti attenzione a noi e così via. In sostanza con la pressione gli inviamo un segnale, nel quale è compreso il messaggio su cosa deve fare. Se è fermo e noi vogliamo che si muova al passo, la pressione che gli diamo (il segnale) e che poi togliamo comprende il messaggio "non stare fermo, ma muovi al passo".

Purtroppo abbiamo a disposizione un repertorio di segnali ridotto, per inviare al cavallo questi messaggi. Se ci riflettiamo, possiamo renderci conto che abbiamo a disposizione solo due tipi di segnale per inviargli un numero anche considerevole di messaggi (fermati, fai una volta, aumenta l'andatura, fai una transizione e altro): dare la pressione e togliere la pressione. Questi sono gli unici segnali di cui disponiamo per dire al nostro cavallo cosa deve fare. Se diamo una pressione (cioè gli inviamo un segnale) per fargli cambiare comportamento, per fargli fare qualcosa di diverso da quello che sta facendo in quel momento, allora, quando applichiamo una pressione, stiamo dicendo al cavallo "quello che stai facendo non va bene, voglio che tu faccia altro", perciò dare la pressione significa *"NO, non è questo ciò che voglio"*. Nel momento in cui cambia il suo comportamento e fa quello che ci aspettiamo, togliamo la pressione e in questo modo gli diciamo che quello che sta facendo va bene, perciò togliere la pressione significa: *"SÌ, è questo ciò che voglio"*.

In altre parole, durante l'applicazione del rinforzo negativo, il cavallo apprende ad associare un certo suo comportamento a una pressione fornita dal cavaliere nel momento in cui quella pressione è tolta. La pressione come abbiamo detto è uno stimolo avversivo, che dà fastidio, per cui il cavallo apprende il comportamento da eseguire che gli toglie la pressione. Esattamente come il gattino di Thorndike che aveva appreso ad azionare la leva dopo aver verificato che quel suo comportamento gli permetteva di uscire dalla gabbia. La domanda adesso è: come si può comunicare in maniera efficace usando solo SÌ e NO? Si può, è necessario però avere la voglia e l'umiltà di capire come funziona la mente dei nostri cavalli e di agire pensando a loro e non al risultato finale (quello arriverà da sé e sarà migliore di come lo aspettiamo). È probabile che chiunque stia leggendo questo libro almeno una volta nella vita abbia giocato a cercare un oggetto nascosto seguendo solo le parole "acqua" e "fuoco", a secondo di quanto ci si avvicina o no all'oggetto. Come sappiamo il segreto per trovare l'oggetto nascosto sta nella capacità di chi guida il gioco nel dire "fuoco" ogniqualvolta il giocatore fa il più piccolo movimento verso l'oggetto da recuperare, in maniera sempre più accurata. Se la persona che guida il gioco non è pronta a dire "fuoco" al più leggero movimento nella giusta direzione, il giocatore si troverà a muoversi a caso. Questa mancanza di chiarezza nel dare l'ordine giusto nel momento giusto porterà il giocatore alla confusione, alla frustrazione e magari anche ad arrabbiarsi e lasciare il gioco. È molto probabile che qualcosa di simile accada anche ai cavalli, quando i cavalieri non sono in grado di dirgli SÌ o NO al momento giusto e nella maniera corretta. Perciò, si può comunicare usando solo le parole "SÌ" e "NO", ma è necessario fare molta attenzione alle nostre azioni.

La chiave dell'equilibrio psichico dei cavalli è comprendere come funzionano i rinforzi (cioè conoscere le regole dell'apprendimento associativo), soprattutto per quanto riguarda la tempistica di applicazione e rimozione delle pressioni, durante l'addestramento e nella normale gestione. Solo così potremo applicare il rinforzo negativo in maniera corretta. Ovviamente ci sono altre regole (o meglio, linee guida) cui dobbiamo attenerci, ma le vedremo nel seguito. In altre parole, nel momento in cui applichiamo la pressione, stiamo dicendo al cavallo che quello che sta facendo non va bene, mentre la rimozione della pressione è il segnale che dice al cavallo che sta facendo la cosa giusta. Questo è il significato generale di dare o togliere una pressione. È probabile che qualcuno adesso si stia domandando: ma come possiamo dirgli di fare una transizione piuttosto che un cambio di galoppo o uno stop? In questi casi è indispensabile capire bene che una pressione data in una certa parte del corpo e con una certa intensità è uno stimolo (un segnale) diverso da un'altra pressione data in un punto diverso o nello stesso punto del corpo ma con un'intensità diversa. Sarà il tipo di pressione (redini, gambe e assetto, intensità e luogo in cui è applicata) a dire al cavallo che cosa noi vogliamo che faccia in dettaglio. O meglio, dobbiamo addestrarlo a interpretare nella maniera corretta ogni singola pressione tramite il condizionamento operante (rinforzo negativo); in tal modo il cavallo assocerà a una certa pressione, somministrata in un certo punto e con una certa intensità, un suo preciso comportamento. Oltre a questo ci aiuta il condizionamento classico che, come vedremo, permetterà, una volta che un comportamento è fissato mediante il rinforzo negativo, di usare altri stimoli e liberare in tal modo il cavallo anche dalla pressione iniziale.

Se per esempio vogliamo insegnare la partenza al galoppo e il cavallo ha difficoltà a interpretare in maniera corretta il messaggio che gli inviamo con il segnale della pressione, vuol dire che abbiamo commesso degli errori. O non siamo stati in grado di fargli comprendere che a un certo nostro stimolo (segnale pressorio) corrisponde un suo preciso comportamento, oppure non siamo in grado di inviargli il segnale (comunicargli i comandi) in maniera efficace. In entrambi i casi, l'addestramento che abbiamo compiuto non è adeguato a stabilire l'associazione fra il segnale (la pressione) e il comportamento del cavallo, oppure il rinforzo che abbiamo usato per creare tale associazione (la rimozione della pressione) è stato insufficiente per fargli superare la motivazione a eseguire altri comportamenti.

> ...il cavallo reagisce e si rivolta alle azioni troppo forti ed insistenti della mano, laddove lasciato tranquillo di bocca, risponderà volentieri e meglio alle chiamate che gli si daranno in caso di bisogno.
>
> Carlo Giubbilei "Federico Caprilli, Vita e scritti", pag. 106

Il rinforzo negativo può essere utilizzato anche senza toccare il cavallo, ad esempio quando questo è fatto galoppare lungo il perimetro del tondino, compiendo l'azione di spaventarlo e "scacciarlo" via. Così facendo lo mettiamo in una situazione di disagio che è rimossa quando lui esegue il comportamento che vogliamo, come quello di fermarsi e venire verso di noi. In maniera analoga, se lo lavoriamo alla corda, c'è l'applicazione di una pressione diretta sul corpo del cavallo, tramite la longia, e una indiretta, tramite l'azione della frusta per stimolarlo a muoversi.

Proviamo a fare un riassunto: nel processo di addestramento del cavallo inviamo dei segnali che sono delle pressioni e gli creano un fastidio. Con l'applicazione della pressione gli stiamo dicendo *"NO, non è questo ciò che voglio"*, e il cavallo, che sta facendo qualcosa, cambia il suo comportamento perché per lui è vantaggioso che la pressione cessi. Nel momento in cui il cavallo esegue ciò che desideriamo la pressione è rimossa (rinforzo negativo) e in quel momento diciamo al cavallo *"SÌ, è questo ciò che voglio"*. In base a cosa sta facendo al momento del rilascio della pressione, il cavallo apprenderà ad associare quella pressione (definita dall'intensità e dal luogo del corpo dov'è applicata) con il comportamento che ha eseguito al momento del rilascio.

E adesso, dopo aver imparato a dire di "sì" al nostro cavallo, possiamo andare avanti.

Video di riferimento del capitolo: 4, 6, 7, 8, 9, 10, 17 e 18

Capitolo 8 - La carota

Qualcuno avrà senz'altro notato che fino a qui abbiamo parlato del rinforzo negativo, ma non ci siamo dimenticati del rinforzo positivo. Come abbiamo detto, i termini "positivo" e "negativo" non devono essere riferiti al valore che il rinforzo ha per il cavallo (il rinforzo è sempre qualcosa di positivo), ma piuttosto all'aggiunta o rimozione (nel senso matematico di somma o sottrazione) di un qualcosa al o dal suo ambiente. Nel caso del rinforzo negativo si tratta della rimozione di uno stimolo avversivo (si sottrae, si toglie un fastidio dall'ambiente, come la rimozione della pressione), mentre con il rinforzo positivo si fornisce qualcosa al cavallo (si somma qualcosa al suo ambiente), generalmente del cibo (anche se può essere un rinforzo positivo la somministrazione di acqua o la soddisfazione di altre necessità primarie, come la socialità o il sesso, che però non possono essere sfruttate nell'addestramento). Nonostante il rinforzo positivo sia molto usato negli studi scientifici sulle capacità di apprendimento dei cavalli, non riveste molta importanza nell'addestramento da sella, a causa della difficoltà pratica di eseguirlo correttamente; infatti, come tutti i rinforzi, è importante che sia somministrato all'animale in un arco temporale molto breve, dopo che questi ha eseguito il comportamento che desideriamo, e per "arco temporale" breve intendiamo davvero pochi secondi. È molto probabile che superati i 3-4 secondi d'intervallo fra il comportamento e la somministrazione del cibo, il cavallo non sia più in grado di associarli e perciò vale la stessa regola del rinforzo negativo: più vicino temporalmente è il rinforzo al comportamento dell'animale, più probabile è che si formi l'associazione con il comportamento e si abbia l'apprendimento. Viceversa, più tempo passa fra il comportamento e il rinforzo, più è probabile che il cavallo non riesca ad associare i due eventi. Dobbiamo ricordarci che l'apprendimento associativo è comunque formato anche da meccanismi psicologici che, per quanto importanti, sono pur sempre degli automatismi. Considerando ciò, se ci pensiamo un attimo, è molto difficile applicare il rinforzo positivo stando in sella. Nel momento in cui il cavallo esegue il comportamento che desideriamo, dovrebbe esserci un modo per dargli subito, ad esempio, un pezzo di carota, senza fermarsi o scendere di sella. Scendere dalla sella vorrebbe dire impiegare troppo tempo per somministrare il rinforzo, finendo magari col rinforzare quei comportamenti del cavallo che possono comparire al nostro scendere di sella, come il semplice fermarsi oppure lo spostarsi un po' di lato o il girare l'incollatura, rischiando di fargli associare uno di quei comportamenti al rinforzo che gli somministriamo. Si vede spesso il cavaliere che si sporge dalla sella per dare un pezzo di carota o uno zuccherino al cavallo dopo che questi ha eseguito un qualche esercizio. In quel caso si sta creando un'associazione fra il rinforzo che è offerto e il comportamento di piegare la testa, in pratica si sta insegnando al cavallo a flettere il collo verso la mano che gli offre il cibo.

Ben diverso è il lavoro da terra, soprattutto in certe situazioni, dove si può usare in maniera proficua il rinforzo positivo, per esempio per insegnargli come farsi condurre correttamente a mano. Stiamo portando il cavallo a cavezza e vogliamo insegnargli che si deve fermare non appena lo facciamo noi, con il solo uso del rinforzo positivo. In questo caso dovremo portare il cavallo a mano, senza esercitare pressione sulla longhina, camminando e poi fermandoci. È probabile che il cavallo non si fermi, ma faccia qualche passo avanti o in altra direzione, a quel punto (sempre senza esercitare pressione sulla longhina) ricominciamo anche noi a camminare, poi ci fermiamo di nuovo, e così via finché il cavallo, probabilmente per caso la prima volta, si fermerà in una posizione che riteniamo soddisfacente e a quel punto, solo a quel punto, gli diamo immediatamente il rinforzo in cibo. Il cavallo avrà così scoperto da solo qual è il comportamento che deve eseguire per avere il rinforzo (è la stessa situazione dei topini di Skinner e anche in questo caso possiamo parlare di apprendimento per prove ed errori). Come potete però intuire, potrebbe non essere comodo fare ricorso al solo rinforzo positivo, senza usare anche la tensione della longhina, perché potrebbe essere necessario un numero di tentativi anche molto alto affinché il cavallo, per prove ed errori, si fermi spontaneamente nella giusta posizione. Insomma, la procedura sarebbe probabilmente lunga, complessa e non precisa. Possiamo però usare un piccolo trucco per far sì che il cavallo sia propenso a fermarsi quando ci fermiamo noi. Possiamo tenere la carota in mano in modo che possa annusarla mentre cammina accanto a noi. All'inizio possiamo farlo per pochi passi, poi ci fermiamo e il cavallo, che presterà attenzione al profumo della carota, molto probabilmente si fermerà e a quel punto (solo a quel punto) gli porgiamo immediatamente la carota (cioè il rinforzo). Nel giro di poche ripetizioni si fermerà non appena ci fermiamo perché il nostro fermarsi gli annuncia l'arrivo del rinforzo (il fermarsi del nostro corpo diventa il campanello dei cani di Pavlov). Con quest'applicazione delle regole psicologiche dell'apprendimento il nostro cavallo apprenderà velocemente a leggere il nostro movimento. Dobbiamo però rilevare come questa semplice applicazione del rinforzo positivo possa avere delle importanti controindicazioni, che vedremo.

Diverso potrebbe essere l'uso del rinforzo positivo per farlo salire sul van o comunque per farlo camminare verso un certo obiettivo, conducendolo a mano. In questo caso sarà sufficiente rinforzare il cavallo con il pezzettino di carota, immediatamente dopo che ha mosso il passo in avanti verso la rampa del van. È una procedura semplice che, però, deve essere eseguita con una certa accuratezza, perché se il cavallo mangia la carota senza aver fatto il passo in avanti oppure gli offrite il bocconcino quando è fermo, tanto per "incentivarlo", ecco che il cavallo apprenderà esattamente l'opposto e assocerà il suo comportamento di stare fermo al rinforzo (in pratica gli stiamo insegnando a non salire sulla rampa).

Con il rinforzo positivo possiamo usare anche il clicker training, vi ricordate cos'è? Vi abbiamo accennato in precedenza e adesso approfondiamo un pochino l'argomento. Il clicker è un oggetto in grado di emettere un suono caratteristico che fa, all'incirca, "click-clack". Forse qualcuno si ricorderà che, un bel po' di anni fa era in voga un giochetto, una specie di conchiglietta di metallo, che, se schiacciata da un lato, emetteva un suono del genere, quello è il clicker. Il clicker training è basato sul principio del rinforzo positivo, sostituito con il condizionamento classico dal suono del clicker. Per usarlo con il cavallo dobbiamo per prima cosa fargli associare il suono del clicker (che è appunto una specie di "click") al rinforzo positivo. Fare questo è molto semplice, è sufficiente rinforzare un qualsiasi comportamento (per esempio toccare una palla col muso), facendo precedere il rinforzo in cibo dal click e ripetere l'operazione per diverse volte. Con un certo numero di ripetizioni il clicker anticiperà al cavallo l'arrivo del rinforzo e, anzi, arriverà a sostituirlo, divenendo un segnale efficace di comunicazione, che significherà *Sì, è questo ciò che voglio* (come per la rimozione della pressione nel rinforzo negativo). Si passa, quindi, alla fase di generalizzazione, nella quale si rinforzano altri comportamenti a nostra scelta, che riteniamo corretti, sempre facendo precedere il suono del click al rinforzo di cibo. Così facendo il suono del clicker indicherà al cavallo che ciò che sta facendo in quel momento è il comportamento giusto. Il clicker training è molto diffuso nell'addestramento dei cani e si trovano facilmente tutte le informazioni sulla procedura. Quello che però è importante rilevare è che non è il suono del clicker in sé che invia il segnale al cavallo, ma il suo precedente accoppiamento con il rinforzo, e per tale motivo il suono del clicker può essere sostituito con qualsiasi altro suono, o anche parola, che il cavallo associ al rinforzo. Per esempio l'uso della parola "bravo" (una parola evidente e semplice, che può essere usata con coerenza) può essere impiegata al posto del "click". Il vantaggio dell'uso del clicker, della parola "bravo" o di qualsiasi altro suono (purché chiaro e netto) sta nel fatto che si possono rinforzare anche comportamenti del cavallo stando a una certa distanza da lui (cosa impossibile da fare se si dovesse ogni volta somministrare il rinforzo con il cibo). Il clicker ha però un vantaggio rispetto alla voce: il segnale che emette è veramente sempre uguale e costante qualsiasi persona lo usi, per cui non c'è il rischio di commettere errori nell'invio del segnale. Per addestrare il nostro cavallo a salire sul van mediante l'uso del clicker, la procedura è in realtà semplice se il cavallo è già addestrato a interpretare correttamente il click, o la parola "bravo". È sufficiente rinforzare (far sentire il click o dire "bravo") ogni comportamento che va nella direzione giusta. Il cavallo è fermo davanti alla rampa del van e una persona lo tiene a cavezza, senza esercitare pressione con la longhina. Probabilmente inizierà a investigare la rampa, annusandola e appoggiandoci sopra uno zoccolo, nel momento in cui appoggia una zampa sulla rampa si somministra il rinforzo positivo (click/bravo). Si ripete la procedura rinforzando ogni comportamento diretto verso la rampa del van (appoggiarci prima uno zoccolo, poi un altro e così via), per approssimazioni successive, ricordandosi ogni tanto, di dargli veramente il rinforzo in cibo, subito dopo il click/bravo. È probabile che quest'applicazione del rinforzo positivo, unita alla possibilità di lasciargli il tempo per esplorare (che rappresenta un piccolo esempio di coinvolgimento di attività cognitive) richieda un tempo più lungo affinché si compia l'apprendimento e il cavallo impari a salire seguendo il rinforzo secondario click/voce. Vedremo nel capitolo 10 come si possa velocizzare tutta la procedura, "suggerendogli" qual è il comportamento che desideriamo.

Come vedete, anche in questo caso non esiste un metodo preciso da applicare, bensì è fondamentale conoscere bene le regole di applicazione dei rinforzi all'interno della psicologia dell'apprendimento per adattarle a ogni cavallo e in ogni situazione, verificandone costantemente il comportamento durante la procedura. Sono stati fatti alcuni tentativi di applicare in maniera estesa il rinforzo positivo al lavoro in sella, con scarsi risultati. C'è addirittura chi ha proposto di mettere nella bocca del cavallo, collegato al filetto, un tubicino di gomma attraverso il quale somministrare una soluzione zuccherina stando in sella, nel momento in cui esegue il comportamento desiderato. Tutti tentativi senz'altro apprezzabili, ma molto difficoltosi da gestire, perché l'uso esclusivo del rinforzo positivo ha un problema tecnico piuttosto importante: oltre alla difficoltà di somministrare il rinforzo in un arco temporale adeguato, cosa di per sé già estremamente difficile, dalla sella è in pratica impossibile dirigere il comportamento del cavallo con questa modalità di rinforzo, dovendo aspettare che esegua casualmente il comportamento che desideriamo, senza usare l'azione delle mani o delle gambe.

A questo punto è d'obbligo fare alcune riflessioni sul rinforzo positivo con il cibo e più in generale sul significato della somministrazione di "leccornie" ai cavalli. Ogni volta che somministriamo un pezzettino di carota (zolletta di zucchero o altro), esiste la possibilità che quella leccornia il cavallo la associ a un suo comportamento che ha appena eseguito, anche quando gli diamo la carota come gesto di affetto, senza un preciso significato. Ecco che potremo trovarci con il nostro cavallo che, non appena ci vede sbucare dal fondo del corridoio, si mette a battere con lo zoccolo sulla porta del box, senza che siamo in grado di spiegarci il perché, quando invece la spiegazione può essere molto semplice: magari in una qualche occasione il cavallo ha casualmente battuto lo zoccolo sulla porta del box mentre gli stavamo porgendo una carota. Oltre a questo è necessario fare altre e più tecniche considerazioni sull'uso del cibo come rinforzo. Sappiamo che tutti i cavalli, chi più chi meno, hanno una motivazione piuttosto forte per il cibo, soprattutto per quello particolarmente appetitoso (carote, mele, zucchero, fioccato e altro). L'utilizzo eccessivo del rinforzo positivo in cibo o della somministrazione casuale di leccornie può portare, in alcuni soggetti, a sviluppare una sorta di "ossessione" che li induce alla ricerca continua di leccornie (ricordiamoci anche della sensibilizzazione di cui abbiamo parlato per l'apprendimento non associativo). Tuttavia, non c'è solo quest'aspetto cui dobbiamo prestare attenzione. Nel momento in cui si somministra il rinforzo in cibo (o la leccornia casuale) cosa facciamo di solito? Prendiamo il pezzo di carota, generalmente dalla tasca o comunque dal sacchetto e, con la mano, lo porgiamo al cavallo. Ecco che la nostra mano potrebbe diventare il campanello dei cani di Pavlov, ossia un rinforzo secondario che predice l'arrivo del cibo (senza contare che nella mano rimane spesso l'odore della carota) ed ecco che il nostro amico svilupperà una certa propensione a cercare la nostra mano ogniqualvolta si presenti l'occasione, magari generalizzando il comportamento e cercando la mano di chiunque gli si avvicini. Siccome non sempre la mano porta il cibo ecco che la propensione del cavallo a cercare la mano è rinforzata, in maniera del tutto inconsapevole, da parte nostra, con un programma di rinforzo che si chiama "intermittente a rapporto variabile" che è un programma di rinforzo molto forte nel mantenere fissato un comportamento, qualsiasi esso sia, perché introduce un certo grado di imprevedibilità nella comparsa del rinforzo. Per dare un'idea, questo programma di rinforzo è coinvolto nella dipendenza patologica al gioco delle slot machine, dove è sufficiente che il comportamento di tirare la leva sia premiato raramente e casualmente per indurre le persone a ripetere questo movimento in continuazione, fino a farlo diventare un comportamento compulsivo.

Una situazione analoga può essere la causa di tutta una serie di comportamenti che i cavalli tendono a manifestare quando si avvicina l'ora del pasto. La vita di scuderia altera la normale attività comportamentale dell'ambiente naturale; nel box il cavallo sta fermo per la maggior parte del tempo, spesso senza contatto sociale, ed esce, di solito, per breve tempo nella giornata. Inoltre il tempo che passa mangiando è molto breve perché nutrito in prevalenza con concentrati di poco volume che fanno finire il pasto velocemente. Questo tipo di gestione può portare all'insorgenza di comportamenti anormali, non desiderati o addirittura distruttivi (raspare con gli anteriori, calciare la parete del box, avere comportamenti di minaccia verso le persone o altri cavalli), che vanno a sostituire i comportamenti naturali come il raspare e il masticare, tipici del foraggiamento in natura, e che si manifestano all'ora del pasto. Accade di solito che chi somministra il cibo non faccia caso a cosa fa il cavallo in quel momento. In questi casi il condizionamento operante e la tempistica del rinforzo ci insegnano che se versiamo il cibo nella mangiatoia nel momento in cui sta emettendo uno dei comportamenti distruttivi, quel comportamento è rinforzato e aumenterà la possibilità (e la frequenza) di manifestazioni future. Per esempio, se quando versiamo il mangime il cavallo sta calciando, rinforziamo quel comportamento che potrebbe fissarsi e ripresentarsi a ogni foraggiamento. In questo caso è l'azione inconsapevole del personale di scuderia (che non ha un'adeguata formazione sull'apprendimento animale e generalmente non nota cosa sta facendo il cavallo in quel momento) che insegna ai cavalli comportamenti che, oltre che fastidiosi, possono essere anche pericolosi per la loro salute e quella delle persone. Evitare questi comportamenti è molto semplice. Sarebbe sufficiente formare il personale di scuderia e istruirlo a prestare attenzione a cosa fa il cavallo nei 5/10 secondi (circa) antecedenti alla somministrazione della mestola del mangime, che deve essere data al cavallo quando questi sta fermo (o comunque quando non manifesta comportamenti indesiderati) per questo brevissimo intervallo.

Il rinforzo positivo è senz'altro una via dell'apprendimento associativo molto forte per insegnare al cavallo alcuni comportamenti importanti per la sua gestione, o più semplicemente per insegnargli dei giochi, ma come abbiamo visto ci sono alcune controindicazioni che è necessario considerare con attenzione per evitare di ritrovarsi un cavallo che, con una certa invadenza, cerca cibo continuamente. Una possibile strategia per limitare questi inconvenienti è utilizzare i programmi di rinforzo:

1) *intermittente a rapporto variabile* (si rinforza il comportamento desiderato, intervallato da un numero di volte, casuale, in cui il comportamento si manifesta ma non è rinforzato);
2) *intermittente a rapporto costante* (si rinforza il comportamento desiderato, intervallato da un numero di volte, costante, in cui il comportamento si manifesta ma non è rinforzato, per esempio si rinforza una volta ogni due, oppure una ogni tre o quattro).

In questi casi, l'uso di questi programmi di rinforzo è fatto consapevolmente da parte nostra e questo ci permette di cambiarlo o variarlo se ci accorgiamo che il cavallo sta sviluppando comportamenti di ricerca del cibo, eccessivi o comunque non desiderabili; contrariamente agli esempi fatti sopra, in cui la non consapevolezza di rinforzare certi comportamenti impedisce di prendere eventuali contromisure.

Video di riferimento del capitolo: 11, 12, 17 e 18

Capitolo 9 – Il significato e l'importanza delle nostre azioni

Proviamo adesso ad applicare i concetti dell'apprendimento associativo all'addestramento del cavallo, sia da sella che da terra. Lo faremo in maniera "didattica" per facilitare l'applicazione pratica dei concetti visti nei capitoli precedenti, anche se, all'inizio, potrà non sembrare attinente alla realtà. Supponiamo di dover lavorare un cavallo già abituato a portare sella, finimenti e cavaliere, ma non addestrato a eseguire i comandi base (partire al passo, girare a mano destra e sinistra, fermarsi) e iniziamo dovendogli insegnare a girare a mano destra, attraverso la descrizione dell'applicazione delle regole psicologiche dell'apprendimento associativo (condizionamento strumentale e classico). Il primo passo è insegnare al cavallo ad associare un nostro preciso segnale, che contiene il messaggio "volta a mano destra", al suo comportamento di volta, applicando le regole del condizionamento operante.

Condizionamento operante (uso del rinforzo negativo)

Per mettere in volta a mano destra il cavallo mentre sta camminando in linea retta, dobbiamo tirare la redine corrispondente: l'azione della mano applica sulla redine destra una tensione che si trasforma in una pressione, cioè un fastidio, nella bocca del cavallo. Questa pressione sarà proporzionale alla tensione della redine, per cui useremo, per comodità, la parola "pressione" in sostituzione di "tensione della redine". Con questa pressione inviamo un segnale al cavallo che gli comunica la nostra volontà (cioè contiene il messaggio "fai una volta"), mentre sta camminando in linea retta. Iniziando con la minima pressione possibile, facciamo azione sulla redine aumentandola se necessario, finché il cavallo non prende la mano voluta, dopo di che rilasciamo immediatamente la redine, togliendo la pressione dalla sua bocca. La sequenza che abbiamo eseguito è: stimolo (pressione sulla bocca, è il segnale che gli comunica *"NO, non è questo ciò che voglio"*) → risposta (inizio della volta, che è il comportamento desiderato) → rinforzo (togliere la pressione dalla bocca, rilasciando immediatamente la redine che dice al cavallo *"SÌ, è questo ciò che voglio"*).

Adesso analizziamo più in dettaglio il significato delle azioni che abbiamo eseguito per comprendere come lavora la mente del cavallo durante l'addestramento. Il primo gradino per addestrare il cavallo a fare un qualsiasi esercizio è insegnargli a capire i segnali che gli inviamo e i messaggi che contengono, e per questo si usa il condizionamento operante, cioè il rinforzo negativo (nel nostro esempio è applicato per addestrarlo alle risposte di base, come la volta a mano destra). La situazione che abbiamo creato al cavallo è uguale a quella del gatto di Thorndike, che, per uscire, si muoveva in maniera disordinata all'interno della gabbia, poi all'improvviso e casualmente (le prime volte) premeva la leva e otteneva l'agognata ricompensa di uscire. Probabilmente anche il cavallo, sentendo per la prima volta una pressione unilaterale in bocca, che ancora non conosce come segnale di comunicazione, eseguirà qualche comportamento che non è ciò che desideriamo. Potrebbe scuotere la testa oppure dondolarla o allungarla, appoggiandosi un po' sul morso. Questo perché ancora non sa che a quel segnale corrisponde la nostra richiesta di girare (non ha ancora appreso ad associare il suo comportamento con quella precisa pressione, per cui non è in grado di capire il segnale e interpretarne il messaggio), ma dovrà scoprirlo da solo, e noi abbiamo l'obbligo di aiutarlo (ricordiamoci che stiamo lavorando con un cavallo che non è ancora addestrato a rispondere ai comandi del cavaliere). Mettiamola così, la prima volta che applichiamo una pressione unilaterale alla bocca di un cavallo, stiamo insegnandogli a comprendere quei segnali che poi, terminato il processo di addestramento, useremo per comunicargli ciò che desideriamo che faccia, e tuttavia non possiamo certo spiegargli a parole che quella pressione significa che deve girare a mano destra. Vi ricordate cosa abbiamo detto a proposito del condizionamento strumentale? Si chiama anche apprendimento per prove ed errori. Le prime volte che il cavallo sente la pressione proveniente da una sola redine, è probabile che esegua diversi comportamenti (scuotere la testa, dondolarla, fare delle piccole difese), finché, casualmente, non esegue quello che desideriamo, girare appunto a mano destra. Come fa a sapere e a fissare nella sua mente che quello è il comportamento che ci aspettiamo da lui? Dipende solo da noi e dalla rapidità con cui rimuoviamo la pressione (allentiamo la redine). Infatti, immediatamente dopo che il cavallo inizia la volta, dobbiamo rilasciare la pressione sulla sua bocca; in tal modo avremo rimosso il fastidio dal suo ambiente e gli avremo detto *"SÌ, è questo ciò che voglio"*. Più in generale, la regola fondamentale per l'applicazione corretta del rinforzo negativo ci dice che, immediatamente dopo che il cavallo ha eseguito il comportamento desiderato, la pressione applicata per indurre quel preciso comportamento deve essere rimossa. Con poche ripetizioni della sequenza, il nostro amico assocerà il comportamento di girare a mano destra con la rimozione della pressione dalla sua bocca, perché saremo stati in grado di insegnargli a capire il segnale che gli abbiamo inviato e interpretarlo correttamente.

Finalmente, dopo molto osservare e provare, e specialmente col montare cavalli che presentavano delle difficoltà, che sentivano e soffrivano molto le azioni della mano, alla quale reagivano disordinandosi e scappando, si è venuti poco per volta a cercare di far cessare sul cavallo ogni azione della mano che non sia strettamente indispensabile per dirigere o per fermare.

Carlo Giubbilei "Federico Caprilli, Vita e scritti", pag. 173

Andiamo avanti, torneremo sul concetto del rilascio delle pressioni in seguito, quando avremo un quadro più ampio della situazione. Parliamo adesso della pressione necessaria per indurre la volta, per dire che è indispensabile iniziare con la minore pressione possibile e poi aumentarla gradualmente, finché il cavallo non manifesta il comportamento desiderato. Quanto deve essere questa pressione e di quanto deve aumentare? Purtroppo a queste domande non c'è una risposta precisa, dobbiamo considerare che ogni cavallo è un individuo a sé e che ha una sensibilità e una capacità di valutare gli stimoli diversa dagli altri cavalli. Possiamo però ragionarci un po' su perché esistono delle linee guida da poter seguire in ogni occasione. Immaginiamo che la pressione applicabile alla bocca del cavallo, mediante la tensione sulla redine, abbia un valore che va da un minimo di 0 (nessuna pressione, solo un "leggerissimo contatto" come diceva Caprilli) a un massimo di 10 (pressione massima) e torniamo al momento in cui gli abbiamo insegnato a girare a mano destra (la scala della pressione da 0 a 10 è puramente fittizia e serve solo a scopo didattico, anche se oggi esistono strumenti per misurare la tensione delle redini). Iniziamo a tirare la redine e applichiamo la pressione 1, senza che il cavallo giri a mano destra, allora passiamo alla pressione 2, poi alla 3, finché alla pressione 4 esegue la volta e noi immediatamente rilasciamo la redine, per cui la pressione torna a 0. Nel passaggio dalla pressione 1 alla 4 è probabile che il cavallo abbia fatto altri comportamenti, ai quali abbiamo accennato (incappucciarsi, muovere la testa su e giù e altro) ma noi manteniamo la pressione e anzi la aumentiamo, dicendogli *"NO, non è questo ciò che voglio"*. Ripetendo la sequenza il cavallo apprende, attraverso il rinforzo negativo, che a una certa pressione deve eseguire il comportamento di girare a destra perché solo così è rimosso il fastidio dalla bocca (ricordiamoci che avrebbe potuto eseguire la volta anche con pressioni minori di 4). In questo modo gli abbiamo insegnato a interpretare correttamente il messaggio "volta a mano destra" che è incluso in un preciso segnale (la pressione 4 con la redine).

Ecco che ci troviamo di fronte ad un'altra fondamentale regola per applicare correttamente il rinforzo negativo. Ricordiamoci che il cavallo, le prime volte, ha girato a mano destra per tentativi e non perché sapesse di doverlo fare, ha cercato cioè un comportamento che lo liberasse dal fastidio della pressione. Nelle prove successive, ha così appreso ad associare il comportamento di girare a destra con la scomparsa della pressione in bocca e di conseguenza tale comportamento è divenuto più preciso ogniqualvolta sentiva quella particolare pressione. Infatti, affinché avvenga l'associazione, è fondamentale che, con il rinforzo negativo, lo stimolo che somministriamo al cavallo per ottenere un certo comportamento sia sempre lo stesso, ogniqualvolta lo applichiamo. Vogliamo che il cavallo apprenda a girare a mano destra?

Dobbiamo applicare la stessa pressione che ha innescato quel comportamento la prima volta, finché il cavallo non dimostra di aver appreso quest'associazione. Se pensiamo bene a quello che abbiamo detto, dovrebbe essere logico. Per far sì che il cavallo capisca il messaggio "volta a mano destra" è fondamentale che il segnale con cui glielo inviamo (la pressione) sia sempre lo stesso. Come possiamo pensare che il cavallo interpreti il messaggio nella giusta maniera se usiamo segnali diversi, che non conosce, per comunicarglielo? Questo è uno degli elementi più importanti della corretta comunicazione con le pressioni fisiche.

Prima fase
insegnare a un cavallo a eseguire un determinato comportamento mediante il condizionamento operante (applicazione del rinforzo negativo)

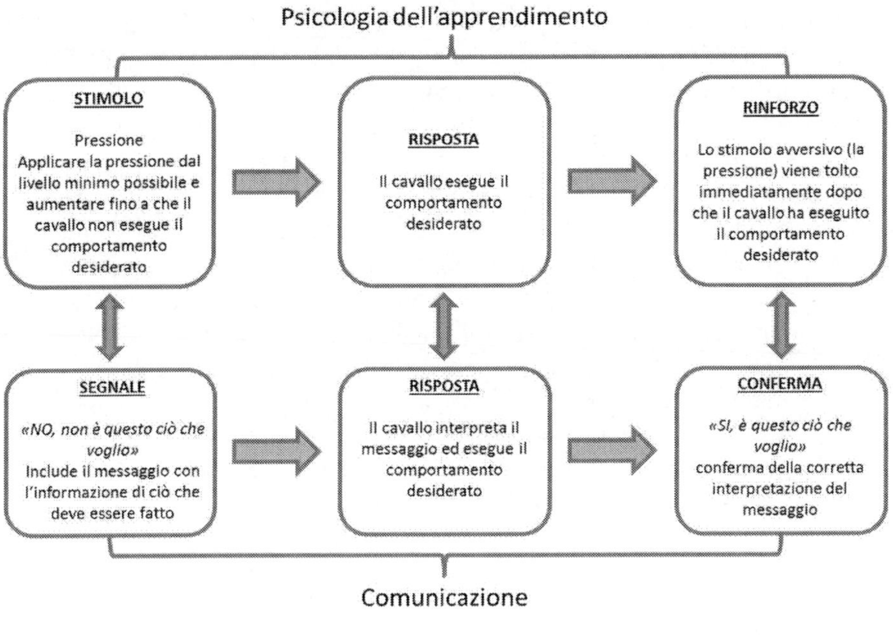

È molto probabile che, subito dopo l'applicazione della pressione, il cavallo non esegua ciò che desideriamo, ma anzi attui altri comportamenti che possono, o no, avvicinarsi al comportamento desiderato. Si continua con l'applicazione della pressione e si aumenta progressivamente, facendo attenzione che non diventi eccessiva (monitorare il cavallo per capire se e quando iniziano comportamenti di difesa o disagio, ai quali non bisogna mai arrivare) fino a quando non esegue il comportamento desiderato, quindi toglieremo immediatamente la pressione (rimuovere il fastidio che abbiamo creato). Sono necessarie diverse ripetizioni di questa fase per fargli associare una precisa pressione (sempre uguale in intensità e luogo di applicazione) al comportamento che desideriamo, affinché questa pressione diventi un segnale di comunicazione efficace.

Condizionamento classico (i rinforzi secondari)

Adesso facciamo un altro passo nel mondo misterioso (ma non troppo) dell'addestramento. In realtà la pressione 4, probabilmente, costituisce di per sé un discreto fastidio per il cavallo, il quale - ne siamo certi - preferirebbe evitarlo, ed ecco che la natura gli viene incontro, mettendogli (e mettendoci) a disposizione il condizionamento classico. Al cavallo il condizionamento classico serve per capire in anticipo l'arrivo degli stimoli ambientali e dei rinforzi, e noi possiamo usarlo per togliere le pressioni dal suo corpo. Con l'applicazione costante e continua della sequenza di eventi vista sopra (segnale "pressione 4", volta a mano destra e immediata rimozione della pressione), il cavallo apprende rapidamente a capire il segnale che gli inviamo, interpretarne il messaggio che contiene e rispondere nella maniera corretta. In pochissimo tempo, inizierà a girare a mano destra con una pressione minore di 4, ad esempio con una pressione di 2. Perché avviene questo? Vi ricordate, negli esperimenti di Pavlov, il suono del campanello che era presentato immediatamente prima del cibo e in seguito, presentato da solo, era in grado di provocare la salivazione del cane? Ebbene, ciò era possibile perché il campanello, dopo l'associazione con il cibo, era in grado da solo di annunciare al cane l'arrivo del cibo (il rinforzo). Nell'applicazione del rinforzo negativo abbiamo detto che la pressione doveva essere applicata partendo dalla più leggera possibile e quindi aumentata, perciò prima di arrivare al valore 4 la pressione passa da 1 a 2 e poi a 3 con una progressione sia di intensità che temporale, perché i valori 1, 2 e 3 precedono temporalmente il valore 4. Nel nostro caso la pressione 2 (intesa come esempio, potrebbe essere 1 o 3 allo stesso modo), più leggera, predice l'arrivo del rinforzo, cioè della rimozione della pressione 4, più elevata e quindi più fastidiosa, che il cavallo ha già associato alla volta a mano destra.

> Se voi prendete la bocca qual è in natura e con la progressione di chiamate e di aiuti (...) fate sì che ad ognuno di questi, fatti con la voluta progressione, corrisponda un movimento semplice e naturale e non un movimento problematico e complicato, otterrete l'intento di avere un cavallo obbediente alla vostra volontà.
>
> Carlo Giubbilei "Federico Caprilli, Vita e scritti", pag. 248

Con il procedere dell'applicazione della sequenza del rinforzo negativo il cavallo, a un certo punto, eseguirà la volta a mano destra quando la pressione con la redine sarà a livello 2. La pressione 2 (stimolo condizionante) predice l'arrivo del rinforzo (la rimozione della pressione dalla sua bocca) e il cavallo apprenderà che, alla comparsa di quel segnale (pressione 2 della redine destra) deve rispondere con un preciso comportamento che ha già imparato in precedenza (volta a mano destra, che diventa perciò la risposta condizionata) e che, nel caso in cui non lo faccia, la pressione aumenterà.

Seconda fase

Sostituzione della pressione originale (usata durante la prima fase del rinforzo negativo) con stimoli diversi (rinforzi secondari)

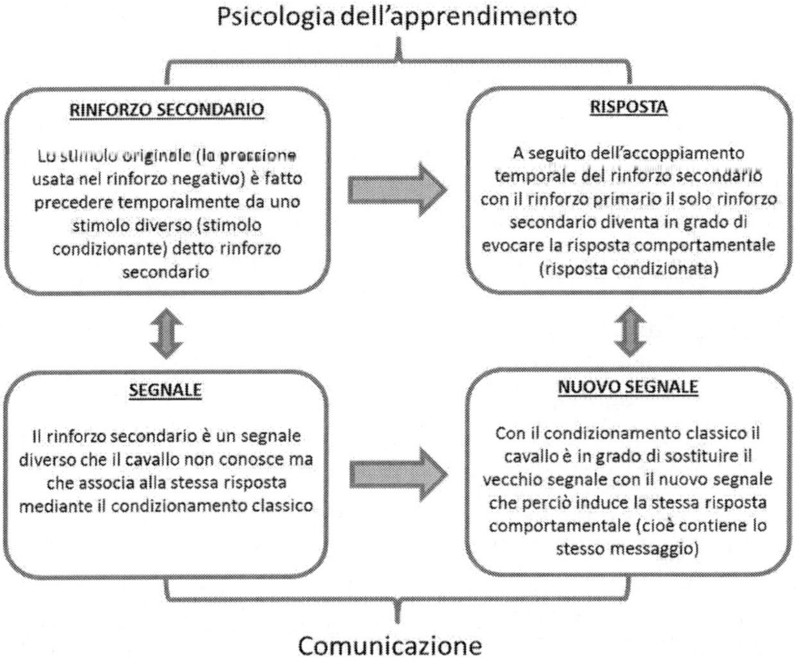

Lo stimolo originale (la pressione che il cavallo ha appreso ad associare a un certo comportamento) è sostituito da altri stimoli (altre pressioni oppure stimoli non pressori) diversi o più leggeri, mediante il condizionamento classico (applicazione di rinforzi secondari). Con il condizionamento classico il cavallo apprende a rispondere correttamente a nuovi segnali che contengono lo stesso messaggio. Ricordiamoci sempre, però, che lo stimolo diverso (rinforzo secondario) può essere uno stimolo che forniamo noi, oppure uno stimolo che si sceglie in maniera autonoma il cavallo perché più evidente, semplice e coerente, che può insomma, predirgli meglio l'arrivo del rinforzo. Anche se lo stimolo che si sceglie il cavallo è fuori dal nostro controllo.

Tramite il condizionamento classico il cavallo ha scelto un segnale, diverso da quello che noi gli avevamo dato con il rinforzo negativo, che meglio gli predice l'arrivo del rinforzo. Per adesso teniamo a mente questo concetto, perché è la chiave di tanti comportamenti problematici che i cavalli certe volte mostrano, che ci possono mettere in difficoltà e che analizzeremo meglio in seguito.

Grazie all'apprendimento associativo (condizionamento operante e classico) il cavallo ha associato un preciso segnale (la leggera pressione in bocca) a un certo suo comportamento (volta a mano destra). La stessa sequenza di applicazione di queste regole può essere usata per chiedere al cavallo molti altri comportamenti (con un'intensità diversa della pressione in bocca oppure con pressioni applicate in altre parti del corpo, o magari con una combinazione di pressioni diverse). Solo seguendo questa via possiamo stabilire un sistema chiaro di comunicazione nel quale a ogni nostro segnale corrisponde un messaggio che il cavallo apprende a interpretare correttamente.

> I cavalli vanno, del resto, con le loro andature naturali e con adeguate chiamate senza alcuno sforzo, ma debbono invece essere abituati bene a girare, giacché per essere obbedienti alla chiamata laterale che hanno sentito dapprima, poche volte sentono il bisogno di conoscerla.
>
> Carlo Giubbilei "Federico Caprilli, Vita e scritti", pag. 255

Insomma, se una persona ci dice "per favore, si sieda", sappiamo cosa dobbiamo fare, ma se ci dice "sì, ecco...si metta...forse può mettersi lì...ma anche là" possiamo intuire che dobbiamo metterci da qualche parte, ma non si tratta di una frase efficace dal punto di vista comunicativo, e questo è probabile che ci crei confusione e disagio. Torniamo all'addestramento e chiediamoci come possiamo fare per capire se il nostro modo di comunicare con il cavallo è efficace. Come facciamo a sapere se stiamo facendo le cose nella maniera giusta? Ce ne accorgiamo perché il cavallo, con il procedere delle prove e applicando correttamente il rinforzo negativo, esegue, a seguito del nostro segnale, il comportamento di volta in maniera sempre più tranquilla e precisa, fino a quando lo farà con pressioni minori. Ciò indica che siamo passati alla fase successiva del condizionamento classico e che la prima fase del rinforzo negativo è acquisita.

Non vi preoccupate di come il cavallo comunica con noi, ne parleremo nei prossimi capitoli, per adesso ciò che conta è fissare queste poche e semplici regole che stiamo definendo. Andiamo avanti, con la speranza che qualcuno abbia notato un particolare. Nella procedura esposta, non abbiamo menzionato dell'uso dell'aiuto di gamba per indurre nel cavallo il comportamento di volta. Non è stata una dimenticanza perché, purtroppo, dal punto di vista etologico (nel senso di comunicazione con il cavallo), l'uso della gamba non è corretto, anzi, l'uso contemporaneo degli aiuti di gambe e di mano è un errore. Molti inorridiranno a quest'affermazione e magari ci sarà invece qualcuno che è d'accordo. I grandi maestri dell'equitazione alcuni secoli fa avevano coniato il detto "mani senza gambe e gambe senza mani". In realtà l'uso contemporaneo di mani e gambe per insegnare al cavallo una volta non è esattamente un errore, ma è molto facile che lo diventi.

> Il cavaliere può rendere il cavallo obbediente e sensibile alla gamba, facendogli sentire l'azione di questa perché appoggi a destra od a sinistra di un passo o due a contatto del polpaccio, però non deve essere questa un'azione di cui si debba servire continuamente il cavaliere, ma soltanto per le occasioni, piuttosto rare, nelle quali ne avrà bisogno.
>
> Carlo Giubbilei "Federico Caprilli, Vita e scritti", pag. 257

Perché l'uso contemporaneo di gambe e mani non è corretto? È abbastanza facile rispondere a questa domanda, dopo ciò che abbiamo detto: se lo condizioniamo a eseguire la volta applicando una pressione attraverso la redine (che è il segnale che gli inviamo e che contiene il messaggio "volta a mano destra"), il cavallo apprenderà a rispondere correttamente a quel determinato stimolo e solo a quello, associandovi il comportamento desiderato. In teoria, potremmo usare gambe e mani contemporaneamente anche per addestrarlo alla volta a mano destra, però ricordiamoci la regola che dice che, nell'applicare il rinforzo negativo, è fondamentale che lo stimolo che somministriamo sia sempre uguale ogni volta che desideriamo evocare un preciso comportamento. Il processo di addestramento secondo le regole dell'apprendimento animale insegna al cavallo a interpretare correttamente il messaggio contenuto nel segnale che gli inviamo, per eseguire un certo comportamento. Perché ciò avvenga, è indispensabile che il segnale (una pressione) sia evidente, semplice e coerente. Se questo segnale è costituito da due pressioni (mani e gambe) il cavallo, per associarlo alla volta a mano destra, lo deve leggere come un segnale unico. Saremo noi in grado di fare azione con la redine e con la gamba in maniera tale che le due pressioni unite siano sempre uguali per intensità, luogo di applicazione, ed essendo due pressioni diverse, siano applicate contemporaneamente, ogniqualvolta le somministriamo durante la fase del condizionamento operante, in modo che il cavallo possa leggerle come un unico segnale? Ricordiamoci che più pressioni diamo contemporaneamente, maggiore sarà la possibilità di fare confusione e di inviare segnali che il cavallo non conosce. Anche ammettendo di riuscire a somministrare l'aiuto di gambe e di mani in maniera uguale ogni volta che si vuole evocare un certo comportamento, non possiamo avere nessuna certezza che il cavallo riesca a leggere i due stimoli come uno stimolo unitario, anzi è probabile che per lui rimangano due stimoli separati e che, nella fase del condizionamento classico, si scelga quale dei due predice meglio l'arrivo del rinforzo (ricordate il blocking e l'overshadowing?). In questa situazione diventa per noi molto difficile, se non impossibile, capire a quale delle due pressioni sta rispondendo, cioè a quale delle due è avvenuto il condizionamento. In pratica non saremo in grado di sapere a quale dei segnali che gli abbiamo inviato risponde il nostro cavallo. La pressione della gamba è corretto inserirla nella fase successiva al rinforzo negativo, quella del condizionamento classico, perché permette di ridurre l'uso della redine, anzi di toglierla proprio. Vi ricordate cosa accade dopo che è avvenuta l'applicazione corretta del rinforzo negativo? Dopo che il cavallo ha associato la pressione 4 al comportamento di volta a destra, una tensione della redine inferiore (abbiamo indicato una pressione 2) è in grado comunque di indurre la volta che desideriamo, perché gli predice il successivo rilascio della redine (cioè la rimozione dello stimolo avversivo). Noi possiamo, con l'aiuto di gamba, giocare allo stesso modo, applicando la pressione della gamba destra immediatamente prima dell'applicazione della pressione in bocca con la redine destra (esattamente come il campanello dei cani di Pavlov). Dopo alcune prove, il cavallo apprenderà che la pressione della gamba predice l'arrivo del rinforzo (rimozione della pressione in bocca) ed eseguirà la volta a mano destra, senza la necessità di fare azione sulla redine.

Un breve inciso per puntualizzare il concetto. La pressione in bocca a livello 2 e la pressione della gamba sono stimoli che, se usati all'inizio, prima dell'applicazione del rinforzo negativo, non sono in grado di evocare la risposta di volta a mano destra (abbiamo visto infatti che il nostro cavallo, alla prima prova, ha eseguito la volta quando la pressione è arrivata a livello 4). Questi stimoli (la pressione più leggera in bocca e la pressione con la gamba, oppure altri che possiamo scegliere noi) si chiamano rinforzi secondari e sono stimoli che possono essere associati al rinforzo primario (la rimozione dello stimolo avversivo, cioè della pressione sulla bocca) con le regole del condizionamento classico. Questi rinforzi secondari agiscono, infatti, proprio come il campanello per il cane di Pavlov, perché predicono l'arrivo di un rinforzo primario (la ciotola del cibo nel caso di Pavlov, la rimozione della pressione 4 dalla bocca nel nostro caso). In teoria qualsiasi stimolo può diventare un rinforzo secondario e, sempre in teoria, potremmo usare anche il famoso campanello per far girare il cavallo; questo per dirvi che le possibilità per far diventare un qualsiasi stimolo un rinforzo secondario sono davvero molte.

Tuttavia fra la pressione più leggera, quella di livello 2, e l'aiuto di gamba esiste una sostanziale differenza, molto importante nel processo di addestramento: sono entrambi rinforzi secondari che annunciano al cavallo l'arrivo del rinforzo primario (la rimozione della pressione 4) però la pressione 2 è il cavallo che la "sceglie" come predittiva della rimozione della pressione 4 (in conseguenza dell'automatismo di azione della redine), mentre l'aiuto di gamba siamo noi a fornirglielo. Nel primo caso il cavallo si è scelto come segnale il rinforzo secondario più evidente, semplice e coerente, che meglio gli predice l'arrivo del rinforzo, mentre nel secondo caso siamo stati noi a fornirgli uno stimolo come rinforzo secondario, e la differenza è sostanziale. Nel caso dell'aiuto di gamba è fondamentale che questo stimolo sia un segnale più evidente, più semplice e più coerente rispetto alla pressione 2, altrimenti il cavallo continuerà a rispondere all'azione della redine. Moltissimi dei problemi comportamentali nascono dal fatto che i cavalli si scelgono da soli quali segnali predicono meglio l'arrivo di un rinforzo, segnali questi che possono essere completamente fuori dal nostro controllo, anzi possiamo proprio non essere consapevoli a quali segnali stia rispondendo il cavallo. Questo perché per lui non è importante il tipo di segnale, ma quale gli predice meglio l'arrivo del rinforzo (perché più evidente, semplice e coerente). Anche quest'argomento sarà approfondito perché è un altro degli elementi cruciali che possono portare a un deficit di comunicazione e all'insorgenza di problemi comportamentali. Il *clicker*, di cui abbiamo parlato, in questa metodica non è altro che un rinforzo secondario e noi potremmo far apprendere al nostro cavallo a eseguire la volta a mano destra al semplice suono del click. Forse è meglio non farlo, non è molto pratico durante il lavoro in sella, mentre nella gestione da terra potrebbe avere una funzione specifica. In sella possiamo magari usare, come altro possibile rinforzo secondario, la contrazione del gluteo destro per insegnare al cavallo la volta a destra: ciò ci permetterà di usare le pressioni di mani e/o gambe per fargli apprendere altri comportamenti.

In quest'analisi della potenziale procedura da utilizzare per un corretto condizionamento del cavallo (per fargli apprendere i comportamenti che desideriamo attui) abbiamo usato, per motivi didattici, il solo esempio della volta a mano destra. Vediamo brevemente come potrebbe evolversi la procedura nel caso delle altre risposte base dell'addestramento (la volta a mano sinistra, il partire al passo e lo stop). Sempre per motivi didattici abbiamo pensato a un cavallo montato in maniera tradizionale con un'imboccatura leggera (filetto) e, infatti, abbiamo sempre fatto riferimento all'applicazione di una pressione nella bocca del cavallo. È però molto importante ricordarsi che le regole esposte sono le stesse per qualsiasi bardatura o briglia si usi: briglie senza imboccatura, redine d'appoggio (i famosi cavalli "smazzettati") e tutto il resto. Non è importante l'attrezzatura che usiamo, è la conoscenza di come funziona la mente del cavallo che fa la differenza.

Per la volta a mano sinistra ovviamente la procedura è uguale, basta cambiare lato di applicazione delle pressioni e ripetere le sequenze, mentre per il partire al passo e per lo stop c'è qualcosa da aggiungere, perché entrambi questi esercizi hanno implicazioni pratiche degne di nota. Saliamo in sella e cerchiamo di comunicare al cavallo di avanzare, per partire al passo. Qual è il gesto che fareste? Dare gambe, come si dice in gergo, applicando una pressione con le gambe su entrambi i lati del suo torace. Per partire da fermo non si fa azione sulle redini, serve invece uno stimolo che produca una pressione su una parte diversa del corpo per indurre il cavallo a fare un passo avanti, e la migliore pressione è l'azione contemporanea di entrambe le gambe. Cerchiamo di capire perché. Prendete la prima persona che vi capita vicino (che conoscete), fatela mettere in posizione eretta, ditele di stare ferma senza irrigidirsi e poi con due dita fate pressioni sul suo fianco. Vedrete che, senza che sia necessario fare troppa forza, la persona avrà la tendenza a muoversi dalla parte opposta a dove voi state facendo pressione. Questo movimento è, in realtà, un leggero comportamento di evitamento che la persona attua per sottrarsi alla pressione delle vostre dita sul fianco, e fa parte di quei comportamenti cui abbiamo accennato in precedenza, secondo i quali tutti gli animali, in particolare le specie predate, hanno la tendenza naturale a sottrarsi a tutto ciò che provoca fastidio o disagio. Per far avanzare il cavallo, la cosa migliore è applicare, da qualche parte sul suo corpo, una pressione che lo induca a fare un passo avanti. La miglior pressione che possiamo scegliere è quella esercitata con tutte e due le gambe, in maniera bilaterale e uguale su entrambi i lati, perché questa pressione indirizza il comportamento del cavallo che, per sottrarvisi, è più propenso a fare un passo avanti, piuttosto che attuare altri comportamenti. Questo facilita il nostro percorso di addestramento perché, probabilmente, il cavallo mostrerà subito il comportamento che desideriamo, senza procedere per prove ed errori e noi potremo rinforzarlo immediatamente, nella maniera corretta. In questo modo è come se gli avessimo "suggerito" qual è il comportamento che desideriamo da lui (torneremo su quest'argomento perché è un'importante strategia per facilitare l'addestramento). Se all'inizio usiamo un frustino su un lato della groppa o del fianco, applicando cioè una pressione asimmetrica, è probabile che il cavallo si muova in avanti ma, soprattutto alle prime prove, è anche probabile che faccia dei movimenti laterali, per sottrarsi alla pressione asimmetrica data con il frustino. La conseguenza è che dovremo agire sulle redini per rimetterlo in linea retta, dando un'altra pressione e inviandogli cioè un altro segnale, che il cavallo non conosce. In questo modo ci complichiamo la vita, ma soprattutto la complichiamo a lui, perché più stimoli contemporanei, o comunque molto vicini fra loro, gli diamo, maggiore è la probabilità di creare un deficit di comunicazione e di fare confusione, rendendogli difficile la "lettura" dei nostri segnali. Iniziamo con un tocco molto leggero con entrambe le gambe, e se non otteniamo dal cavallo il comportamento voluto aumentiamo l'intensità della pressione, fino a quando non muoverà il primo passo, quindi fermiamo immediatamente l'azione delle nostre gambe, poiché il cavallo ha eseguito il comportamento che volevamo. Anche questa procedura fa riferimento all'applicazione del rinforzo negativo. Abbiamo applicato uno stimolo avversivo (pressione con le gambe), cui ha fatto seguito una risposta (partenza al passo) e immediatamente dopo abbiamo rimosso lo stimolo avversivo (cessazione della pressione), secondo lo schema oramai conosciuto: stimolo → risposta→ rinforzo, grazie al quale il cavallo apprende a interpretare in maniera corretta il messaggio ("parti al passo") contenuto nel segnale che gli diamo (pressione bilaterale con le gambe). Come avveniva per la redine, dopo un certo numero di ripetizioni il cavallo muoverà al passo con una pressione delle gambe minore di quella usata in precedenza, perché anche in questo caso la lieve pressione delle gambe diviene sufficiente per innescare il comportamento. Attraverso il condizionamento classico e, come abbiamo già fatto per la volta a mano destra, possiamo usare anche altri rinforzi secondari per sostituire l'azione delle gambe. Sarà possibile farlo partire al passo applicando un altro segnale immediatamente prima della pressione delle gambe, come l'uso della voce, la contrazione dei glutei (scivolando dentro la sella, che è ovviamente un'altra pressione, ma più leggera dell'azione delle gambe) oppure un leggerissimo tocco del frustino. Tutti stimoli che possono essere usati come rinforzi secondari, perché predicono la rimozione della pressione (l'arrivo del rinforzo) che ha innescato il comportamento di andare avanti.

Fatti alcuni metri, desideriamo fermare il cavallo e, come sapete, per farlo si usano le redini, tirandole con la stessa intensità, applicando una pressione bilaterale e simmetrica sulla bocca. La pressione applicata attraverso le redini inizia in maniera impercettibile sull'imboccatura e aumenta progressivamente finché il cavallo non si ferma, quindi deve essere rilasciata immediatamente. È lo stesso meccanismo del rinforzo negativo che abbiamo visto sopra. Proseguendo con le prove, anche per lo stop il cavallo apprenderà a fermarsi con una pressione applicata dalle redini che sarà minore della pressione che inizialmente era necessaria per farlo fermare, anche in questo caso tramite il condizionamento classico, che ci permetterà di utilizzare anche altri rinforzi secondari per fermarlo con l'uso della voce, variando la pressione sulla sella spostando il nostro corpo leggermente all'indietro o altro. Come vedete, le regole sono sempre le stesse, semplici da capire e da applicare, soprattutto se ci mettiamo un po' d'impegno e di pazienza, spirito di osservazione e umiltà, tenendo bene in mente che solo il cavallo, con il suo comportamento, potrà dirci se stiamo procedendo sulla strada giusta e come lo stiamo facendo.

> Lo studio di questo appoggio, o meglio, della quantità della pressione indispensabile sulle barre nelle varie azioni e spostamenti, costituisce la base principale del nostro metodo. Così, quando un cavaliere sia giunto a comprendere sino a qual punto si può mettere in valore un cavallo combattente facendogli capire il potere giusto delle redini, ma soltanto quando a comprendere ciò egli sia giunto in seguito ad esperienza pratica e personale...
>
> Carlo Giubbilei "Federico Caprilli, Vita e scritti", pag. 252

Vediamo come applicare queste regole in altre situazioni, per capire meglio che i "metodi" di addestramento sono tutti fondati sull'applicazione di pressioni, come modalità di comunicazione con i cavalli (nella maggior parte dei casi sono pressioni fisiche sul corpo, ma sono pressioni anche altri gesti che facciamo senza toccarlo, e può esserlo la voce), alle quali essi rispondono sfruttando le regole psicologiche dell'apprendimento che Madre Natura ha messo a loro disposizione. La redine di appoggio, ad esempio, che caratterizza le monte da lavoro ma che è presente anche nella monta inglese, permette di dirigere il cavallo con una sola mano. Lo stimolo somministrato in questo caso è interessante poiché può essere, in pratica, una leggerissima pressione esercitata da una delle due redini appoggiata sul collo, senz'altro meno invasiva di pressioni applicate sul muso e nella bocca. Come sapete, i cavalli "smazzettati" girano a mano destra sentendosi appoggiare la redine sinistra sul lato sinistro del collo e questa redine d'appoggio è, di fatto, un rinforzo secondario, esattamente come lo è la pressione esercitata con la gamba.

Torniamo a insegnare al nostro cavallo la volta a mano destra, impiegando stavolta la redine d'appoggio come rinforzo secondario. La prima fase di applicazione del rinforzo negativo è la stessa che abbiamo già visto, per cui il cavallo ha appreso a girare a mano destra appena sente la pressione 4 e successivamente, con il condizionamento classico, applicando una pressione più leggera. Se appoggiamo la redine sinistra sul collo immediatamente prima dell'applicazione della pressione in bocca con la redine destra, dopo alcune prove il cavallo apprende che la pressione della redine d'appoggio predice la rimozione della pressione in bocca. Ripetendo questa sequenza, in breve tempo saprà leggere il messaggio "volta a mano destra", contenuto nel segnale "redine sinistra sul collo", associando i due eventi ed eseguendo la volta, senza necessità di esercitare la pressione sulla bocca, solamente con l'appoggio della redine. Come per la pressione esercitata con la gamba, anche la pressione della redine d'appoggio, se applicata prima del condizionamento con il rinforzo negativo (prima che il cavallo associ la volta a mano destra con la pressione 4), non è in grado di evocare la risposta di volta.

> ... perché la mano dei cavalieri per voler ottenere dei cambiamenti della posizione di testa e di collo, provocano una sgradita sensazione sulla bocca stessa che si converte in un indurimento di una parte di questa, nell'incappucciatura, nel vizio di portare la testa al vento, nel battere la mano, nel ferire le barre, nel rendere le labbra ispessite o le bocche incallite, per cui sovente i cavalli scappano.
>
> Carlo Giubbilei "Federico Caprilli, Vita e scritti", pag. 248

Vogliamo provare a seguire il percorso di addestramento con una piccola modifica alle condizioni di partenza? Nella procedura indicata, si parla fin dall'inizio di applicare una pressione in bocca al cavallo, ma ciò implica necessariamente l'uso di un'imboccatura. Proviamo adesso a seguire lo stesso percorso senza imboccatura. Che cosa cambia? Assolutamente niente, potremo ripercorrere parola per parola ciò che è stato già detto, con la sola differenza che, con una briglia senza imboccatura, le pressioni si applicano fuori dalla bocca, nelle aree dove i finimenti sono a contatto con la pelle del cavallo. Così, ad esempio, se usiamo la cavezza e tiriamo una redine, le pressioni saranno applicate in alcune parti della testa del cavallo, opposte alla redine che è messa in tensione, mentre, se usiamo un hackmore, dobbiamo sapere che stiamo usando un sistema di leve che amplifica la tensione delle redini sul naso e sotto il mento, sia in maniera unilaterale che bilaterale, ed è la stessa cosa con una bitless, cambiano solo i punti della testa del cavallo dove sono applicate le pressioni.

Gli esempi che abbiamo fatto si riferiscono all'addestramento di base, quello semplice, che tutti i cavalli devono avere per essere gestiti adeguatamente, in sicurezza e tranquillità. Com'è noto, esistono diverse discipline sportive che richiedono l'esecuzione di comportamenti anche molto complessi, durante i quali il cavallo deve sempre essere, come si usa dire, "alla mano" ed eseguire quanto richiesto dal cavaliere, senza difese o comportamenti indesiderati. Tutti gli esercizi, anche quelli delle discipline più complesse, sono appresi dal cavallo attraverso l'applicazione delle regole della psicologia dell'apprendimento, che abbiamo visto nell'addestramento per le risposte base. C'è solo un piccolo problema. Le aree del corpo del cavallo su cui possiamo esercitare la nostra azione applicando una pressione (mezzo principale di cui disponiamo per comunicare con lui) per inviargli un segnale, non sono molte: la bocca e le altre zone della testa (naso, mento e guance), il collo (per la redine d'appoggio), l'area dove agiscono le gambe e i glutei del cavaliere (alcune aree del torace del cavallo e la zona dove poggia la sella) e quelle eventualmente raggiungibili con il frustino. Nell'addestramento di base quasi tutte queste aree sono usate dal cavaliere per ottenere delle risposte, quali muoversi in avanti, fermarsi, girare, muoversi di lato e anche per allungare o accorciare l'andatura e cambiarla (passo, trotto e galoppo). Nel dressage, per esempio, il ventaglio di risposte è senz'altro maggiore, in quanto al cavallo sono richiesti i numerosi comportamenti di questa disciplina: modulazione dell'andatura, cessione della gamba, appoggiata, pirouette, levade, piaffer, passage e altri; lo stesso vale per il reining (spin, sliding stop e altri), ma anche per ottenere posture particolari, come modifiche della postura di collo e testa. La posizione del cavaliere e le azioni che può compiere sul corpo del cavallo indicano come, in teoria, potrebbe esserci un numero non sufficiente di aree su cui applicare pressioni per condizionare tutte le risposte richieste da discipline come il dressage o il reining. Ciò vuol dire che con alcuni segnali usati dal cavaliere si devono necessariamente ottenere più di una risposta, oppure che è necessario costruire comportamenti complessi in modo che, alla fine, un solo segnale comunichi la loro esecuzione, o ancora che alcune risposte possono essere indotte da una sequenza definita di segnali (pressioni). È chiaro che la possibilità di creare confusione nella comunicazione fra noi e il cavallo in questi casi è elevata. Quando un singolo segnale può indurre risposte multiple, ci possono essere difficoltà nel far associare correttamente quel segnale, ovvero quella pressione, a risposte diverse, con conseguente possibilità di deficit di comunicazione e insorgenza di comportamenti conflittuali. Il problema di avere pochi luoghi del corpo del cavallo su cui applicare pressione, rispetto al numero di risposte richieste, può essere affrontato con alcuni accorgimenti.

Prendiamo in esame la necessità di addestrare il cavallo a tenere in linea il corpo e la postura della testa a una certa andatura. Di solito si usano gli aiuti di mani e di gambe per addestrarlo a tenere queste caratteristiche di portamento durante il lavoro, e una possibile strategia potrebbe essere quella di addestrarlo a tenere la postura adeguata *mentre* lo si addestra alle risposte di base (andare avanti, fermare, girare). In tal modo anche l'addestramento per la linea dritta e la postura della testa passa sotto il controllo degli stessi segnali (pressioni) usati per le risposte di base. Come possiamo fare questo? Facendo attenzione a condizionare le risposte di volta o di stop, quando il cavallo sta tenendo una linea ben precisa con il corpo e una postura della testa che riteniamo adeguate. Se, quando applichiamo gli stimoli che abbiamo visto nell'insegnare la volta a mano destra, non consideriamo la linea del corpo o la postura della testa, i segnali che gli diamo saranno da lui interpretati come indipendenti da altri comportamenti che sta attuando. Se invece facciamo in modo che il cavallo apprenda la volta nel momento in cui il suo corpo è impostato sulla linea retta e la testa ha il portamento che desideriamo e gli inviamo il segnale solo quando ha questa postura, assocerà i segnali alla volta a mano destra all'interno del contesto del portamento di testa e corpo.

> Occorre studiare che l'appoggio sia sempre tale quanto basti per essere in contatto con la bocca del cavallo, affinché il cavallo abbia sempre l'impressione di essere nel corridoio fra mani e gambe; questo appoggio, che con lo studio sapremo usare nella quantità che in generale basta a regolare il cavallo, se diviene del doppio o del triplo più forte basta a disgustare ed a rendere più violento il cavallo. Ciò avviene con il cosi detto "voler prendere il cavallo in mano", col "voler mettere nell'appoggio"...
>
> Carlo Giubbilei "Federico Caprilli, Vita e scritti", pag. 252

Un'altra strategia è aumentare il numero e l'uso dei rinforzi secondari per le risposte di base, in modo da usare gli aiuti di mano e di gambe per addestrare il cavallo a risposte più complesse. Tornando alla volta a mano destra, possiamo utilizzare la contrazione del gluteo destro da applicare immediatamente prima della tensione sulla redine, come avveniva per l'uso della gamba; in questo modo il cavallo assocerà questa nuova pressione alla volta a mano destra e noi avremo disponibili gli aiuti di gamba e di mano per far apprendere al cavallo ad associare quest'ultime pressioni ad altri, e più complessi, comportamenti, come tenere un portamento dell'incollatura adeguato. Oppure, possono essere usate combinazioni di segnali normalmente impiegati per le risposte base (per esempio, il movimento di spin nel reining potrebbe essere appreso attraverso la combinazione consecutiva di girare, immediatamente seguito, dal segnale di fermarsi con l'uso della contrazione dei glutei del cavaliere) o combinazioni di stimoli per una singola risposta unitaria. Abbiamo detto che l'uso contemporaneo dell'azione della mano e della gamba è piuttosto rischioso perché il cavallo potrebbe avere difficoltà a percepire le due azioni come un segnale unico. Se però siamo a un buon livello di addestramento e il cavaliere è in grado di farlo, prestando attenzione alla corretta applicazione dei due stimoli pressori che dovranno sembrare un unico segnale, è possibile far associare al cavallo un certo comportamento che ha come segnale la comparsa contemporanea di due stimoli pressori. Oppure gli sono già stati insegnati i due stimoli indipendenti l'uno dall'altro, e a ciascuno corrisponde una precisa risposta: mettendoli insieme abbiamo una combinazione che porta al comportamento desiderato (es. appoggiata).

Il rinforzo negativo senza toccare il cavallo

Un piccolo inciso su come applicare il rinforzo negativo senza l'uso di pressioni fisiche, ma sfruttando la nostra posizione nel suo campo visivo: nel capitolo sulla comunicazione abbiamo detto che certi stimoli, che sono molto evidenti per il cavallo, possono generare comportamenti di evitamento, perché attirano la sua attenzione, che si attiva per inquadrarli meglio con i suoi sensi. Pertanto, possiamo dare delle pressioni senza toccare il cavallo, semplicemente muovendoci nel suo campo visivo e grazie a questo meccanismo possiamo farlo muovere stando a una certa distanza. Ciò che è fondamentale è ricordarsi di applicare le regole del rinforzo negativo, che sono uguali anche in questo caso. S'inizia col somministrare la pressione a distanza nella maniera più leggera possibile (che potrebbe essere semplicemente camminare lentamente nel campo visivo del cavallo) e la si rimuove (fermiamo il nostro camminare) nel momento preciso in cui esegue il movimento che desideriamo. La progressione della pressione, se il cavallo non ci dà la risposta che desideriamo, potrebbe essere aumentare la velocità e i movimenti della nostra camminata, alzare un braccio, poi magari usare una longhina (senza lanciarla per colpirlo, quest'azione dovrebbe essere evitata, perché così la pressione diventa fisica e rischiamo di creagli un fastidio troppo forte) per aumentare l'evidenza del braccio, e così via (ciascuno può decidere quale sia lo stimolo e come impiegarlo per far aumentare la pressione in maniera lenta e progressiva). Ricordandoci che le regole sono le stesse dell'applicazione delle pressioni fisiche, pertanto non si dovrà arrivare a pressioni troppo elevate: le pressioni fisiche non devono arrivare a generare un forte fastidio o un dolore, le pressioni non fisiche non devono arrivare a "spaventare" il cavallo, cioè non si dovranno generare comportamenti di evitamento molto forti. Ciò è possibile osservandolo e sfruttando il suo comportamento di attenzione verso di noi, che ci dirà qual è il limite di pressione che possiamo impiegare. Ovviamente per capirlo dobbiamo avere la motivazione di farlo, perché ci vuole tempo e dedizione per imparare a leggere i segnali di comunicazione che ci invia il cavallo.

Questo paragrafo è stato aggiunto per cercare di spiegare il significato dell'addestramento nel tondino, che va tanto di moda, dal punto di vista del cavallo. Nella pratica di scuderia, l'uso delle pressioni non fisiche può essere impiegato per far muovere il cavallo in libertà (per esempio per addestrarlo meglio durante il salto in libertà), per abituarlo ad averci attorno e per permetterci di fargli capire che siamo qualcosa di importante nel suo ambiente e, perciò, insegnargli a dare attenzione a noi e alle nostre azioni.

Video di riferimento del capitolo: 4, 6, 7, 8, 9, 10, 17 e 18

Capitolo 10 – *Shaping* e altri trucchi

Esistono alcune importanti strategie per facilitare il processo di apprendimento e addestrare cavalli ad eseguire comportamenti anche complessi, strategie che, se ben comprese e applicate, possono far sì che il processo di apprendimento sia più veloce, preciso e richieda una minor somministrazione di pressioni al cavallo (non dimentichiamolo, sono comunque stimoli avversivi), riducendo la possibilità di errori da parte nostra. Anche per questi "trucchi" non esistono ricette o protocolli da applicare, sarà la nostra sensibilità e capacità di leggere e comprendere il comportamento del cavallo, unita alla valutazione accurata dell'ambiente dove si svolge l'addestramento, a far sì che si possa scegliere una soluzione piuttosto che un'altra.

Shaping

Iniziamo col parlare dello *shaping*, che significa "modellare" (to shape). Questo modo di applicare l'apprendimento associativo assume molta importanza nel corretto addestramento del cavallo. Di cosa si tratta? Per spiegarlo torniamo ai topini di Skinner. Esistono due vie per far apprendere ai topini a premere la leva per ottenere il cibo: la prima consiste nell'aspettare che trovino da soli il modo per farlo procedendo per prove ed errori, in questo caso il processo di apprendimento potrebbe richiedere tempo, perché potrebbero essere necessari molti tentativi prima che il topino trovi il comportamento corretto che lo porta a ricevere il rinforzo. Inoltre, il modo di premere la leva, essendo del tutto casuale la prima volta, potrebbe non essere ben definito e chiaro, ma anzi essere il risultato di un comportamento non precisamente diretto a premere la leva, per esempio i topini potrebbero apprendere ad azionarla in una maniera inusuale, sfiorandola con la parte laterale del corpo, oppure colpendola con una zampa posteriore. Insomma, lasciando liberi i topini di procedere per prove ed errori ci potremmo trovare di fronte a un comportamento che aziona sì la leva, ma in un modo inusuale, che non è ciò che ci aspettiamo, e il processo di apprendimento potrebbe richiedere molto tempo. Per evitare una situazione del genere possiamo procedere per piccoli passi, modellando e indirizzando l'animale affinché prema la leva più velocemente con un comportamento chiaro e definito, nel modo che desideriamo. Possiamo "dirigere" il suo comportamento per approssimazioni successive, rinforzando, ad esempio, l'avvicinarsi alla leva, poi annusarla, quindi toccarla, poi il toccarla nella maniera che desideriamo e infine rinforzando il premerla, per ottenere la risposta comportamentale desiderata. Così come per i topini, anche con il cavallo, nella fase dell'applicazione del rinforzo negativo, avendo in mente cosa desideriamo faccia, possiamo procedere nei due modi sopra descritti per applicare la sequenza stimolo – risposta – rinforzo:

1) possiamo rinforzare unicamente e direttamente la risposta finale che riteniamo adeguata,
2) possiamo rinforzare le risposte comportamentali intermedie che si avvicinano, progressivamente, a quella da noi desiderata, utilizzando la procedura di *shaping*.

La prima soluzione, come per i topini, potrebbe richiedere molto tempo ed essere anche rischiosa perché, procedendo per prove ed errori, il cavallo potrebbe improvvisamente manifestare un comportamento che non desideriamo, ma che lo libera comunque dalla pressione che abbiamo applicato. Oppure possiamo utilizzare lo *shaping*. Di fatto, una sorta di *shaping* empirico si può ritrovare in molti percorsi addestrativi delle diverse discipline equestri, nei quali si persegue il miglioramento progressivo delle risposte comportamentali ritenute corrette. Basti pensare al modo in cui, per esempio, si addestra a eseguire lo spin, con il cavallo che è abituato progressivamente, in sessioni diverse, a eseguire cerchi sempre più stretti fino all'esecuzione dell'esercizio. In pratica, nelle discipline equestri, lo *shaping* si attua ogniqualvolta il cavaliere addestra il proprio cavallo a un esercizio complesso, scomponendolo in segmenti e facendogli apprendere un singolo segmento seguito dal successivo, fino ad arrivare a ottenere l'esercizio finale. Lo *shaping* prevede il graduale apprendimento di singole risposte intermedie fino al risultato finale, fino ad avere un cavallo che segue i segnali inviati del cavaliere con precisione, senza tensioni o resistenze. Ciò che è indispensabile tenere a mente è che queste risposte intermedie devono essere comunque insegnate al cavallo con l'applicazione del rinforzo negativo prima, e del condizionamento classico dopo, come si trattasse di comportamenti indipendenti. È come se il comportamento finale, complesso, fosse formato da un certo numero di comportamenti intermedi.

> Progressione, per lui, non voleva dire passaggio dal facile al difficile fatto con leggerezza, con la smania di arrivare ad ardue imprese presto e male, ma tenacia nella perfezione del facile, che è cosa assai difficile, mi si perdoni il bisticcio, e perciò assodarne l'esecuzione; di là poi, ottenuta stabilità di metodo, andare avanti per gradi, raggiungendo la possibilità di non mancare la difficile prova...
>
> Carlo Giubbilei "Federico Caprilli, Vita e scritti", pag. 59

L'applicazione dello *shaping* riguarda i comportamenti complessi; i comportamenti facili come le risposte di base (volta a mano destra e sinistra, stop e partenza al passo), non è necessario siano scomposti in comportamenti intermedi, anche se, volendo, potremmo farlo. Nell'esempio della volta a mano destra potremmo rinforzare all'inizio il semplice girare la testa nella direzione desiderata, poi il girare la testa e muovere la spalla nella direzione giusta e così via. Per approfondire questo esempio, analizziamo un possibile percorso da seguire per insegnare al cavallo la volta a mano destra al galoppo giusto. Per prima cosa, dobbiamo riprendere la sequenza descritta nel capitolo precedente per insegnargli la volta a mano destra, pensata per essere eseguita al passo. Se abbiamo applicato correttamente le regole che abbiamo visto, arriveremo ad avere il cavallo che, al passo, gira a mano destra con la sola applicazione di una leggera pressione della gamba interna (o del gluteo, secondo quale rinforzo secondario abbiamo scelto). Mettiamo quindi il cavallo al trotto e ripetiamo la sequenza con costanza e continuità fino al risultato finale, che deve essere lo stesso raggiunto per il passo. Facciamo lo stesso con il cavallo al galoppo, fino a ottenere lo stesso risultato anche a quest'andatura. È molto probabile che la procedura al trotto e al canter sia più veloce perché il comportamento "volta a mano destra" il cavallo già lo conosce, è già compreso nel suo "bagaglio tecnico" di esperienza ed ha appreso a riconoscere il segnale che il cavaliere usa per quel comportamento. Dovremo solo fargli generalizzare quel segnale affinché sia in grado di interpretarlo nella maniera corretta anche al trotto e al galoppo; in sostanza, dopo avergli insegnato la volta a mano destra al passo con, per esempio, la contrazione del gluteo interno, dobbiamo solo insegnare al cavallo che quel segnale ha lo stesso significato al passo, al trotto e al galoppo. Adesso dobbiamo tornare indietro e lavorare di nuovo al passo, ripetendo la sequenza e adattandola al nuovo obiettivo che intendiamo raggiungere (mettere in volta il cavallo con l'arto interno avanti). Dobbiamo fare attenzione a effettuare la sequenza in modo da applicare la pressione per la quale il cavallo è già stato addestrato ad eseguire la volta (pressione con la redine, la gamba o il gluteo, secondo quale rinforzo secondario abbiamo deciso di fargli apprendere come segnale), nel momento in cui stacca l'arto interno per portarlo in avanti. Le fasi successive sono la ripetizione della sequenza vista sopra, facendo sempre attenzione a chiedere al cavallo la volta quando questo muove l'arto interno per portarlo avanti. Come risultato finale, il cavallo al galoppo dovrebbe entrare in volta a mano destra, tranquillamente e in maniera composta, appena sente il segnale corrispondente. Forse sembrerà un pochino complicato e lungo da eseguire, ma in realtà è molto più semplice di quanto possiate immaginare, sempre a patto di seguire le regole per il corretto uso delle pressioni e dei rinforzi.

> In primo luogo dirò che le generalità dei cavalli viziosi è tale perché non si è loro saputo adattare il lavoro con la progressione dovuta, e perché in esso hanno provato inutili sofferenze. Dunque i cavalli così viziati, appena saranno montati in modo da evitare loro le sofferenze da parte del cavaliere, andranno presto bene.
>
> Carlo Giubbilei "Federico Caprilli, Vita e scritti", pag. 88

La sequenza descritta è solo un esempio e non è la sola possibile, anzi potrà essere modificata secondo la nostra sensibilità e quella del cavallo, e soprattutto in base alle risposte che riceviamo. Potrebbe accadere, anzi è abbastanza probabile, che il cavallo già nell'eseguire la sequenza iniziale, in cui si applica il rinforzo negativo al passo (la oramai famosa applicazione della pressione 4), inizi casualmente, la volta con l'arto interno avanti. In questo caso, controllando la posizione dell'arto anteriore nelle ripetizioni successive, potremo ottenere subito l'associazione a eseguire la risposta di volta a mano destra con l'arto giusto, e nelle andature successive sarà sufficiente prestare attenzione affinché il segnale di volta sia applicato sempre quando il cavallo è nella fase di appoggio dell'arto interno. Questo gli faciliterà il successivo movimento di volta con l'arto interno avanti e gli permetterà di generalizzare quel comportamento alle diverse andature, finché non eseguirà quel dato comportamento in maniera autonoma, non appena sente il segnale di volta. Nel caso potremo essere noi, facendo attenzione a come si muove il cavallo, stando in sella senza sporgersi per guardare, sentendo e capendo la sequenza delle battute degli arti sul terreno, a insegnargli fin da subito la volta a mano destra con la pressione 4 facendo in modo che quando il cavallo apprende a interpretare il segnale "volta a mano destra" con il rinforzo negativo, lo faccia nel momento in cui ha l'arto anteriore destro in avanti. In questi ultimi due casi, eseguire la volta a mano destra e farla con l'arto interno avanti sono un comportamento unico che il cavallo può associare *in toto* a quel determinato segnale (divenendo così capace di interpretarne il messaggio). Nella prima descrizione, invece, l'addestramento era avvenuto facendo apprendere separatamente la volta a mano destra prima, e l'eseguirla con l'arto interno avanti poi, e quindi alle tre andature.

Proviamo a fare un altro esempio e ipotizziamo di voler insegnare al cavallo la cessione alla gamba. Applichiamo la pressione della gamba interna resistendo con le redini e avvicinando la redine esterna alla spalla. A questo punto il cavallo comincerà a muoversi in qualche modo, perché non conosce questo nuovo segnale, non lo ha ancora associato a un suo comportamento e perciò non è in grado di decifrare il messaggio che contiene, ma noi manteniamo le pressioni *(NO, non è questo che voglio)* fino a quando non accennerà, anche in maniera minima, a un movimento laterale (più siamo concentrati e attenti sul cavallo e su ciò che facciamo, più saremo capaci a rinforzare il seppur minimo movimento laterale). In quel momento rilasciamo istantaneamente le pressioni *(SÌ, è questo ciò che voglio)*. Avremo così rinforzato in maniera corretta il primo movimento laterale del cavallo (non ha importanza se è un movimento minimo, appena accennato), attraverso la catena: stimolo (pressione) – risposta (movimento laterale) – rinforzo (rilascio immediato della pressione). Con la ripetizione successiva dell'applicazione delle stesse identiche pressioni il cavallo apprenderà a interpretare il segnale e ripeterà il minimo movimento laterale appreso, associandolo a quel segnale. Noi però non ci accontentiamo di un piccolo movimento laterale: desideriamo che faccia una cessione completa, perciò riapplichiamo le stesse identiche pressioni, ma questa volta non le togliamo *(NO, non è questo ciò che voglio)* quando il cavallo esegue il minimo movimento laterale. A questo punto il cavallo proverà a fare un altro comportamento che tolga le pressioni ed essendo già indirizzato sul movimento laterale dal segnale precedente, è molto probabile che il movimento che farà sia un ulteriore passo laterale, e in quel preciso momento togliamo le pressioni *(SÌ, è questo ciò che voglio)*. Ecco che per approssimazioni successive, ripetendo la sequenza, porteremo il cavallo a fare la cessione alla gamba, applicando lo *shaping*.

Il rinforzo positivo si presta molto bene a essere applicato in maniera progressiva, con l'uso dello *shaping* nel lavoro da terra, perché abbiamo una migliore capacità di somministrare il cibo con il giusto tempismo, quando il cavallo esegue un comportamento che non è proprio quello che desideriamo, ma che ci si avvicina. Tornando all'esempio del far salire il cavallo sul van potremo, infatti, facilmente rinforzare anche i comportamenti che si avvicinano progressivamente a quello finale che desideriamo, ossia salire sul van; potremo infatti rinforzare ogni singolo passo che esegue prima verso, e poi sulla rampa, fino all'esito finale. È un'opportunità da valutare singolarmente con ogni cavallo, secondo il comportamento che manifesta nell'approcciare la rampa del van.

È doveroso ricordare che questi sono solo esempi didattici, ciascuno può insegnare al proprio cavallo la cessione alla gamba, a salire sul van e mille altri esercizi nel modo che preferisce, a patto che si seguano sempre le regole psicologiche dell'apprendimento animale, come comune denominatore. Solo così saremo in grado di instaurare un sistema efficace di comunicazione, all'interno del quale sappiamo quali messaggi sono contenuti nei segnali che inviamo, e il nostro cavallo sarà in grado di interpretarli nella maniera corretta.

Nell'eseguire lo *shaping*, rinforzando singole risposte intermedie, non dobbiamo aspettarci miglioramenti notevoli e improvvisi del comportamento del cavallo, ma una progressione a scalini, in cui il passo successivo deve essere eseguito solo quando il passo precedente è stato appreso. Il procedimento dovrà essere fatto rispettando l'individualità di ogni cavallo, con conseguente notevole variabilità nei tempi di risposta, ovvero di apprendimento. È fondamentale, infatti, che i tempi dell'apprendimento e il passaggio allo scalino successivo siano dettati dal cavallo e dalla sua risposta individuale ed è dovere del cavaliere capirli, rispettarli e assecondarli. Purtroppo quest'ultimo elemento è uno dei punti critici nel corretto addestramento con le regole psicologiche dell'apprendimento animale e lo è anche, più in generale, per il rispetto dell'individualità. Uno dei maggiori problemi da considerare è la difficoltà di conciliare i tempi del cavallo con le nostre esigenze sportive e, soprattutto, economiche. Il mancato rispetto dei tempi di apprendimento esita spesso nello sviluppo di comportamenti indesiderati, di difesa, che possono diventare pericolosi per cavallo e cavaliere, dovuti all'instaurarsi di un deficit di comunicazione. Troppo spesso l'addestramento è dettato dalle scadenze del calendario e i tempi della progressione sono scanditi dal cavaliere, il quale si riduce ad applicare metodi, strumenti e modi unicamente in funzione delle sue, umane, agonistiche necessità.

> Egli intendeva che sul terreno degli esercizi non si dovesse mai compiere lo sforzo massimo, ma ricercare con grande costanza che l'esecuzione di prove modeste fosse perfetta.
>
> Carlo Giubbilei "Federico Caprilli, Vita e scritti", pag. 59

Suggeriscimi qualcosa!

Quando si vuol insegnare al cavallo un comportamento nuovo, un'ottima strategia è cercare di guidare la sua risposta verso ciò che desideriamo esegua. Dobbiamo aiutarlo a manifestare prima possibile il comportamento che vorremo ottenere, "suggerendoglielo" in qualche modo (potete provare a spiegarglielo, parlandogli all'orecchio, ma è probabile che non funzioni). Anche questo "trucco" è finalizzato a impedire che il cavallo proceda sulla via dell'apprendimento solo mediante prove ed errori e può essere applicato insieme allo *shaping*, come nell'esempio della cessione alla gamba visto in precedenza, dove abbiamo "suggerito" al cavallo come muoversi lateralmente applicando e rimuovendo le pressioni in un certo modo. Sempre relativamente a questo esempio di cessione alla gamba, possiamo dire di più su come fare per dare dei suggerimenti al cavallo. Le prime volte, per facilitare la comparsa del comportamento "muoversi di lato", si può avanzare verso la parete del maneggio con un angolo di 45 gradi, applicando le pressioni di gamba e redini quando si raggiunge la parete. Il cavallo molto probabilmente cercherà di fare quello che questi due segnali significavano fino a quel momento, muoversi in avanti girando leggermente a destra, ma a causa della parete si troverà nell'impossibilità di eseguire questo movimento e molto probabilmente, per compensarne l'ingombro, si sposterà verso sinistra (senza mostrare altri comportamenti non desiderati, perché lo spostarsi a sinistra è indirizzato dalla presenza della parete), quando ciò accade rilasciamo immediatamente le pressioni dicendogli: *"Sì, è questo ciò che voglio"*. Questo "trucco", cioè la possibilità di "suggerire" il comportamento che desideriamo, è possibile perché con l'applicazione delle pressioni e la loro successiva rimozione (rinforzo negativo) si può avere un certo grado di controllo sui comportamenti di risposta del cavallo. In pratica, l'uso del rinforzo negativo, così come descritto in precedenza, conseguente alla rimozione di una pressione, ovverosia di uno stimolo avversivo ha, dal punto di vista dell'addestramento, il vantaggio molto importante di indirizzare il comportamento di risposta dell'animale. La pressione esercitata attraverso la redine indirizza il cavallo a compiere la volta perché questo è il comportamento naturale che facilita la rimozione di quella pressione. Allo stesso modo un cavallo portato a cavezza è più probabile che faccia passi in avanti quando sente la pressione della cavezza, indotta dalla tensione della longhina, perché quel comportamento è quello che naturalmente rimuove la pressione. Ciò è molto importante nell'addestramento perché rende più veloce l'applicazione del rinforzo negativo e il comportamento conseguente è più definito, più chiaro e più facilmente associabile al segnale inviato. Anche in questo caso stiamo solo facendo degli esempi, ciascuno può decidere quale sia il modo migliore per dirigere il comportamento del cavallo e rendergli più facile capire prima ciò che desideriamo. Questo trucco, come lo *shaping*, riduce la possibilità che l'animale, procedendo per tentativi, esegua altri comportamenti per eliminare il fastidio delle pressioni, e nello stesso tempo farà sì che le pressioni siano applicate per un tempo minore e con minore intensità (più bravi saremo a indirizzarlo verso il comportamento desiderato, prima lo manifesterà e prima saranno tolte le pressioni). La capacità di osservare il comportamento del cavallo e l'ambiente in cui l'addestramento si attua, insieme alla pratica paziente e costante, sono gli elementi che permettono di sfruttare queste strategie nel modo migliore.

Anche con il rinforzo positivo, come per il rinforzo negativo, la difficoltà può essere data dall'aspettare che il cavallo esegua il comportamento che desideriamo volontariamente e per caso, o quasi, attuando un processo di addestramento più complesso. Ciò aumenterà la probabilità di commettere errori o comunque di procedere lentamente, e da qui l'importanza di indirizzare il cavallo a manifestare il comportamento desiderato prima possibile, per poi premiarlo con il rinforzo negativo (rimozione della pressione) o positivo (somministrazione di cibo). Pertanto, oltre a conoscere le regole della psicologia dell'apprendimento, che sono la base indispensabile per addestrare in maniera corretta il nostro cavallo, dovremo concentrarci su come fare a indirizzare il suo comportamento, a "suggerirgli" ciò che desideriamo faccia. L'ambiente in cui si svolge l'addestramento e le nostre azioni possono essere sistemati, aggiustati e modificati per indirizzare la sua risposta e far sì che manifesti prima possibile e in maniera più precisa il comportamento che desideriamo. Questo velocizzerà e faciliterà notevolmente il processo di apprendimento, riducendo la possibilità di commettere errori. Vediamo un altro esempio e pensiamo di addestrare il nostro cavallo a sdraiarsi a un nostro segnale. Seguendo il "trucco" di suggerirgli qualcosa, la prima cosa da fare è creare le condizioni migliori affinché abbia voglia di sdraiarsi, e quale modo migliore se non sellarlo e andare a fare una bella passeggiata? Al ritorno, togliamo la sella e lo portiamo a cavezza in una zona tranquilla, dove ci sia un terreno ideale, magari sabbioso e morbido, per potersi sdraiare. Dopo la passeggiata, il cavallo sarà leggermente sudato e probabilmente avrà molta voglia di rotolarsi su una superficie di questo tipo. Sganciamo la longhina e lasciamo che inizi a passeggiare a testa bassa annusando e raspando il terreno, lo assecondiamo seguendolo da vicino e lasciamo che scelga il punto migliore per sdraiarsi, quindi restiamo fermi. Nel momento in cui il cavallo si sdraia, diamo un comando vocale, a nostra scelta, una parola "qualsiasi" purché breve, definita (ricordiamoci che dovremo sempre usare la stessa parola per tutto il processo di addestramento a questo esercizio). Ovviamente in questo momento, il comando vocale non ha nessun significato per il cavallo, ma diventerà un rinforzo secondario in seguito. Teniamo a mente che le prime volte che il cavallo si sdraierà, non sarà per una nostra richiesta, ma perché ha voglia di farlo, e noi l'abbiamo aiutato in ciò, creandogli le giuste condizioni. Nel momento in cui si sdraia, diamo il comando vocale seguito immediatamente dal rinforzo positivo (una bella carota). I nostri gesti devono essere sempre misurati sul suo comportamento (la posizione di orecchie, testa e incollatura ci aiuterà a capire se la nostra presenza gli crea disturbo) perché, se esageriamo con la nostra "pressione" (che in questo caso non è una pressione fisica), il cavallo potrebbe alzarsi di scatto, magari manifestando anche comportamenti di difesa. Per questo motivo è bene lasciargli il suo tempo e stare sempre di fronte a lui, anche quando è sdraiato. Dopo alcune ripetizioni di questa procedura (non si può dire quante ne siano necessarie, sarà la nostra sensibilità e capacità di osservazione a dircelo), il cavallo assocerà prima il comportamento di sdraiarsi con il rinforzo positivo, e poi, tramite il condizionamento classico, userà il comando vocale che gli abbiamo dato nel momento in cui si sdraiava immediatamente prima della carota, che gli annuncia l'arrivo del rinforzo primario, e si sdraierà solo udendolo. Volendo potremo usare anche altri rinforzi secondari, come per esempio un gesto col braccio, che gli indichi di sdraiarsi. In questo caso abbiamo sfruttato un comportamento naturale, mettendo l'animale nelle condizioni di eseguirlo, e lo abbiamo usato per l'addestramento. Ogni cavallo interpreterà queste variabili a sua scelta secondo il suo carattere e starà a noi cercare di capire come pianificare il suo addestramento, creando l'ambiente adatto e rinforzando al momento giusto i suoi comportamenti ritenuti corretti.

Uso combinato del rinforzo positivo e del rinforzo negativo

Come già sappiamo, il rinforzo negativo è lo strumento principale per l'addestramento dei cavalli, mentre il rinforzo positivo ha minori possibilità nell'applicazione pratica. Entrambe queste forme di rinforzo coinvolgono l'apprendimento associativo, cioè fanno apprendere all'animale quali relazioni ci sono fra due stimoli ambientali oppure fra un suo comportamento e la comparsa di qualcosa di positivo (cibo) o il sottrarsi da qualcosa di non piacevole (pressioni, fisiche e non). Il rinforzo negativo prevede, comunque, la somministrazione di uno stimolo avversivo, cioè che crea un fastidio. È infatti documentato che l'applicazione di questi stimoli, anche se di lieve intensità, in soggetti già sottoposti a stress prolungato, possono causare un'alterazione emotiva negativa, non giustificata dal basso livello di fastidio creato. Non solo, cavalli stabulati in maniera non ottimale, vale a dire mantenuti in un ambiente di scuderia non appropriato, sono tendenzialmente meno recettivi all'applicazione del rinforzo negativo. Il rinforzo negativo, quando applicato in maniera non corretta, con l'uso di pressioni elevate applicate per tempi lunghi, può avere conseguenze gravi e portare a un aumento dello stress, in risposta allo stimolo avversivo applicato. Cosa che non accade con il rinforzo positivo che può avere, invece, alcuni benefici per il cavallo. Il rinforzo positivo, nonostante le sue limitazioni nell'applicazione pratica, tende a motivare i cavalli che sono più attivi e partecipi nel processo di addestramento, come evidenziato dall'aumento del comportamento di esplorazione, che diviene così un'esperienza tendenzialmente piacevole. Questi aspetti sono sostenuti da studi scientifici, e tuttavia anche il buon senso può dirci come l'uso del cibo nell'addestramento possa essere piacevole per il cavallo (a patto di non abusarne e di seguire le regole corrette di applicazione). Inoltre il rinforzo positivo può aiutare a creare un rapporto migliore con noi umani, rendendo al cavallo non solo piacevole la nostra compagnia, ma anche sicura. Per tale motivo l'uso del rinforzo positivo può essere vantaggiosamente unito al rinforzo negativo nell'addestramento, dove ciò sia possibile (con il lavoro in sella non è applicabile come sappiamo). Torniamo a insegnare al cavallo a fermarsi durante la conduzione a cavezza. Se vogliamo rendere la procedura più veloce e precisa, è sufficiente applicare una leggera tensione sulla longhina nel momento in cui ci fermiamo, per rilasciarla immediatamente nel momento in cui anche il cavallo si ferma, quindi somministriamo immediatamente la carota, in questo modo abbiamo applicato un rinforzo negativo per dirigere la risposta prima dell'applicazione del rinforzo positivo. Così facendo abbiamo "suggerito" al cavallo qual è il comportamento desiderato, attraverso l'uso combinato del rinforzo negativo e positivo. Già dalle prove successive sarà probabilmente sufficiente la carota e, nell'arco di pochissime sessioni, il cavallo apprenderà a fermarsi nel momento in cui anche noi ci fermiamo. Il nostro fermarsi, mentre gli stiamo camminando di fianco, diventa un rinforzo secondario che predice al cavallo l'arrivo del rinforzo primario, la carota appunto, come nel caso dell'aiuto di gamba per la volta a mano destra o del campanello dei cani di Pavlov. Ricordiamoci che possiamo usare anche altri rinforzi secondari, come la voce o un altro gesto.

Allo stesso modo possiamo usare il rinforzo negativo per rendere più veloce il processo di apprendimento per salire sul van. Quando il cavallo è fermo davanti alla rampa, piuttosto che aspettare che la esplori e poi ci metta uno zoccolo sopra per rinforzare questi comportamenti con il click/voce, possiamo indirizzarlo con il rinforzo negativo, suggerendogli ciò che noi desideriamo che faccia. Quando il cavallo è davanti alla rampa, si applica una leggerissima pressione progressiva alla cavezza con la lunghina (o si tocca leggermente il posteriore) e si rimuove immediatamente quando compie il primo passo sulla rampa. Nello stesso momento si rinforza con il click/voce che già conosce come rinforzo secondario, oppure con la carota (tutto ciò a patto che non abbia avuto brutte esperienze e non abbia paura né di salire sul van né delle persone che lo circondano). Anche per far sdraiare il cavallo possiamo proficuamente associare un rinforzo negativo, in questo caso durante la nostra richiesta gli tocchiamo leggermente le zampe per esempio con un capo della longhina, fino a che non si sdraia. Questo ci permetterà di avere un aiuto in più nel caso in cui il cavallo non abbia voglia di sdraiarsi per ricevere cibo. In questo modo arriviamo al compimento di questo esercizio con l'uso del rinforzo negativo ma passando tramite il rinforzo positivo che aiuterà l'apprendimento, velocizzandolo, ed evitando quei possibili problemi derivanti dall'uso eccessivo del rinforzo negativo.

Facciamo adesso una veloce deviazione, anticipando qualcosa di psicologia equina. Qualcuno probabilmente avrà pensato al fatto che il cavallo potrebbe non gradire la nostra presenza accanto a lui quando si sdraia, e ciò è vero! Ci sono molti cavalli che da sdraiati non riescono, per timore, ad accettare l'avvicinarsi della persona. Iniziamo a dire che lo stare sdraiato mette il cavallo (non solo lui, tutti gli animali, umani inclusi) in una posizione di debolezza, ed è non a caso uno dei comportamenti di sottomissione più diffusi nel regno animale (anche se va detto che i cavalli in natura non si sdraiano in segno di sottomissione), a partire dal quale è più difficile attuare comportamenti di fuga o difesa. Perciò, volendo intanto rovesciare la medaglia, se il nostro cavallo accetta la nostra presenza vicino a lui quando sta sdraiato, è probabile che si senta al sicuro accanto a noi. Ad ogni modo, se il nostro cavallo non vuole stare sdraiato accanto a noi, possiamo provare ad addestrarlo con l'apprendimento non-associativo. Lo portiamo in un rettangolo con il fondo morbido in sabbia e, rimanendo a debita distanza, aspettiamo che si sdrai. Proviamo quindi ad avvicinarci, lentamente e un passo alla volta, controllando il suo comportamento a ogni nostro passo. Ci fermeremo non appena notiamo dei comportamenti come guardare nella nostra direzione con le orecchie dritte, stendere gli anteriori e altro, comportamenti che ci suggeriscano che siamo arrivati al limite della distanza che il cavallo ci consente. A quel punto ci fermiamo e ci allontaniamo, ripetendo la procedura in un altro momento. È molto importante interrompere la nostra camminata nella direzione del cavallo prima che lui si alzi. A ogni nostro passo è come se il cavallo si abituasse alla nostra presenza a quella distanza, e seguendo le regole dell'apprendimento non-associativo potremo insegnargli ad averci vicino quando se ne sta sdraiato. Purtroppo le cose non sono così semplici. In questo tipo di situazioni ci sono molti altri fattori che dobbiamo considerare. Se il cavallo è sottomesso con la coercizione dall'essere umano, se non sono rispettate le sue esigenze psicologiche ed etologiche nella gestione della scuderia e si sente minacciato, è probabile che si crei una percezione negativa dell'ambiente e delle persone che lo circondano (ci sarà un capitolo a parte sull'argomento). Un cavallo, in tale condizione, può non accettare comunque la presenza dell'essere umano mentre sta sdraiato, perché la percezione di essere in una situazione di debolezza di fronte a una possibile minaccia sarà probabilmente più forte di qualsiasi addestramento.

Video di riferimento del capitolo: 2, 10, 11 e 12

Capitolo 11 – Generalizziamo

Abbiamo detto che per gli organismi viventi è fondamentale acquisire ed elaborare correttamente le informazioni provenienti dall'ambiente che li circonda e comprendere così il valore di ciò che accade attorno a loro, questo meccanismo determina l'apprendimento. Quando l'animale ha appreso a comportarsi in una certa maniera in un ambiente, potrebbe essere molto vantaggioso per lui poter sfruttare quelle strategie comportamentali, già apprese e che hanno portato un beneficio, anche se l'ambiente cambia. Se l'ambiente cambia, anche di poco, l'animale ha due possibilità davanti a sé: modificare il proprio comportamento, apprendendo qualcosa di nuovo, oppure capire se le modifiche dell'ambiente in realtà sono solo una variazione virtuale, all'interno della quale può attuare le stesse strategie comportamentali già eseguite in altri ambienti, come risposta ad altri stimoli. Esiste, infatti, la concreta possibilità che un comportamento, attuato come risposta a stimoli in un certo ambiente e che ha portato dei benefici (la rimozione di un fastidio o l'arrivo di cibo), porti lo stesso beneficio in un ambiente diverso, dove agiscono stimoli uguali o simili ai precedenti. Questo fenomeno prende il nome di generalizzazione ed è la capacità degli animali di apprendere un comportamento come risposta a un certo stimolo per poi rispondere in modo simile ad altri stimoli che sono paragonabili al primo, nello stesso o in un altro ambiente. La generalizzazione sta alla base della capacità di comportarsi in situazioni nuove, nella misura in cui il "nuovo" presenta evidenti analogie con ciò che è già noto. Possiamo dire che questo fenomeno è fondamentale per l'addestramento e la gestione dei cavalli: senza la generalizzazione non sarebbe possibile fargli apprendere un esercizio nel rettangolo della propria scuderia e poi farlo ripetere in campo gara. Oppure far abituare il cavallo a uno stimolo come lo sventolare di un sacchetto di plastica, in un ambiente, e poi far sì che non abbia paura del sacchetto, quando questo compare in un ambiente diverso.

Tuttavia è indispensabile rilevare alcuni aspetti. All'interno della psicologia dell'apprendimento, la generalizzazione si attua con il rinforzo secondario del condizionamento classico. Nel condizionamento operante (rinforzo positivo e rinforzo negativo), l'associazione che l'animale forma è fra un suo comportamento volontario e il rinforzo (somministrazione del cibo o rimozione del fastidio), pertanto il rinforzo deve essere sempre lo stesso in qualsiasi ambiente, affinché l'animale possa riconoscerlo e associarlo con il suo comportamento. La fase del condizionamento operante è inoltre relativamente veloce e il cavallo apprende a fissare il proprio comportamento con poche applicazioni della sequenza stimolo-risposta-rinforzo. Dopo che il comportamento è stato fissato, il condizionamento classico permette al cavallo di sostituire il rinforzo primario con altri stimoli (rinforzi secondari), che impara a interpretare come segnali che annunciano l'arrivo del rinforzo primario. È a questo punto che interviene la generalizzazione, che si ha quando una risposta condizionata (comportamento dell'animale) segue la comparsa di uno stimolo simile (ma non uguale) a quello condizionante originale. Per i cani di Pavlov, una volta che la salivazione è indotta da una luce rossa (stimolo condizionante) si può avere la stessa risposta (la salivazione) con una luce color amarena, scarlatta o granata, senza che sia necessario ripete il condizionamento.

In sostanza stimoli che somigliano molto al rinforzo secondario possono evocare la stessa risposta comportamentale da parte dell'animale. Nell'esempio della volta a mano destra, la pressione 2 è il rinforzo secondario che induce la volta, però, come conseguenza della generalizzazione, la stessa volta a mano destra potrà essere evocata anche da pressioni di 1,8 o 2,2 o simili. La generalizzazione nella psicologia dell'apprendimento può essere molto utile nell'addestramento perché, in parole povere, ci permette un seppur minimo margine di errore nello stimolo (rinforzo secondario) che diamo al cavallo come segnale per un certo comportamento. Quanto simile deve essere lo stimolo nuovo allo stimolo condizionante originario, per evocare la stessa risposta comportamentale nell'animale? Non è possibile rispondere a questa domanda proprio perché stiamo parlando di psicologia dell'apprendimento, nel quale ambito non esistono "istruzioni" predefinite. Quello che dobbiamo tenere presente è che più lo stimolo nuovo somiglia allo stimolo condizionante originario, maggiore sarà la possibilità che il cavallo lo interpreti nel modo giusto, esibendo il comportamento desiderato. Nel caso della pressione 2, è più probabile che il cavallo interpreti nella maniera corretta una pressione di 1,8 piuttosto che una pressione di 2,5., semplicemente perché la pressione di 1,8 è più simile alla pressione 2 che non la pressione di 2,5. Essenzialmente la generalizzazione è la capacità di rispondere allo stesso modo a stimoli solo leggermente diversi fra loro. A questo punto è importante anche soffermarci sulla discriminazione, che è la capacità di distinguere fra due stimoli simili e di interpretarli come diversi. Il punto essenziale, all'interno di un percorso di addestramento, è se questi stimoli hanno significato diverso come segnali. Se non hanno un diverso significato, due stimoli simili, ma non uguali, il cavallo li può generalizzare e il cavaliere potrà usarli entrambi come segnali per comunicare la stessa cosa (come le pressioni di 1,8 e 2,2). Questo, come abbiamo accennato, ci lascia il margine di errore che ci permette comunque di comunicare correttamente con il cavallo; se però nella volontà del cavaliere due stimoli simili hanno un significato diverso come segnale da inviare al cavallo, ecco che in questo caso commettiamo un errore di comunicazione. Un esempio che potremmo fare, è la pressione derivata dal contatto costante con la bocca del cavallo. Se questa pressione (con la quale il cavaliere non vuole comunicare niente al cavallo) è piuttosto elevata, ecco che il cavallo potrebbe non essere più in grado di distinguerla (discriminarla) dalla pressione che invece è inviata (questa volta per volontà del cavaliere) come segnale per comunicare la richiesta d'esecuzione di un comportamento. Pertanto, nell'addestramento, è fondamentale fare in modo che stimoli che hanno un significato diverso dal punto di vista della comunicazione, siano distinguibili dal cavallo, affinché li possa discriminare, cioè distinguere fra loro.

La generalizzazione e la discriminazione sono possibili perché l'animale è in grado di riconoscere le caratteristiche fisiche degli stimoli che, nel caso delle pressioni sono l'intensità, la durata e il punto di applicazione. Il cavallo può discriminare due pressioni di uguale intensità, perché agiscono in punti diversi del suo corpo, oppure può discriminare due pressioni che agiscono nello stesso punto perché hanno intensità o durata diverse. Per completezza d'informazione, la generalizzazione e la discriminazione sono quei fenomeni dell'apprendimento che permettono agli animali, quindi anche a noi, di capire che determinati stimoli ambientali presentano delle analogie, mentre altri sono diversi, pur avendo in comune un certo grado di somiglianza. Abbiamo già accennato alle pressioni, ma come stimoli ambientali non ci sono solo quelle, ci sono forme, colori, suoni e rumori e molto altro. Se vediamo un triangolo sappiamo che è un triangolo perché ha certe caratteristiche (ha tre lati che delimitano tre angoli) e lo classifichiamo come triangolo sia che sia scaleno o isoscele. Una forma rotonda è una forma rotonda, sia che si tratti di un pallone da calcio che di una ruota da automobile e così via. La generalizzazione e la discriminazione sono molto usate nella ricerca scientifica per capire se gli animali distinguono forme, colori, suoni e molto altro. In parole molto semplici si condiziona un animale ad associare una precisa forma geometrica con una ricompensa, quindi si mette di fronte a una forma che è simile ma non uguale alla precedente (può variare leggermente la forma o il colore o la posizione nello spazio) e se il cavallo cerca la ricompensa, vuol dire che per lui quella forma è uguale alla precedente (generalizzazione), se invece non cerca la ricompensa significa che per lui è una forma diversa (discriminazione). Gli studi fatti ci dicono come i cavalli siano in grado di distinguere tantissime forme, anche molto complesse. Oltre alle più semplici forme geometriche, sanno distinguere le lettere dell'alfabeto, i simboli musicali, oggetti di varie forme e dimensioni e sono in grado di formarsi dei concetti generali che permettono loro di categorizzare (cioè di riconoscere e classificare in categorie diverse stimoli che differiscono per una o più caratteristiche fisiche). Sono in grado di riconoscere oggetti tridimensionali anche se ruotati attorno al proprio asse. Grazie a questo tipo di studi sappiamo anche che i cavalli sono in grado di ricordarsi oggetti e forme specifiche anche a distanza di 7/8 anni dall'ultima volta che hanno visto quell'oggetto o quella forma.

A questo punto, è doveroso un richiamo al condizionamento alla paura che abbiamo già esposto. Se un cavallo ha avuto un'esperienza negativa che l'ha condizionato alla paura per un determinato oggetto (per esempio ha ricevuto delle botte forti per essere caricato sul van) è molto probabile che si ricordi per anni dell'oggetto che gli ha provocato dolore, anche se non lo vede più per tutto questo tempo, e quando lo rivedrà, anche dopo molto tempo, quell'oggetto potrà comunque generare in lui alterazioni emotive o addirittura paura. Un'altra curiosità psicologica che è scaturita da questo tipo di studi sta nel fatto che i cavalli sarebbero in grado di riconoscere, discriminare e catalogare molto facilmente gli oggetti vedendoli dall'alto in basso, mentre hanno difficoltà a farlo vedendoli dal basso in alto. Quest'aspetto è intuibile se consideriamo che il mondo percettivo del cavallo è stato strutturato dall'evoluzione per guardare gli oggetti presenti nell'ambiente prevalentemente dall'alto e questo per loro è sufficiente. In ultimo, la stessa tipologia di studi ci permette oggi di sapere che i cavalli potrebbero essere in grado di formare concetti astratti.

Per completezza di esposizione dobbiamo dire che in realtà esistono due tipi di generalizzazione:

1) la generalizzazione "primaria", che è la risposta comportamentale generalizzata in base alla presenza di una somiglianza fisica di stimoli simili: ad esempio le pressioni, somministrate come segnali per la comunicazione, che sono misurabili, così come lo è il rumore della tosatrice, il sacchetto di plastica, o qualsiasi altro stimolo fisico.

2) la generalizzazione "secondaria", che è la risposta generalizzata in base alla presenza di una somiglianza non fisica ma simbolica o espressiva. Questa seconda forma di generalizzazione è difficile da considerare e da verificare nel mondo dei cavalli; per capirci, è probabilmente grazie a un fenomeno di generalizzazione secondaria che Clever Hans ha potuto fare ciò che ha fatto.

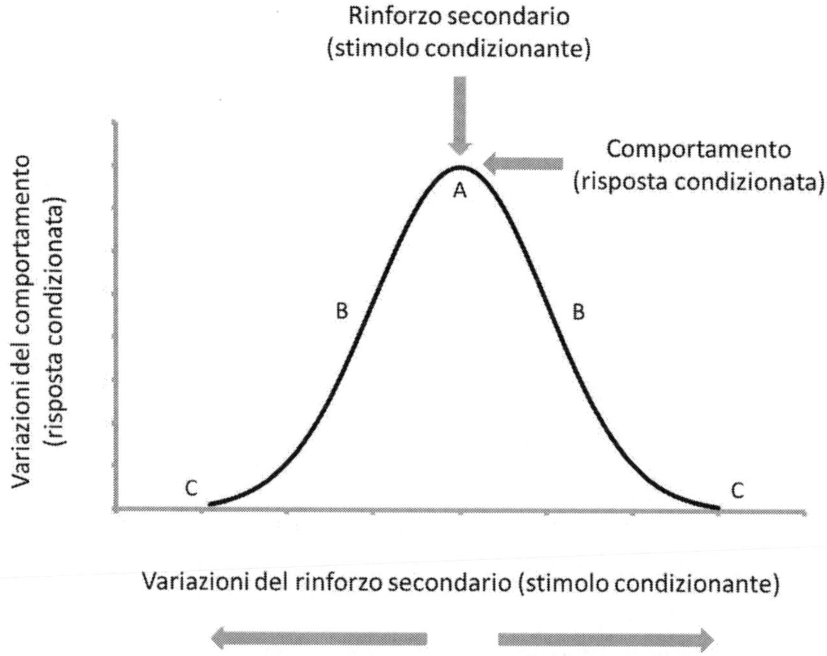

Il punto A (apprendimento) rappresenta l'esecuzione del comportamento desiderato, che è stato associato a un rinforzo secondario. Nell'esempio della volta a mano destra, il cavallo nel punto A percepisce la pressione 2 come segnale, lo interpreta correttamente e risponde con la volta a destra. Se il rinforzo secondario cambia, il cavallo lo può generalizzare, ma fino a un certo punto. La linea nera che scende ai lati del punto A indica la variazione del comportamento, che sarà tanto più evidente quanto più il segnale pressorio si allontana dal valore 2, sia in più che in meno. Il punto B (generalizzazione) rappresenta una situazione intermedia nella quale lo stimolo non è più uguale al rinforzo secondario originario (la pressione adesso potrebbe essere 1,8 oppure 2,2), ma è simile e l'animale è ancora in grado di interpretarlo nella maniera corretta, manifestando un comportamento che però può non essere proprio uguale a quello evocato dal rinforzo secondario. Nel punto "C" (discriminazione) lo stimolo somministrato è molto diverso (pressioni 1,5 o 2,5, per esempio) dall'originale pressione 2 e il cavallo non lo riconosce come uguale al precedente e non risponde a questo segnale (si ha l'estinzione del comportamento).

Video di riferimento del capitolo: 5, 11, 12, 17 e 18

Capitolo 12 - Non dirmelo, ti vedo

> ...gli affidò una bellissima cavalla baio-oscura che avea bocca e ganasce così dure ed insensibili, sicchè il reggerla era cosa difficilissima ed avea presa più volte la mano. Caprilli studiò la giumenta, la montò ed in breve tempo la condusse ad una caccia, affrontando grossi ostacoli con la cavalla perfettamente alla mano, docile alla volontà del cavaliere. Si noti come per dominare la baia egli avesse lasciato il morso ed avesse adoperato un semplice filetto, e tal fatto, se meravigliò chi osservava l'impresa, fu di somma importanza per l'attento instancabile esperimentatore di ogni giorno... ...l'adozione del filetto impiegato a trattenere un cavallo, portato a non sentire il freno, poté sembrare strana a moltissimi, essendo nelle abitudini servirsi in casi consimili di un morso ardente, anziché di un'imboccatura così semplice.
>
> Carlo Giubbilei "Federico Caprilli, Vita e scritti", pag. 38

Nei capitoli precedenti abbiamo descritto le linee guida per far apprendere ai cavalli i nostri segnali e instaurare così una comunicazione efficace, attraverso le regole psicologiche dell'apprendimento animale. Queste regole, giova ricordarlo, sono valide per tutti gli animali, umani inclusi (con i dovuti distinguo, legati alle differenze di specie perché ciascuna specie adatta queste e altre modalità di apprendimento alle proprie esigenze biologiche). Contrariamente a quanto si può credere, non esiste un modo per "misurare" direttamente il buon esito del lavoro di addestramento che stiamo facendo, ma almeno dovremmo riuscire a capire se stiamo seguendo i concetti esposti nella maniera corretta. Cerchiamo di approfondire quest'argomento. Fino ad adesso abbiamo parlato solo di segnali che noi inviamo; in ciascun segnale è contenuto un messaggio e, se l'addestramento è stato fatto correttamente, il cavallo è in grado di interpretarlo e rispondere in maniera appropriata con il suo comportamento. E il cavallo? Come fa a comunicare con noi? Come fa a dirci se ha compreso quel segnale, oppure se la pressione che gli abbiamo inviato è eccessiva? Come facciamo a sapere se è infastidito o confuso dalle nostre azioni? Ebbene esiste un solo "parametro" che ci può fornire indicazioni in tal senso: il suo comportamento, che abbiamo il dovere di osservare e capire. Perciò in questo capitolo ci concentreremo sugli errori che possiamo commettere e su come facciamo per sapere cosa percepisce il cavallo durante l'applicazione delle pressioni e più in generale durante l'addestramento.

Iniziamo a vedere come si fa, partendo dai nostri possibili errori, e torniamo alla prima fase (quella del rinforzo negativo) del percorso effettuato per insegnare al cavallo la volta a mano destra. Supponiamo che nelle prime tre - quattro prove eseguiamo la procedura correttamente (pressione 4, volta a destra e rilascio immediato della pressione). In tal modo, tramite il condizionamento operante, il cavallo associa il suo comportamento a quella pressione, che diventa il segnale che comprende il messaggio "volta a mano destra" e apprende come interpretarlo nella maniera corretta. Poi all'improvviso ci distraiamo e alla prova successiva, senza rendercene conto, applichiamo una pressione 6 invece della pressione 4, nonostante il cavallo abbia, correttamente e secondo ciò che ha appreso in precedenza, girato a mano destra quando ha sentito la pressione 4. Ecco che, a causa nostra, abbiamo creato un deficit di comunicazione perché la pressione 6 è un segnale che il cavallo non conosce, per cui non sa interpretare l'eventuale messaggio che contiene e non sa come rispondere. Non solo, siccome l'applicazione della pressione 6 non è una cosa voluta da parte nostra (è frutto della nostra distrazione) e non ne siamo consapevoli, è molto probabile che pensiamo di avergli inviato il segnale corretto. Ciò che invece "capisce" il cavallo è che girare a mano destra non è più il comportamento adeguato a rimuovere la pressione che, anzi, è aumentata. Potrebbe quindi cercare altri comportamenti da attuare per arrivare a ottenere il rinforzo (la rimozione del fastidio) e noi potremo trovarci in sella a un cavallo che fa qualcosa che, dal nostro punto di vista, è incomprensibile. Un deficit di comunicazione simile si crea se ci dimentichiamo di rilasciare la redine, mantenendo la pressione a livello 4, quando esegue la volta a destra. Anche in questo caso "capisce" che girare a mano destra non è più sufficiente a rimuovere la pressione.

> Ricordiamoci che a cavallo fare e tirare è assai facile e troppo spesso nocivo; assai difficile, e quasi sempre utile, saper lasciar fare il cavallo e saper cedere in qualunque circostanza; e questo essenzialmente si deve apprendere e si deve insegnare. Chi è capace di cedere sempre saprà tirare a tempo debito e nella giusta misura.
>
> Carlo Giubbilei "Federico Caprilli, Vita e scritti", pag. 73

Queste situazioni possono rappresentare l'ingresso in un tunnel, dal quale potrebbe essere difficile uscire, perché lo stimolo (la pressione, ovvero il segnale) che gli stiamo dando per farlo girare a mano destra non è più quello che aveva associato a quel comportamento. In pratica, per chiedere quello stesso comportamento, stiamo usando "parole" diverse, che il cavallo non conosce, perciò potrebbe cercare altri comportamenti per rispondere a quello stimolo, per lui sconosciuto, fino ad arrivare a mettere in atto delle vere e proprie difese. Esistono, purtroppo, altre situazioni da cui possono scaturire errori di comunicazione, che sono spesso la conseguenza di nostri errori nell'applicazione e rimozione delle pressioni. Un'altra tipologia di errore che possiamo commettere riguarda il famoso contatto con la bocca del cavallo. Prima, però, è necessario fare un piccolo richiamo, ricordando quello che è stato detto a proposito dell'apprendimento non associativo. Il cavallo si può abituare alle pressioni che applichiamo, qualunque esse siano e in qualunque modo siano applicate, a condizione che siano leggere (maggiore è l'intensità della pressione, minore è la possibilità che vi si abitui; perchè, più elevata è la pressione maggiore è il fastidio che gli creiamo). Una delle regole dell'equitazione afferma che le mani, attraverso la tensione delle redini e l'imboccatura, devono essere sempre in contatto con la bocca del cavallo. Se vogliamo lavorare, fare esercizi, salti e altre manovre, più o meno veloci, dobbiamo essere nelle condizioni di potergli inviare i segnali in maniera rapida e precisa, in sostanza non possiamo montare con le redini lunghe, almeno in molte discipline. Anche in questo caso siamo partiti da un esempio che prevede l'uso dell'imboccatura perché, dal punto di vista didattico, facilita la spiegazione, vedremo in seguito come questi concetti si applichino a tutte le altre situazioni in cui si esercitano delle pressioni per comunicare con il cavallo. Il contatto con la bocca non è un errore e, come tutti ben sappiamo, è effettivamente vero che in tal modo possiamo inviare i nostri segnali (le pressioni) in maniera rapida per correggere ciò che sta facendo, perché, lavorando con le redini già in leggera tensione, non dobbiamo perdere tempo ad accorciarle, nel momento in cui c'è necessità di farlo. Inoltre l'azione di accorciare le redini durante un esercizio può dare esito a movimenti precipitosi e bruschi delle nostre mani, con conseguenti "strapponi" sulla bocca, che è meglio evitare. Tuttavia è indispensabile conoscere bene il significato che ha, per il cavallo, una pressione costante che agisce sulla sua bocca. Per far questo torniamo all'esempio della volta a mano destra che il nostro amico ha appreso ad eseguire mediante il condizionamento classico (con la pressione 2, dopo la fase del rinforzo negativo). Il cavallo è ora in grado di "capire" questo segnale appena lo sente e di interpretarlo nella giusta maniera. Nella continuazione del nostro lavoro in piano qualcuno ci fa notare, insistendo, che dobbiamo tenere un contatto continuo con la sua bocca, ciò vuol dire applicare una pressione costante attraverso una seppur lieve tensione delle redini. Qual è il problema cui possiamo andare incontro? Ebbene, potremmo non essere in grado di valutare adeguatamente l'entità del contatto con la bocca e, anche non volendo, correremmo il rischio di applicare una pressione non così lieve come pensiamo; potremmo anche applicare una pressione molto vicina al valore 2, in maniera costante, anche quando non inviamo nessun segnale. Ecco che il cavallo, per effetto dell'apprendimento non associativo, si abitua a questa pressione (magari dopo aver provato qualche comportamento per liberarsene, ad esempio allungando ripetutamente il collo, "chiedendo le redini"), per cui tale pressione, esercitata costantemente tramite il contatto con la bocca, con il passare delle sessioni di lavoro, non ha più alcun significato perché percepita sempre e in maniera continua, tale da assuefarlo alla sua presenza. L'intensità simile di due stimoli diversi, uno dei quali usato come segnale per la comunicazione, è, come potete capire, un rischio. Rischiamo che il cavallo perda la capacità di distinguere i due livelli di pressione, che non sia in grado di discriminare fra il segnale di volta a mano destra e il contatto continuo con la sua bocca che invece non gli comunica niente. È un po' come trovarsi in un luogo dove c'è molto rumore (un concerto rock o una discoteca per esempio) e dover parlare con qualcuno. È ovvio che dovremo alzare molto la nostra voce perché, se parliamo normalmente, le nostre parole si confondono nel rumore e il nostro interlocutore potrebbe non sentirle. È, questa, una situazione in cui è molto difficile comunicare con qualcuno, a causa di un "rumore di fondo" che disturba i nostri segnali vocali. Anche in questo caso ci troviamo di fronte a un deficit di comunicazione, per cui inviare il segnale contenente il messaggio "volta a mano destra" diviene inefficace. Il cavallo non esegue la volta a mano destra perché, molto semplicemente, non è in grado di discriminare (distinguere) quale, fra i due segnali, è quello da associare alla volta e in quale momento: non è in grado di distinguere la nostra "parola" a causa di un "rumore di fondo" che non gli permette di sentirla.

> Ed a furia di studi, di prove e di sbagli, ci siamo accorti che l'origine di tutti i guai era la mancanza di libertà di mano. Ed ora noi cerchiamo specialmente in questo ultimo periodo, di montare con redini assai più lunghe e di avanzare quanto più ci è possibile i pugni in direzione della bocca, in maniera che il cavallo possa distendere quanto vuole la testa ed il collo, senza pericolo di ricevere urto dalla mano.
>
> Carlo Giubbilei "Federico Caprilli, Vita e scritti", pag. 174

Un piccolo inciso per quanto riguarda le monte da lavoro, per le quali si potrebbe pensare che non ci sia contatto continuo con la bocca o comunque con il muso del cavallo. È vero, ma quello che vediamo è il risultato finale dell'addestramento, mentre all'inizio si usa sempre la tensione delle redini, sia con imboccatura, sia senza (vedi bosal o altre briglie simili).

> Tutti i difetti che si riscontrano nelle bocche presso l'ostacolo, che sono tutti difetti causati dalla mano dei cavalieri, sono i medesimi che si riscontrano in piano quando si istruiscono i cavalli; concedete quelle libertà di cui le cavalcature hanno bisogno per equilibrarsi e vedrete i difetti scomparire per incanto e senza bisogno di altri mezzi.
>
> Carlo Giubbilei "Federico Caprilli, Vita e scritti", pag. 249

Lo stesso, identico problema lo possiamo incontrare con l'aiuto di gamba come rinforzo secondario. Oltre al contatto costante delle mani con la bocca, un'altra strana tendenza durante il lavoro in piano è continuare a "dare gambe", per "mantenere l'impulso", anche quando il cavallo sta tenendo l'andatura voluta in maniera corretta. L'abitudine di dondolare le gambe, toccandogli frequentemente il costato, ma anche semplicemente un eccessivo uso degli aiuti di gamba, può creare quel "rumore di fondo" che lo induce ad assuefarsi a una pressione che non invia nessun segnale. Anche in questo caso il cavallo, molto probabilmente, non riuscirà a distinguere il segnale (la pressione) che gli inviamo per chiedergli la volta a mano destra o altri esercizi. In tutti questi casi, invece di "mettersi a urlare", aumentando le pressioni, potrebbe essere utile fermarsi a riflettere su dove stiamo sbagliando e ripartire da uno scalino più basso dell'addestramento (perché, ricordiamocelo, l'assuefazione può sparire se il cavallo per un certo periodo non sente la pressione a cui si è abituato). La stessa, identica situazione si può presentare con le briglie senza imboccatura, come l'hackmore e le sue varianti, o altre briglie senza morso, ma anche per la semplice cavezza, il frustino, e via così. Ovviamente, problemi simili si possono avere anche con la redine d'appoggio. Cambiare il modo di tenere le redini con una sola mano oppure variare in continuazione il punto di appoggio della redine sul collo, sono condizioni che possono portare il cavallo a un problema di discriminazione fra stimoli diversi che per noi, invece, hanno un solo significato (ci aspettiamo che esegua un preciso comportamento), mentre lui può avere difficoltà a sentire il nostro segnale e perciò non essere in grado di interpretare il messaggio e rispondere nella maniera corretta. La differenza fra imboccatura, aiuti di gamba, frustino, redine d'appoggio sta solamente nel punto del corpo del cavallo dove si applicano le diverse pressioni. Il tipo di problema che possiamo innescare, non avendo la conoscenza di ciò che facciamo, è lo stesso, e il deficit di comunicazione che ne consegue è solamente causa nostra;, basterebbe un po' di umiltà per capirlo e magari avere la motivazione per conoscere come funziona veramente la sua mente.

> ...ed io mi chiedo come farà il cavallo a capire cosa si vuole da lui, se con l'identica azione gli si chiedono due cose opposte?
>
> Carlo Giubbilei "Federico Caprilli, Vita e scritti", pag. 254

Proviamo a fare un esempio per riassumere e spiegare meglio da cosa può originare un deficit di comunicazione, scegliendo una situazione improbabile nella realtà, ma che si presta bene dal punto di vista didattico. Immaginiamo di aver addestrato il cavallo a girare a mano destra o sinistra, ad avanzare o fermarsi, tramite l'uso di carezze. Una carezza sul collo a sinistra per farlo girare a mano sinistra, una sulla criniera per fermarsi e così via (dal punto di vista etologico è possibile addestrarlo così). Da esseri umani, potremmo pensare che questa sia la condizione ideale per il suo "benessere": niente briglie o imboccature, niente speroni ne frustini. Non è assolutamente così. Anche da questa situazione, in teoria da tutti auspicabile (soprattutto da chi tende a umanizzare il cavallo), può scaturire un deficit di comunicazione, che può portarlo a provare frustrazione e confusione. Proviamo a pensare a quante volte qualcuno gli si è avvicinato e gli ha dato una carezza sul collo. Il nostro cavallo, essendo addestrato a girare sentendo un leggero tocco della mano sul collo, non sarebbe in grado di discriminare (distinguere) la carezza data per altri motivi da quella per farlo girare, ed è molto probabile anche che non riesca neppure a distinguere la carezza per girare dall'azione della spazzola, a causa della generalizzazione. La conseguenza sarebbe di nuovo quella già accennata in precedenza: molto probabilmente il cavallo avrebbe comportamenti ritenuti da noi non idonei alle richieste che gli facciamo. Di nuovo ci troveremmo all'imbocco del tunnel, cercando il modo per imporre comunque la nostra volontà, magari arrivando, per tentativi, a usare imboccature molto dure e speroni in maniera impropria, partendo da una carezza. Ecco che, seppur in buona fede, in realtà lo abbiamo messo in una condizione di disagio.

Purtroppo ci sono altre, e forse più gravi, cause che possono portare a un deficit di comunicazione e, in questo capitolo, dobbiamo e vogliamo dire di più in tal senso perché i problemi che abbiamo appena elencato non sono gli unici che si possono incontrare. Facciamo qualche passo indietro, vi ricordate di Pavlov? Il suono del campanello diventava sufficiente ad annunciare l'arrivo del cibo e i cani iniziavano a salivare al solo sentirlo. Abbiamo sfruttato la potenza del condizionamento classico per far sì che il cavallo apprenda a girare a mano destra, sentendo una leggera pressione della redine corrispondente, dopo che era stato applicato il rinforzo negativo. Vi ricordate? La pressione 2 che prediceva al cavallo l'arrivo del rinforzo, ovvero la rimozione della pressione 4. Abbiamo detto, però, che anche la pressione della gamba poteva essere usata, sempre dopo l'applicazione del rinforzo negativo, come segnale per inviare il messaggio di volta. Sia la leggera pressione in bocca, sia la pressione con la gamba sono rinforzi secondari, in grado, dopo il processo di applicazione del rinforzo negativo, di predire al cavallo l'arrivo del rinforzo primario, vale a dire la scomparsa della pressione 4 dalla bocca (la rimozione del fastidio). Poi abbiamo detto che a un certo punto ci siamo distratti e, durante la fase di applicazione del rinforzo negativo, abbiamo commesso un errore, applicando una pressione maggiore (6) di quella che era stata associata alla volta (4). Già questo è un errore di comunicazione, perché la pressione 6 è un segnale nuovo che il cavallo non conosce e perciò non ha associato a un suo comportamento. Supponiamo adesso che la pressione 6 sia troppo elevata e che provochi dolore o comunque un fastidio molto intenso; ebbene in questo caso è probabile che, a causa del nostro errore, il cavallo associ (attraverso il condizionamento classico) la leggera pressione che avrebbe dovuto annunciargli l'arrivo del rinforzo (cioè il sollievo della rimozione della pressione dalla bocca), con l'arrivo di un dolore o di un fastidio intenso. Ciò lo potrebbe portare a manifestare in seguito comportamenti di difesa già alla sola applicazione della leggera pressione 2, cosa che ai nostri occhi sembrerà del tutto incomprensibile e che etichetteremo, quasi certamente, come il frutto di un cavallo "difficile" da gestire, irruento e che, magari, ha bisogno di maggior coercizione.

Questa situazione è la stessa che si presenta quando un cavallo, appena qualcuno si avvicina al suo fianco con una siringa per l'iniezione, inizia a difendersi, prima ancora di essere stato toccato per inserire l'ago. Ne abbiamo accennato quando abbiamo parlato del campo visivo. In pratica, attraverso il condizionamento classico e dopo alcune esperienze d'iniezioni che ha percepito come negative, perché dolorose, il cavallo associa alcuni stimoli ambientali (la vista della siringa che da sola non avrebbe alcun significato, ma anche di una persona o l'odore del disinfettante) alla comparsa di dolore. Bastano pochissime esperienze d'iniezioni dolorose per creare quest'associazione, anche una sola è sufficiente a condizionarli se è stata ritenuta un'esperienza molto negativa, pericolosa per la sua incolumità. In sostanza, grazie al condizionamento classico, il cavallo può attuare dei comportamenti di difesa prima che arrivi lo stimolo vero e proprio, che porta il dolore. Questo tipo di comportamento si definisce di anticipazione, è la conseguenza dell'apprendimento associativo e la base del condizionamento alla paura. Sono comportamenti molto importanti dal punto di vista evolutivo, perché consentono agli animali di attuare risposte di fuga o difesa, in anticipo, prima dell'arrivo di eventi biologicamente rilevanti. Si capisce facilmente che, per difendersi o scappare in maniera efficace, è molto importante sapere in anticipo se ciò che sta per arrivare è un dolore o un pericolo. Questi comportamenti possono diventare un grosso problema, perché potremmo trovarci di fronte un cavallo che mette in atto delle difese, anche molto intense, senza che, ai nostri occhi abbia un motivo per farlo.

Purtroppo l'elenco dei possibili errori che possiamo commettere non è finito. L'uso contemporaneo di stimoli diversi può portare all'insorgenza del blocking o dell'overshadowing durante il lavoro in sella o anche da terra. Quando somministriamo due o più stimoli contemporaneamente (in maniera intenzionale oppure no), dobbiamo essere coscienti del fatto che il cavallo potrebbe "scegliersi" quale dei due gli predice meglio l'arrivo del rinforzo (la rimozione della pressione) perché uno dei due è (secondo lui) più evidente e meglio definito, oppure perché lo conosce già e lo ha già associato a una determinata risposta. Tornando alla famosa pressione sulla redine potrebbe accadere che, mentre eseguiamo la procedura per far associare l'aiuto di gamba (come rinforzo secondario) alla volta, allo stesso tempo si contragga il nostro gluteo oppure si appoggi la redine sul collo o si fornisca al cavallo un qualsiasi altro stimolo, anche con la voce (è importante sottolineare che questi che gli diamo insieme al rinforzo secondario sono stimoli di cui spesso non siamo consapevoli, cioè che non vogliamo intenzionalmente somministrargli ma che applichiamo senza rendercene conto). Esiste la possibilità che uno di questi stimoli "metta in ombra" o "blocchi" lo stimolo che invece vogliamo che il cavallo associ alla volta (l'aiuto di gamba). Ciò accade perché uno di questi è in realtà più evidente, semplice e coerente e il cavallo lo capisce meglio. La conseguenza è che, di nuovo, non farà ciò che desideriamo (non entrerà in volta con l'aiuto di gamba) oppure entrerà in volta senza che noi gli inviamo il segnale di gamba, o ancora farà qualcosa di diverso perché si è creato una sua associazione, al di fuori del processo di addestramento attuato. Ciò ci sembrerà ancora l'atteggiamento di un cavallo "difficile", da correggere in qualche maniera, mentre ha solo usato i meccanismi naturali dell'apprendimento: siamo noi che non siamo stati in grado d'instaurare una comunicazione efficace.

Nelle situazioni descritte abbiamo commesso un errore di comunicazione, molte volte senza rendercene conto. In tutti questi casi, la conseguenza potrebbe essere il tentativo da parte del cavallo di rispondere comunque ai segnali che gli inviamo, con l'esecuzione di comportamenti che, in realtà, non desideriamo compia. Pertanto, ogni volta che si somministra una pressione senza rendercene conto, potrebbe interpretarla come un segnale che gli porta un messaggio e rispondere di conseguenza con un suo comportamento, per noi inaspettato. Potrebbe essere che semplicemente, invece di girare a mano destra, continua sulla pista, oppure potrebbe flettere il collo senza eseguire la volta, ma anche portare la testa al vento, incappucciarsi, fino ad attuare vere e proprie difese. Le conseguenze di ciò possono essere molto gravi. Potremmo trovarci coinvolti in una spirale in cui, a un nostro iniziale e spesso inconsapevole errore, dovuto alla mancata conoscenza del significato delle nostre azioni e alla conseguente mancata risposta del cavallo, potrebbe far seguito un aumento della pressione, attuato perché pensiamo che il cavallo sia svogliato o perché "adesso deve sentire il polso", o per altre mille spiegazioni che ci diamo (che spesso non hanno niente a che fare con ciò che accade nella sua mente). Spiegazioni sbagliate, perché la situazione che si è venuta a creare è dovuta unicamente a un nostro errore. È come se per chiedere a una persona di sedersi, gli dicessimo "affacciati alla finestra" e ci aspettassimo che si sieda.

...ne si prescriverebbe il morso come imboccatura normale per tutti i cavalli e per tutte le circostanze, imponendone talvolta l'uso esclusivo (a due redini) anche se proprio allora il cavallo avesse bisogno per andar bene d'esser preso con leggerezza e di non essere infastidito in bocca.

Carlo Giubbilei "Federico Caprilli, Vita e scritti", pag. 74

Le varie situazioni che abbiamo analizzato portano a un'unica conseguenza, cui può ricondursi qualsiasi tipo di errore che facciamo: un problema (deficit) di comunicazione che è molto più frequente di quanto possiamo immaginare. Da ciò, l'importanza di osservare attentamente il comportamento del cavallo durante l'addestramento e, più in generale, ogniqualvolta lo montiamo, per rilevare e capire quei comportamenti, spesso poco evidenti, che appaiono inusuali o "strani", ovvero che non ci aspettiamo che attui in quel determinato momento o che hanno un'intensità di esecuzione diversa da quella prevista. Questi comportamenti sono il campanello di allarme che dovrebbe farci riflettere su cosa stiamo facendo. Alla fine di questo capitolo ne sono elencati una serie che i cavalli manifestano durante il lavoro in sella ma anche da terra e che sono stati scientificamente descritti come espressione di disagio o stress, dovuto alle azioni non adeguate del cavaliere, o comunque di chi lo gestisce e al conseguente deficit di comunicazione che si crea. Quando un cavallo manifesta uno di questi comportamenti, non necessariamente è a disagio o stressato, magari potrebbe essere solo infastidito da qualche insetto, e deve essere nostra cura e responsabilità osservarlo per capire se, e quando, il suo comportamento è dovuto a un'alterazione emotiva, sviluppata in seguito alle azioni non congrue del cavaliere. Quando questi comportamenti di conflitto si manifestano, dovremo fare uno sforzo per capire quale nostro errore ne è l'origine. Spesso commettiamo questi errori in maniera inconsapevole, senza rendercene conto ed è per tale motivo che la loro individuazione è molto difficile e qualsiasi comportamento diverso del cavallo potrà perciò essere incomprensibile ai nostri occhi. Nello schema a fine capitolo non sono compresi comportamenti di difesa evidenti come impennarsi, sgroppare, rampare e calciare che ci auguriamo siamo ben conosciuti e compresi nel loro significato. Se un cavallo arriva a manifestare questi gravi comportamenti di difesa con una certa frequenza quando interagisce con l'essere umano, vuol dire che la relazione è compromessa da tempo e nessuno si è accorto dei segnali precedenti.

Si dovrà osservare che i cavalieri aiutino i cavalli senza asprezza, ma usino la dovuta progressione, proporzionando sempre gli aiuti alla sensibilità del cavallo. Si badi che non irrigidiscano mai la mano in questo frattempo, ma ne rilascino anzi maggiormente la tensione dei muscoli.

S'insegni che nel trattenere in generale, e con cavalli nervosi in particolare, è utile rilasciare tutti i muscoli del corpo e specialmente quelli delle gambe, e che, obbligati qualche volta a tirare, non si debbono mai alzare le mani.

Si ricordi che non di rado il cavallo precipita per reagire all'azione troppo forte della mano, in tal caso sarà utile far cessare quest'azione, e si otterrà la cadenza cedendo.

Carlo Giubbilei "Federico Caprilli, Vita e scritti", pag. 84

Vogliamo fare un altro esempio di quanto sia facile inviare segnali sbagliati. Immaginate di avere a che fare con un cavallo che, per qualche oscuro motivo (per modo di dire, perché quando manifesta un comportamento ha sempre un buon motivo per farlo), s'impenna quando si trova in una certa situazione di lavoro in maneggio. Cos'è consigliato fare nel momento in cui lo fa? Spostare il nostro corpo in avanti e abbracciare il suo collo così da ridurre i rischi che si ribalti e noi con lui, con conseguenze molto gravi. C'è però un piccolo problema. Spostandosi in avanti con il corpo e abbracciando il collo del cavallo è normale rilasciare completamente la pressione delle redini, cioè stiamo dicendo al cavallo *"SÌ, questo è ciò che voglio"* (impennarsi). Con un nostro comportamento e in maniera del tutto inconsapevole gli stiamo insegnando a impennarsi sempre di più in futuro. Siamo convinti che qualcuno si starà chiedendo cosa si dovrebbe fare. La risposta è duplice: la "cura" è spostarsi con il nostro corpo in avanti e abbracciare il collo del cavallo (per sicurezza) ma farlo continuando ad applicare pressione sulla bocca (anzi aumentandola) anche con una sola redine (generalmente con una mano ci si tiene al collo del cavallo e con l'altra si agisce sulla redine, tirandola verso il basso) o con entrambe (ma è necessario avere l'accortezza di fare pressione verso il basso per evitare comunque il ribaltamento e non è facile), per dire al cavallo *"NO, non è questo ciò che voglio"*. Come tutte le "cure" però potrebbe non essere sufficiente, o comunque non facile da attuare e anzi, la soluzione di questo genere di problemi comportamentali deve essere attuata da cavalieri molto esperti e in nessun caso si dovrebbe far montare un cavallo che si impenna a un principiante. La "prevenzione" è la risposta giusta, vale a dire avere le conoscenze adatte di psicologia dell'apprendimento per far sì che i cavalli non sviluppino questi comportamenti di difesa durante l'addestramento e il lavoro. Nel caso dell'impennata, è probabile che abbia preso origine da un semplice comportamento di alzare testa e collo, che ha portato al rilascio delle redini, poi è diventato di alzarsi di pochi centimetri da terra con gli anteriori e anche questo ha portato al rilascio delle pressioni (che vuole sempre dire *"SÌ, questo è ciò che voglio"*), e così via fino ad arrivare al comportamento descritto sopra.

> Se invece si ammette l'uso del filetto soltanto in parte, dicendo che non tutti i cavalli si arrendono docilmente alla volontà dell'uomo, senza che questo usi verso di loro delle torture, risponderò che l'indocilità del cavallo dipende appunto dai mezzi violenti e qualche volta troppo dolorosi che il cavaliere adopera per trasmettergli la propria volontà.
>
> Carlo Giubbilei "Federico Caprilli, Vita e scritti", pag. 120

Purtroppo ciò che è messo in atto è spesso ben altro. Il ricorso a briglie sempre più dure con morsi interi e leve per amplificare l'azione delle mani anche senza imboccatura (tipo hackmore), ai gadget come redini di ritorno, chambon e martingale più o meno fisse, agli speroni (alcuni sono delle vere armi da taglio) e, più in generale, a pressioni sempre più forti, che spesso diventano vero e proprio dolore per il cavallo, origina da problemi come quelli appena menzionati ed è dovuta alla nostra incapacità di capirli. Questo non vuol dire che tutti i cavalli debbano essere montati con filetti di gomma e senza speroni (anche se sarebbe possibile e auspicabile). Ogni cavallo è un individuo a sé, per cui la risposta agli stimoli (pressioni) che applichiamo varia da soggetto a soggetto, quindi è possibile che alcuni rispondano bene a pressioni un pochino più elevate, che invece in altri innescano comportamenti di difesa.

Vogliamo sottolineare, ancora una volta, come sia fondamentale sapere quale significato hanno le nostre azioni e quando un cavallo fa qualcosa che non vogliamo o non fa ciò che desideriamo, l'errore peggiore che possiamo commettere è procedere per tentativi ("usa questo morso", "montalo con questi speroni", "fai questo con le redini", "usa il frustino così"), come se si trattasse di una moto ingolfata (comunque nemmeno per riparare le moto si va per tentativi).

> ...faccio ardentissimo voto che presto venga abolito, o quasi, il morso per essere surrogato dal filetto, cosa che fu largamente sperimentata con pieno successo...
>
> Carlo Giubbilei "Federico Caprilli, Vita e scritti", pag. 108

Possiamo senz'altro affermare che la maggior parte delle difese e dei comportamenti non desiderati che i cavalli attuano durante il lavoro hanno questa origine. Per dovere di completezza è necessario però considerare anche un'altra possibile fonte di problemi comportamentali, non originata da errori di comunicazione indotti dalle nostre azioni, ma che ha conseguenze simili, perché esiste la possibilità che, anche in questo caso, non si riesca a capirne l'origine. È indispensabile tenere in considerazione la possibilità che comportamenti anormali, di difesa, derivino da patologie sub cliniche (principalmente muscolo - scheletriche) che si manifestano solo tramite alterazioni del comportamento. In pratica, il cavallo sente un doloretto da qualche parte e si difende da tutte quelle azioni che possono peggiorarlo. Il problema diventa di difficile valutazione nel momento in cui la patologia che lo origina, essendo di lieve entità, non induce la comparsa dei segni e dei sintomi clinici tipici (ad esempio non induce zoppia o mal di schiena). Anche alcuni comportamenti anomali di scuotimento della testa (head shake) possono essere causati da infiammazione dei nervi facciali. La conseguenza è che, anche in questo caso, potremmo leggere il comportamento indesiderato come l'azione di un animale difficile che ha bisogno di essere corretto mediante l'applicazione di pressioni più elevate (con un aumento dei sistemi di coercizione). Se un cavallo manifesta comportamenti di difesa (se sgroppa o calcia non appena saliamo in sella, o cerca di non farci salire muovendosi in tutte le direzioni), soprattutto se li sviluppa nell'arco di poco tempo, la primissima cosa da fare è chiamare il veterinario, che dovrà escludere la presenza di patologie che possano essere la causa di questi comportamenti.

Volendo riassumere, ogniqualvolta ci troviamo di fronte a un cavallo che esegue comportamenti che non desideriamo, oppure non fa ciò che invece desideriamo, abbiamo due possibili strade che possiamo imboccare. La prima consiste nel trovare una spiegazione tutta nostra (è svogliato, ha bisogno di sentire il "polso", è un cavallo difficile e via così) e di conseguenza nell'aumentare le pressioni, pensando di dover far "sentire meglio" i nostri segnali. Azioni, queste, che spesso causano un successivo aumento delle difese il che esiterà in una sorta di "tira e molla", pensando che "tanto prima o poi cede". Ricordiamoci però che il cavallo può anche eseguire i nostri comandi perché costretto, ma lo farà per paura delle nostre azioni e del probabile dolore o fastidio che gli causano. Avremo così un cavallo che non può sentirsi al sicuro nell'avere un rapporto con noi e nell'averci accanto e questo non è consigliabile, né per il suo "benessere", né per il nostro e nemmeno per le performance in gara.

> Sovente il cavallo che si mette a volate e che scappa, lo fa per reagire alla mano. – Infatti cessano le volate quando cessa la tensione delle redini – ed un cavallo abituato a scappare in morso, bene spesso montato in filetto, con mano leggera e non infastidito dalle gambe, non scappa.
>
> Carlo Giubbilei "Federico Caprilli, Vita e scritti", pag. 72

L'altra via, quella che dovrebbe essere seguita, prevede, prima di tutto, l'alleggerimento di tutte le pressioni che stiamo applicando al cavallo, anche a costo di indurre un iniziale aumento dell'intensità e della frequenza dei comportamenti indesiderati. È quindi necessario analizzare attentamente il comportamento in questione, per cercare di stabilirne la causa, sempre sforzandoci di vedere il tutto dal *suo* punto di vista e considerare attentamente che tale comportamento potrebbe essere dovuto a un errore di comunicazione che abbiamo, anche se inconsapevolmente, commesso. Sarebbe quindi consigliabile ripetere il percorso di addestramento, ripartendo dalla fase del rinforzo negativo con l'applicazione delle minori pressioni possibili, con calma, pazienza e concentrandoci bene sulle nostre azioni (ricordiamoci l'importanza di dare sempre una pressione identica, cioè lo stesso segnale, per ogni comportamento, e l'importanza della tempistica di rilascio) per attuare un sistema di comunicazione efficace. Sapendo che dobbiamo re-insegnare al cavallo ad associare un preciso stimolo che gli diamo (una certa pressione che diventa per lui un segnale) a un suo comportamento corrispondente. È importante ricordarsi che questi segnali (cioè le pressioni) da fargli associare a precisi comportamenti devono essere evidenti, semplici e coerenti, cioè distinguibili dagli altri, costanti nell'intensità e nel tempo di applicazione, sempre uguali ogniqualvolta li inviamo per chiedere un certo comportamento. Speriamo, in questo capitolo, di essere riusciti a dare un'idea, seppur incompleta e solo teorica, di quanti e quali errori si possono commettere nel comunicare con il cavallo e di averlo fatto in un modo sufficientemente comprensibile. Per questo è davvero importante sottolineare ancora come anche il cavallo comunichi con noi nell'unico modo di cui dispone: attraverso il suo comportamento. È quindi fondamentale abituarsi a osservarlo quando lo montiamo e quando siamo a terra; quando notiamo comportamenti che ci sembrano incomprensibili è importante sforzarsi di capire le motivazioni che lo hanno spinto a manifestarli, tenendo presente che il suo "punto di vista" è molto diverso dal nostro. Solo così potremo renderci conto che abbiamo accanto un essere senziente e quanto sia bello imparare a conoscerlo.

Video di riferimento del capitolo: 13, 14, 15 e 16

Schema riassuntivo dei possibili comportamenti di conflitto manifestati dai cavalli durante il lavoro *

Parte del corpo	Tipo di comportamento
Comportamenti di conflitto con gli arti anteriori	Movimenti in avanti (rampare e simili, con uno o entrambi gli arti). Colpire con forza il terreno con lo zoccolo. Raspare.
Comportamenti di conflitto con gli arti posteriori	Calciare all'aria (con uno o entrambi gli arti) Colpire con forza il terreno con lo zoccolo Colpirsi l'addome con un arto posteriore
Alterazioni dell'andatura	Movimenti eccessivi e plateali della normale andatura (non richiesti). Scarti laterali. Retromarcia.
Comportamenti di conflitto con la testa	Testa portata in alto (al di sopra della linea delle spalle) Testa portata in basso (al di sotto della linea dell'addome). Appoggiarsi sulla briglia (con/senza imboccatura) e tirare in avanti Movimenti della testa ripetuti e veloci in alto, in basso o laterali. Inclinazione laterale ripetuta della testa, (la linea mediana del naso non è perpendicolare al terreno).
Comportamenti di conflitto con la bocca.	Tenere la bocca aperta (con i denti superiori e inferiori visibili) Masticare nervosamente (la bocca è aperta e chiusa alternativamente, i denti non sono visibili). Estroflessione della lingua (movimenti della lingua visibili dall'esterno) Salivazione eccessiva
Comportamenti di conflitto delle orecchie	Movimenti eccessivi e continui di rotazione di uno o di entrambe le orecchie. Movimento eccessivo e continuo di rotazione dell'orecchio dello stesso lato dove agisce una pressione (redine, gamba o altro).
Comportamenti di conflitto della coda	Movimento laterale, dorso-ventrale o circolare della coda che interrompe il movimento ondeggiante ritmico corrispondente alla normale deambulazione.

* È fondamentale sottolineare l'importanza di imparare a osservare con attenzione i cavalli e il loro comportamento. Solo così saremo in grado di conoscere bene il nostro amico e potremo capire se un suo comportamento è o no alterato. Molti dei comportamenti qui descritti possono somigliare (o essere in pratica uguali) a comportamenti del tutto normali, che i cavalli manifestano in certe occasioni (per esempio il colpirsi l'addome o i movimenti della coda dovuti a fastidiosi insetti) e che dobbiamo saper distinguere da quegli stessi comportamenti che però scaturiscono da alterazioni emotive del cavallo, dovute ad azioni non congrue del cavaliere (deficit di comunicazione) e che sono da etichettare come comportamenti di conflitto. È poi probabile che ci siano altri comportamenti che sono indicatori di fastidio o stress e che non sono compresi nell'elenco sopra esposto (anche perché ogni cavallo è un individuo a sé e può manifestare disagio e fastidio in maniera diversa dall'usuale), però se sappiamo osservare il nostro cavallo con pazienza e voglia di conoscerlo sarà facile capire quando un suo comportamento è dettato dal disagio o dal fastidio per le azioni di chi lo lavora.

Capitolo 13 – Centauri si diventa

È il momento di parlare di come stare in sella, di parlare cioè di assetto e biomeccanica. Cercheremo di farlo, però, guardando la cosa dal punto di vista del cavallo. Al quale, riteniamo, non interessa molto sapere se la linea che scende dalla spalla del cavaliere lungo l'avambraccio deve cadere nel centro del bacino, oppure se il ginocchio e la punta del piede del cavaliere sono sulla verticale al terreno, o se gli zoccoli posteriori coprono l'impronta degli anteriori al passo: riteniamo, infatti, che per il cavallo siano altre le cose rilevanti. Certo, una corretta descrizione dal punto di vista geometrico dell'assetto è molto importante, anche per i motivi che andremo a esporre, ma per questo sono stati scritti ottimi libri e articoli ai quali rimandiamo per completezza. Quando il cavaliere sale in sella il suo peso di diverse decine di chilogrammi determina la comparsa di una pressione importante che, attraverso la sella (la quale già da sola produce una pressione), si trasmette al dorso del cavallo. Nel momento in cui il cavallo si muove, questo peso va incontro a delle variazioni della distribuzione, muovendosi anch'esso in base anche all'esperienza e alla preparazione atletica del cavaliere. Tutto ciò produce delle variazioni di pressione nelle diverse parti del dorso dell'animale; variazioni che avvengono, ricordiamocelo, con il cavallo che non può vedere cosa fa il cavaliere perché, nel momento in cui si monta in sella, si scompare dal suo campo visivo.

> Il sedere in qualche caso eccezionale serve pure a prendere consistenza, ma in massima se è vicino alla sella alleggerirà il cavallo e faciliterà la sua azione, se è premuto invece contrarierà.
>
> Carlo Giubbilei "Federico Caprilli, Vita e scritti", pag. 247

Dobbiamo essere consapevoli che nel momento in cui montiamo in sella, il nostro corpo esercita delle pressioni sul cavallo, esattamente come gli aiuti di mano e di gamba, che cambiano di posizione e d'intensità a seconda di quali e quanti movimenti facciamo. La nostra posizione, la nostra postura, la nostra elasticità o rigidità e il nostro senso di equilibrio daranno origine a delle pressioni che potranno essere usate dal cavallo come rinforzi primari (nel momento in cui un cavallo disarciona il proprio cavaliere queste pressioni scompaiono, portandogli un beneficio evidente, secondo il suo punto di vista) oppure come rinforzi secondari (la tensione più leggera della redine o la contrazione dei glutei o altro). Per mantenere una buona possibilità di comunicazione, è molto importante saper gestire al meglio le pressioni date dalla posizione del cavaliere in sella, e questo farà sì che il cavallo si abitui a un livello minimo di pressioni (quelle dovute al solo stare in sella, che non comunicano niente) e nello stesso tempo si mantenga sensibile per le altre pressioni, date dal cavaliere in maniera intenzionale e usate come segnali all'interno della comunicazione.

> ...l'istruttore insegnerà che le mani debbono essere tenute naturalmente ed il più possibile vicine e ferme lateralmente al garrese, e che in tutti i movimenti, e nelle reazioni che il cavaliere riceve, esse debbono sempre mantenersi basse e pronte a cedere in direzione della bocca, per permettere al cavallo di prendere la posizione di collo che più gli conviene, senza ricevere un urto sulle barre, ma avendo sempre lo stesso leggerissimo appoggio. Questa è la cosa più importante e nello stesso tempo più difficile ad essere fatta sempre e bene, e su di essa bisogna che l'istruttore non si stanchi di insistere fin dal principio.
>
> Carlo Giubbilei "Federico Caprilli, Vita e scritti", pag. 79

L'assetto

Per questo diventa importante capire l'assetto del cavaliere dal punto di vista del cavallo. Si vedono cavalieri che sembrano un tutt'uno con il proprio cavallo, sembra che quasi non si muovano, eppure eseguono esercizi molto complessi. Questo è il risultato di un addestramento che ha instaurato un canale di comunicazione efficace fra cavallo e cavaliere, e di un lavoro evidente, semplice e coerente. Durante il lavoro in sella l'evidenza, la semplicità e la coerenza dei nostri segnali sono il fattore più importante e nello stesso tempo più difficile da ottenere perché non è semplice dare al cavallo segnali simili attraverso le pressioni quando queste sono influenzate dal nostro "barcollare".

Possiamo insegnargli a girare a mano destra con la pressione del nostro gluteo destro (che diventa un rinforzo secondario). La pressione del gluteo, anche se leggera, dovrà scomparire nel momento in cui il cavallo avrà eseguito la volta applicando così il rilascio della pressione; quindi il nostro assetto dovrà tornare nella posizione neutra, cioè in una posizione che non comunica niente. La pressione del gluteo deve essere sempre uguale, applicata nel solito punto e con lo stesso movimento, ogniqualvolta s'invia al cavallo questo segnale. Questa è l'essenza dell'assetto dal punto di vista del cavallo: la capacità di somministrare pressioni, necessarie per il processo di comunicazione, senza interferenze dovute a perdite di equilibrio o a movimenti anomali del cavaliere. Purtroppo per noi c'è l'elemento "movimento del cavallo" che rende tutto molto più complesso ed è, per tale ragione, facilmente intuibile come anche il nostro corpo debba muoversi insieme al cavallo, per seguirne e assecondarne il movimento. Perciò il nostro bacino dovrà essere il più fermo possibile rispetto alla sella (senza muoversi rispetto a essa, seguendo però il movimento del cavallo), con l'elasticità della nostra schiena (in particolare della regione lombare) che diventa fondamentale per permetterci un'accurata sensibilità di movimento.

> E bisogna che durante l'esercizio l'istruttore ponga gran cura nel combattere la rigidezza, sotto qualunque aspetto ed in qualunque parte del corpo si manifesti, poiché essa finisce sempre per propagarsi alle mani, producendo così un'azione dolorosa sulla bocca del cavallo che si trasmette alle reni.
>
> Carlo Giubbilei "Federico Caprilli, Vita e scritti", pag. 81

Il baricentro del cavallo è posto circa al centro del torace, sulla linea mediana, poco dietro il piano delle spalle (ovviamente ci sono lievi differenze individuali e di razza, dovute alla diversa anatomia). Ciò che è fondamentale per un buon assetto è che il nostro baricentro sia più possibile sovrapposto (sulla stessa linea verticale e perpendicolare al terreno) a quello del cavallo. Questa norma si trova in tutti i libri e gli scritti riguardanti l'assetto in sella. Ciò che però è importante avere ben chiaro è perché il baricentro del cavallo e il nostro, pur essendo su piani diversi, devono essere più possibile allineati sulla verticale. Ogni volta che il nostro baricentro si scosta dalla verticale di quello del cavallo (a causa di una perdita di equilibrio oppure per un movimento, volontario o involontario, in sella) si forma un vettore (momento della forza) che aumenta la pressione del nostro corpo sulla schiena del cavallo in maniera direttamente proporzionale alla distanza (braccio della forza) che si crea tra i due baricentri. Questo tipo di vettore è anche detto in fisica, "momento torcente" perché determina una forza di torsione attorno al fulcro, che in questo caso è rappresentato dal baricentro del cavallo. In tal modo si applica una pressione di torsione, che può essere anche di elevata intensità e che il cavallo può interpretare a suo piacimento, dal punto di vista della comunicazione, oppure, se improvvisa e particolarmente elevata, può provocare un movimento repentino da parte del cavallo, di sottrazione da essa nella direzione opposta. Il nostro baricentro deve rimanere quanto più possibile in linea con quello del cavallo anche in funzione della velocità e della direzione del movimento. Per esempio, da questo punto di vista, l'assetto ideale sarebbe quello dei fantini delle corse al galoppo, perché la posizione molto raccolta e schiacciata sul dorso del cavallo fa sì che i due baricentri siano allineati e vicini e che lo rimangano anche a velocità di galoppo sostenuto, dando compattezza e stabilità al binomio. E tutto questo nonostante il fantino di fatto non inforchi la sella: ovviamente l'assetto del fantino è funzionale alla stabilità in sella, non a fornire segnali efficaci, perché nelle corse al galoppo non c'è necessità che il cavallo esegua movimenti complessi.

Non c'è solo da considerare la posizione del nostro baricentro rispetto a quello del cavallo: è indispensabile considerare attentamente anche la posizione di mani e gambe, nel loro rapporto con la testa, la bocca e il torace del cavallo. In realtà, mentre il nostro bacino deve assecondare i movimenti a tutte le andature, le gambe e le mani dovrebbero essere sempre nella stessa posizione relativa rispetto ai punti del corpo del cavallo su cui queste andranno ad agire. Tornando per un attimo alla comunicazione, abbiamo detto che questa avviene mediante le pressioni che, tramite l'apprendimento associativo, diventano dei segnali che il cavallo è in grado di interpretare, per rispondere nella maniera che desideriamo. Affinché ciò sia possibile, e per essere riconoscibile, un segnale (una pressione) che il cavallo abbia associato a un suo preciso comportamento (tramite il rinforzo negativo o con il condizionamento classico nella fase successiva) deve essere sempre uguale e costante. Per la volta a mano destra, la pressione 4 nella fase del rinforzo negativo, oppure la pressione 2 che il cavallo ha associato come rinforzo secondario, dovranno essere sempre uguali per intensità, tempistica e modo di applicazione, per far sì che il segnale sia sempre uguale. Se per applicare una di queste due pressioni, all'inizio teniamo la mano che mette in trazione la redine a lato del garrese, e la volta successiva venti centimetri più in alto e di lato, sarà difficile che il cavallo interpreti questo secondo segnale come uguale al primo, anche se hanno la stessa intensità e sono somministrati con la tempistica giusta. Pertanto dobbiamo metterci in condizioni fisiche tali che si sia in grado di dare i segnali corretti in qualsiasi momento e nel solito modo: in pratica le nostre mani e le nostre gambe dal ginocchio in giù, dovranno avere sempre la stessa posizione relativa rispetto alla testa e al costato del cavallo. Se la testa del cavallo si muove, le mani dovranno seguirla, per trovarsi sempre nella stessa posizione rispetto al punto d'inserzione delle redini dove agiscono le pressioni (che sia la bocca o altre parti della testa del cavallo a seconda del tipo di briglia). Siamo pronti a scommettere che, per il cavallo, l'elemento essenziale dell'assetto è stare in sella in maniera automatica, neutra e rilassata, senza generare pressioni (eccetto quella dovuta alla semplice presenza del cavaliere in sella, alla quale il cavallo si abituerà) quando non gli diamo alcun segnale. Il nostro bacino e le nostre cosce saranno "di proprietà" del cavallo e dovranno assecondarne i movimenti per dare stabilità al nostro baricentro, mentre mani e gambe avranno sempre *una* posizione di reciprocità fisica con le parti del suo corpo dove andranno ad agire con l'esecuzione degli aiuti. L'acquisizione di un assetto corretto, neutro, è di fondamentale importanza per fare richieste (inviare i segnali tramite le pressioni) e rispondere in maniera appropriata (rimuovendo quelle pressioni al momento giusto) al proprio cavallo.

Per vedere le cose da un altro punto di vista, pensiamo adesso al nostro assetto nel modo più tradizionale e peggiore. Siamo tendenzialmente molto rigidi (spesso senza rendercene conto), facciamo molto affidamento sulla presenza delle staffe per acquisire stabilità e se diciamo a un amico di guardare la nostra schiena mentre siamo in sella, ci possiamo rendere conto che siamo spesso sbilanciati e poco attenti ai movimenti che facciamo. La tecnologia oggi ci dice che il nostro senso dell'equilibrio spesso non è veritiero e alcune misurazioni fatte sulla forza esercitata sulle staffe indicano che ci sono delle asimmetrie piuttosto importanti sulla distribuzione del peso fra le due staffe, anche quando riteniamo di essere "in assetto". Non solo: le redini (e questo è veramente un grosso problema per il cavallo) sono troppo spesso considerate come una specie di maniglia cui tenersi ogniqualvolta si presenta un'alterazione dell'equilibrio in sella. La prassi di cercare di tenerle quando si cade (che si vede spesso nel salto ostacoli), se da un lato ha una sua ragione per impedire al cavallo di andarsene a spasso è, dal punto di vista della psicologia dell'apprendimento, un errore molto grave perché così facendo si somministrano al cavallo tali e tante pressioni, spesso dolorose, che possono addirittura avere effetti controproducenti gravi, e il cavallo potrebbe apprendere che, quando il cavaliere si trova in una certa posizione da terra, gli sono somministrate delle pressioni molto forti, e potrebbe usare altri segnali come rinforzi secondari per sottrarvisi, generalizzando magari il comportamento anche in situazioni molto diverse rispetto al campo gara.

> È dunque essenziale che il cavaliere lo lasci fare ed accompagni passivamente il movimento di estensione della testa e del collo col portare innanzi le mani senza muoverle lateralmente. Il corpo sarà mantenuto fermo e d'appiombo, e le gambe, se sarà necessario, pulseranno opportunatamente e con forza crescente, (...) ma ricordisi che ciò facendo, l'appoggio deve essere, come sempre, leggerissimo. (...) il cavaliere porterà il busto proporzionatamente indietro, e, se il cavallo va bene, farà cessare l'azione delle gambe abbassando molto i talloni per evitare di toccare il cavallo cogli sproni, e conserverà le mani ferme e basse mantenendo un leggero appoggio sulla bocca.
>
> Carlo Giubbilei "Federico Caprilli, Vita e scritti", pag. 85

Tutti questi elementi determinano inevitabilmente l'insorgenza di pressioni, spesso asimmetriche, cui il cavallo si può abituare se non sono troppo elevate e alle quali non darà più importanza. Questo può portare allo stesso problema del contatto sulla bocca, determinando una sostanziale incapacità da parte del cavallo di distinguere queste pressioni che non comunicano niente, da quelle invece necessarie per inviargli segnali riguardanti l'esecuzione dei vari esercizi. Oppure se sono troppo elevate, potrebbero innescare comportamenti di difesa mirati a liberarsene, ricordiamoci sempre che ogniqualvolta un comportamento sarà funzionale a togliere il cavallo dalla pressione, quel comportamento sarà quasi certamente ripetuto in futuro. Vediamo adesso cosa succede alle tre andature e cosa possiamo fare per:

1) avvicinarci più possibile all'assetto ideale dal punto di vista del cavallo,
2) cercare di sfruttare il suo normale movimento per indirizzare il comportamento stando in sella e mettere in pratica delle strategie che gli rendano più facile rispondere alle nostre richieste.

Abituiamoci a lavorare con un amico a terra e chiediamogli se il nostro assetto è adeguato.

Passo

Il passo è un'andatura a 4 tempi e 4 battute, che si muove in sequenza laterale portando in appoggio posteriore sinistro - anteriore sinistro - posteriore destro - anteriore destro. Il passo, troppo spesso sottovalutato dal punto di vista didattico, è invece l'andatura più importante per "sentire" il cavallo dalla sella. È al passo che s'impara a capire come si muove il cavallo sotto di noi, senza la necessità di dover guardare o ascoltare i suoi movimenti. La prima cosa da fare è abituare il nostro corpo a muoversi insieme al cavallo, per aiutarci a tenere il nostro baricentro in linea con il suo. Il nostro bacino dovrà essere ben aderente alla sella (senza muoversi rispetto a essa) e leggermente in avanti (non appoggiarsi sulla paletta in condizioni normali perché così facendo il nostro baricentro è già spostato rispetto a quello del cavallo). Mantenere quest'assetto ci permetterà anche di avere informazioni sulla sua andatura e su eventuali alterazioni di questa, ma anche su quali arti sono in appoggio o in sospensione.

Al passo avremo un'oscillazione del nostro bacino alternativamente in avanti verso il garrese e indietro verso la groppa. Il nostro bacino sarà sospinto in avanti ogniqualvolta il cavallo appoggerà un arto anteriore (con il posteriore in sospensione), mentre sarà sospinto indietro verso la groppa ogni volta che appoggerà un posteriore. L'azione del posteriore è più difficile da percepire ma è fondamentale assimilare, comprendere e sentirne i movimenti (allenarsi a farlo) perché le andature partono dal posteriore, e abituarsi a sentirle stando in sella (senza abbassare la testa o sporgersi a guardare) ci sarà molto utile. Il collo e la testa del cavallo funzionano da bilanciere e al passo si muovono avanti e indietro, verso destra o sinistra, secondo quale arto è in appoggio. Quando il cavallo appoggia il posteriore destro, la sua incollatura sarà distesa in avanti leggermente spostata verso destra e viceversa, e il nostro bacino dovrà assecondare tutti questi movimenti. Il movimento dell'incollatura deve, perciò, essere seguito dalle mani che tengono le redini. Come abbiamo accennato sopra, è molto importante farlo perché altrimenti è difficile mantenere un contatto costante con la bocca del cavallo (o altre parti della testa) in maniera tale che la pressione sia la minima possibile, quasi impercettibile, e che il rapporto di reciprocità fra mani e testa sia sempre uguale (cioè siano sempre nella stessa posizione relativa). In particolare, manderemo avanti le nostre mani, che tengono le redini, quando il nostro bacino andrà indietro e le sposteremo verso il nostro bacino quando quest'ultimo andrà in avanti, assecondando in tal modo i movimenti dell'incollatura. L'incollatura, come abbiamo detto, non si muove solo avanti e indietro e le nostre mani dovranno seguire anche i lievi movimenti laterali che compiono la testa e il collo del cavallo, secondo quale arto anteriore appoggia. Pertanto, ogni volta che il nostro bacino andrà indietro (ossia quando il cavallo appoggia un posteriore, per esempio il destro) le nostre mani dovranno andare in avanti e leggermente verso destra (al passo, l'anteriore destro è la battuta successiva al posteriore destro) perché il suo collo sarà disteso in avanti, verso destra, e subito dopo il nostro bacino si sposterà in avanti e le mani indietro (appoggio dell'anteriore destro e fase di sospensione del posteriore destro).

> ...era continuamente raccomandata l'elasticità del polso per assecondare a tutte le andature il movimento della testa del cavallo, mantenendogli ogn'ora lo stesso appoggio leggerissimo in bocca.
>
> Carlo Giubbilei "Federico Caprilli, Vita e scritti", pag. 204

Passiamo adesso a valutare la parte inferiore del corpo del cavaliere. Le ginocchia sono aderenti ai quartieri della sella, ma la loro pressione non può e non deve essere costante, perché altrimenti avremo l'innalzamento delle ginocchia stesse e la tendenza a scivolare fuori dall'inforcatura. Questa condizione è del resto piuttosto intuitiva: infatti, se proviamo a stringere con le dita una superficie sferica in prossimità del diametro (per esempio una pallina da ping pong) la possibilità che scivoli via è piuttosto alta. Allo stesso modo se confidiamo solo sulla forza esercitata con le ginocchia sui quartieri della sella per tenere la posizione rischiamo in realtà proprio che l'assetto sia compromesso, o comunque più difficile da mantenere, e soprattutto rischiamo che sia necessario un notevole sforzo fisico da parte nostra; condizioni, queste, controproducenti, impegnative dal punto di vista energetico e poco funzionali a garantire una buona comunicazione. In realtà le ginocchia dovranno essere ben aderenti ai quartieri della sella (o comunque al costato del cavallo) e in posizione più bassa possibile per avere una migliore inforcatura, ma senza che il cavaliere vi eserciti una forza fisica data dalla contrazione della muscolatura. Il punto di contatto dovrà essere la parte antero-mediale, vale a dire il contatto dovrà essere mantenuto con la parte interna e anteriore del ginocchio, questo aiuterà una corretta posizione del piede, che più facilmente potrà essere tenuto parallelo al costato del cavallo (è fondamentale che tallone e polpaccio non siano a contatto con il cavallo, quando il cavaliere non dà nessun segnale con gli aiuti di gamba). Stando invece con la punta dei piedi rivolta verso l'esterno, rischiamo di toccare il cavallo, dandogli pressioni non volute a causa della troppa vicinanza del tallone e del polpaccio al suo costato; inoltre con le punte dei piedi rivolte in fuori le nostre ginocchia tenderanno ad aprirsi staccandosi dalla sella e indebolendo così l'inforcatura.

> Noi insegniamo dunque tanto all'istruttore come al soldato nei piccoli spostamenti di equilibrio per piccoli che sieno a concedere sempre la libertà richiesta dal cavallo col portare la mano avanti, e se la mano avanti non basta ed il cavallo viene urtato in bocca nei forti cambiamenti di equilibrio, si deve permettergli una maggiore libertà con l'aprire le dita e far scorrere le redini in modo che ne siano concesse quanto ne richiede il movimento di bilancia.
>
> Carlo Giubbilei "Federico Caprilli, Vita e scritti", pag. 250

È grazie alla corretta posizione e azione delle ginocchia che possiamo mantenere il nostro baricentro in linea con quello del cavallo. Ad esempio, se il cavallo scarta improvvisamente verso destra, dovrà essere il nostro ginocchio destro che si dovrà automaticamente "appuntare" (appoggiandosi al quartiere della sella, o nel caso si monti senza sella, poco dietro il piano delle spalle) per mantenere il nostro bacino in equilibrio. In tal modo il nostro bacino sarà trascinato e seguirà il movimento laterale, rimanendo nella stessa posizione rispetto al cavallo. Invece la maggior parte delle volte succede che il ginocchio destro si apre e si alza perché facciamo affidamento sulla staffa e ciò porta inevitabilmente a un disallineamento del nostro baricentro rispetto a quello del cavallo. È fondamentale, perciò, ricordarsi che sono le ginocchia che portano e mantengono il nostro bacino in linea con il baricentro del cavallo e non le staffe. Arrivare a collegare e coordinare ognuno di questi movimenti all'altro e in maniera indipendente è importante per fare richieste evidenti, semplici e coerenti e non influenzate dal semplice stare in sella. Tutto questo è legato a fluidità, elasticità e scioltezza di movimenti che li rendono non meccanici né forzati, ma belli da vedere, amalgamando due corpi in un unico movimento. La partenza di questo movimento armonico è data sempre dal cavallo e il nostro corpo lo dovrà seguire; è paragonabile all'ingranaggio iniziale del meccanismo di un orologio che, messo in azione, fa muovere in sincronia tutti gli altri ingranaggi (che nel nostro caso sono il bacino, le braccia, le mani e tutto il nostro corpo). Prestare attenzione a questi concetti e seguire certi movimenti del cavallo all'inizio potrà sembrare difficile e complicato stando in sella. Se, però, ci applichiamo con attenzione e costanza, allenandoci a tenere un certo tipo di postura in sella, dopo un primo periodo di difficoltà le cose saranno semplici e automatiche. Dobbiamo arrivare proprio a questo: un assetto automatico che, senza contrazioni muscolari e forzature, ci permetta di rimanere in equilibrio con il cavallo senza fare richieste (senza inviare segnali): così facendo il nostro bacino seguirà automaticamente il cavallo, facendoci percepire qualsiasi variazione del suo movimento, non solo per capire come si stanno muovendo i suoi arti, ma anche per apprezzarne rigidità, ritardi e zoppie. È un po' come imparare a guidare una moto: all'inizio dobbiamo concentrarci per coordinare l'azione della mano che gestisce la frizione e del piede che gestisce il cambio ma, passato il periodo iniziale, tutto diviene automatico e guideremo la nostra moto senza rendercene conto.

Trotto

Il trotto è un'andatura a due tempi e due battute, anche se potremmo considerarla a tre tempi perché è spesso presente un seppur breve tempo di sospensione, più evidente nel trotto di scuola. Il cavallo, con quest'andatura, si muove per bipedi diagonali (posteriore sinistro e anteriore destro; posteriore destro e anteriore sinistro). È un'andatura simmetrica, bilanciata e l'incollatura non si muove, disegnando una linea retta nello spazio; non a caso il trotto è l'andatura di elezione per le visite di zoppia, perché oscillazioni della testa a quest'andatura significano una perdita della simmetria del movimento dovuta alla presenza di dolore in uno degli arti. Pertanto, contrariamente al passo, le nostre mani dovranno rimanere ferme affinché la posizione relativa fra la mano del cavaliere e la bocca del cavallo sia sempre costante e garantisca il minimo contatto possibile (pressione impercettibile). Per questo motivo quando si batte la sella, le braccia dovranno essere ben aderenti al nostro corpo per dare stabilità alla posizione degli avambracci e i gomiti si dovranno aprire per far sì che le nostre mani rimangano ferme nella posizione voluta (sopra il garrese, una per lato e sulla stessa linea) e in rapporto di reciprocità con la testa del cavallo.

Una piccola considerazione pratica, che deve essere intesa solo come un suggerimento: considerando che circa il 70% del peso del cavallo è supportato dai bipedi anteriori, sarebbe opportuno, quando si è in volta, "battere la sella" nel momento in cui il cavallo è in appoggio sul diagonale esterno; questo per non appesantire la spalla interna che, soprattutto per un cavallo all'inizio dell'addestramento e non ancora in equilibrio, sarà già piuttosto sovraccaricata. Inoltre, per facilitare una transizione ascendente trotto/galoppo, battendo sul diagonale esterno si faciliterà la partenza di galoppo alla mano opposta del diagonale che stiamo battendo.

Siamo al trotto a mano destra e desideriamo passare al galoppo destro: conoscendo la sequenza di galoppo destro che sarà posteriore sinistro - diagonale sinistro - anteriore destro, battendo la sella sul diagonale sinistro (esterno alla volta), sarà più facile chiedere il galoppo nel momento in cui siamo seduti (quando siamo sollevati sull'inforcatura è molto più difficile fare richieste pulite, ovvero inviare il segnale che dice al cavallo cosa desideriamo che faccia in maniera evidente, semplice e coerente, con la pressione giusta) che corrisponderà proprio al momento in cui il cavallo è nella migliore posizione per portare sotto di sé il posteriore sinistro (prima battuta del galoppo destro) e poter partire così di galoppo destro. Per questo motivo dobbiamo anche essere sempre pronti a cambiare diagonale di battuta. Se abbiamo bisogno di dare una pressione di gamba (inviare un segnale al cavallo) e ci accorgiamo che questo cade nel momento in cui siamo sollevati dalla sella, allora sarà necessario prevenire questo momento con un doppio tempo di battuta (seduto), che renderà possibile la nostra richiesta di gamba quando siamo seduti e quindi più facile inviare il segnale al cavallo nel momento e nel tempo giusti.

Essere attenti a fare le nostre richieste (inviare i nostri segnali) nel momento in cui il cavallo è nella condizione migliore (dal punto di vista biomeccanico) per fare ciò che noi desideriamo è uno degli elementi essenziali che favorisce il processo di addestramento e riduce la possibilità di commettere errori. Nello specifico questo significa che dobbiamo essere capaci di sentire come si muove il cavallo sotto di noi per fare la nostra richiesta al momento giusto, affinché sia facilitato a risponderci nella maniera corretta. Nel caso del trotto seduto la possibilità di dare pressioni nella maniera corretta è maggiore perché le nostre gambe e le nostre mani sono sempre nella posizione di reciprocità con la testa e il costato del cavallo per inviare le pressioni (segnali), ma quest'andatura è molto difficile da mantenere correttamente, richiede un'ottima preparazione fisica e tecnica, unite a una buona elasticità di bacino, e quando mancano questi fattori chi ci rimette è solo la schiena del nostro amico. Nel trotto seduto il nostro bacino è sempre a contatto con il seggio della sella, staccandosi così, idealmente, dal resto del nostro corpo; le gambe dal ginocchio in giù e la parte superiore del corpo, invece, dovranno rimanere nelle stesse posizioni relative rispetto al cavallo, pronte per dare pressioni (inviare segnali). Per facilitare l'oscillazione e l'elasticità del bacino, nel trotto seduto la posizione del nostro busto sarà leggermente inclinata indietro.

Galoppo

Il galoppo è un'andatura a 4 tempi e 3 battute. Si distingue in galoppo destro e sinistro. Nel primo caso la sequenza sarà: posteriore sinistro - diagonale sinistro - anteriore destro - sospensione. Nel galoppo sinistro invece avremo: posteriore destro - diagonale destro - anteriore sinistro - sospensione. Nel galoppo, come al passo, il cavallo utilizzerà la propria incollatura come bilanciere per facilitare l'ampiezza di movimento. All'inizio dell'addestramento sarà nostra cura permettere questo movimento della testa al galoppo per far sì che il cavallo sia facilitato nel mantenere quest'andatura, mentre con il procedere del lavoro potremo ridurre l'oscillazione aumentando l'ingaggio dei posteriori. Anche durante quest'andatura il nostro bacino dovrà accompagnare tutti i movimenti del cavallo, collegandosi alla sua schiena, mentre le mani seguiranno il movimento oscillatorio dell'incollatura, che si distende sull'appoggio dell'anteriore interno e si accorcia sull'appoggio del posteriore esterno. Le nostre ginocchia andranno ad aderire bene ai quartieri nel momento in cui il cavallo appoggia il bipede diagonale per poi allentarsi leggermente e permettere al nostro bacino di ruotare lievemente per assecondare le battute anteriore interno - sospensione - posteriore esterno.

Per sviluppare la sensibilità, la lettura del cavallo e far sì che il nostro assetto diventi un automatismo è molto utile fare esercizi da sella, senza redini e anche a occhi chiusi, con l'aiuto di una persona da terra che ci fa lavorare alla longia. Nel momento in cui ci priviamo della vista, la nostra mente si focalizzerà sugli altri sensi per acquisire informazioni sulla nostra posizione nello spazio e questo, con un po' di allenamento, ci permetterà di "sentire" il movimento del cavallo con il tatto, cioè con il semplice stare in sella, un po' come se il nostro bacino diventasse i nostri occhi. Esempi di semplici esercizi (da farsi a occhi chiusi o aperti) potrebbero essere:

1) Abituarsi al movimento del passo senza la sella e senza briglia (usando un sottosella comodo perché se siamo scomodi questo esercizio è inutile) e seguire col bacino e con le mani i movimenti del corpo del cavallo.
2) Fermare il movimento delle braccia per poi riprenderlo a tempo mantenendo il bacino in movimento, o muovere alternativamente un braccio alla volta in avanti e indietro, aiuta molto a rendere indipendenti certi movimenti mantenendoli legati fra loro.
3) Un ottimo esercizio è quello di "appuntare" alternativamente le ginocchia facendo uscire i talloni verso l'esterno ogni volta che il cavallo al passo va in appoggio con l'anteriore del solito lato (appoggio dell'arto anteriore destro = ginocchio destro appuntato e conseguente movimento del tallone verso l'esterno). Questi nostri movimenti dovranno nascere dalla spinta in avanti data dal nostro bacino il quale farà appuntare il ginocchio abbassandolo (inforcandosi) e facendo ruotare il tallone verso l'esterno.
4) Con l'aiuto di qualcuno da terra e stando a occhi chiusi, abituarsi a sentire quali arti sono in appoggio o in sospensione.

Lavorare e montare ogni giorno con una postura squilibrata, puntando sulla forza dei nostri muscoli e sulle staffe per restare in sella, oltre a creare notevoli problemi al cavallo nell'interpretare correttamente i nostri segnali (dovuti anche alla nostra impossibilità di inviarli nella maniera corretta), porterà col tempo a dolori, rigidità, contratture e alterazioni della postura, a noi e al cavallo. Pensiamo al portafoglio tenuto in tasca: molti automobilisti si abituano alla pressione data dal portafoglio tenuto nella tasca posteriore dei pantaloni che all'inizio dà un leggero fastidio, ma poi sparisce (per apprendimento non-associativo). Tuttavia quella leggera pressione che continua a insistere sul gluteo e alla quale non facciamo più caso, col tempo può determinare l'infiammazione del nervo sciatico portando mal di schiena e altri problemi fisici. Dovremo sforzarci di guardare il cavallo da questo punto di vista. Oggi, per fortuna, ci sono osteopati e fisioterapisti equini sempre più preparati che possono risolvere molti problemi della schiena dei nostri cavalli. Tuttavia è necessario comprendere che solo la consapevolezza dei nostri squilibri e la relativa correzione delle nostre asimmetrie potrà prevenire l'insorgenza di dolori alla schiena del nostro amico.

Capitolo 14 – Lo strano caso di Hans

I modi di apprendere che abbiamo descritto fino ad adesso (l'apprendimento non associativo e quello associativo) sono molto importanti nel rapporto fra noi e il cavallo, perché la loro conoscenza ci permette di insegnargli determinati comportamenti, rispettando la sua identità di essere vivente senza cadere nell'antropomorfizzazione del rapporto (cioè senza attribuire qualità umane fisiche, intellettuali e morali ai cavalli) e, per contro, senza considerarli meri oggetti da gestire come marionette. L'apprendimento non associativo e quello associativo sono però solo alcune delle vie di apprendimento che possiedono gli animali e sono anche tra le più semplici, tant'è vero che ne sono dotati anche esseri viventi posti in basso nella scala evolutiva, come gli invertebrati. Perché allora è importante conoscerle bene? Per un motivo molto semplice: essendo queste due forme di apprendimento importanti per la relazione con i cavalli in una situazione generale (lavoro in sella e gestione da terra), la loro conoscenza e giusta applicazione rappresentano il primo scalino che dobbiamo salire per instaurare una relazione corretta. Ciò farà sì che i cavalli siano più sereni nel rapportarsi con noi e si sentano al sicuro nell'averci accanto, migliorando così il loro livello di "benessere" e riducendo i comportamenti di conflitto e difesa. Senza salire questo scalino sarà molto difficile poter instaurare con il nostro cavallo una relazione che vada oltre queste semplici capacità di apprendimento. Facciamo un esempio: ogni mattina andiamo al bar prima di recarci al lavoro e incontriamo una persona che, sempre alla stessa ora, troviamo accanto a noi al bancone a prendere il caffè. In teoria conoscere quella persona potrebbe, chissà, crearci nuove opportunità professionali, oppure potrebbe far nascere una bella amicizia, o forse qualcosa di più. Non lo possiamo sapere nel momento in cui la incontriamo al bancone del bar. Quello che è certo è che non accadrà niente di tutto ciò se siamo scortesi e maleducati, non ricambiamo il buongiorno o ci giriamo dall'altra parte di fronte a un suo sorriso. Ecco, l'apprendimento associativo e non associativo per il cavallo sono la stessa cosa. Sarà impossibile instaurare con il cavallo un rapporto interspecifico anche complesso se non siamo in grado di somministrare le pressioni nel modo corretto secondo la sua psicologia, perché il cavallo ci vedrà come un essere vivente ostile, che porta disagio e frustrazione e dal quale è meglio stare lontani. Torneremo sull'importanza di avere accanto cavalli sereni e tranquilli che non temono le azioni dell'uomo, perché non gli creano disagio e difficoltà a discriminare o interpretare i segnali che gli inviamo. Ci torneremo più avanti perché adesso è importante dare una veloce occhiata al complesso mondo della psicologia cognitiva, scienza vera e propria che negli ultimi decenni ha compiuto notevoli progressi, anche per i cavalli.

Per iniziare questo percorso, non c'è niente di meglio che raccontare la storia del cavallo più intelligente del mondo. Una storia vera accaduta, più o meno, negli anni in cui Pavlov e Thorndike facevano i loro esperimenti. Una storia sospesa tra affetto, romanticismo, scienza e, forse, empatia. Una storia germogliata in Germania, a Berlino, alla fine del 1800, il cui protagonista è un cavallo di nome Hans. Il barone Wilhelm Von Osten, insegnante di matematica, decide di andare in pensione per dedicare più tempo alla sua passione: studiare l'intelligenza degli animali, cosa che, in quegli anni, deve essere sembrata quantomeno bizzarra. Von Osten è convinto che gli animali siano dotati di capacità intellettive superiori a quelle che, all'epoca, si riteneva (e su questo non c'è dubbio che avesse ragione) ed era deciso a dimostrarlo. Per farlo ovviamente sfruttò le sue conoscenze e abilità di maestro di matematica, provando a insegnare a contare a un gatto, a un orso e a un cavallo. Si mormora che il gatto non fosse interessato alle lezioni del maestro e che l'orso abbia addirittura provato ad aggredirlo; Hans invece no, lui era diverso dagli altri "allievi". Hans era un cavallo, maschio, probabilmente purosangue arabo, che il barone aveva acquistato per pochi soldi a causa di un lieve difetto fisico. Hans era diverso perché, con la guida del suo maestro, imparò a contare! Von Osten scrive 1 sulla lavagna ed Hans batte un colpo con lo zoccolo. Sulla lavagna compare il 3? E Hans batte tre colpi. E così via. In poco tempo il cavallo è in grado di riconosce i numeri fino a 10. Incoraggiato da questo successo Von Osten passa a insegnargli altri e più complessi compiti: somme e sottrazioni sempre più difficili, che Hans risolve, battendo con lo zoccolo il numero giusto. Gli studi progrediscono e Hans apprende il significato di alcuni simboli, risolve problemi matematici con radici quadrate e operazioni con le frazioni. Von Osten non ha dubbi: Hans è la prova che gli animali possiedono un'intelligenza che gli umani non immaginavano. La fama di Hans, soprannominato The Clever (l'intelligente) si diffonde rapidamente nel paese, è richiesto ovunque, tutti vogliono vedere le capacità di quel cavallo che sta dimostrando al mondo che non siamo gli unici esseri intelligenti. Il maestro porta Hans in giro per la Germania e poi in altre nazioni (prendendo solo un rimborso spese, perché Von Osten è spinto da puro spirito scientifico) e ovunque richiama sempre più folle. "Se il primo giorno del mese è mercoledì" chiede Von Osten a Hans, "qual è la data del lunedì successivo?" E sei battute dello zoccolo sul terreno seguono subito dopo, accompagnate dalla meraviglia degli spettatori. "Qual è la radice quadrata di sedici?" Quattro battute di zoccolo. A questo punto Von Osten spiega ai sempre più attoniti spettatori che Hans è anche in grado di fare lo spelling utilizzando una battuta per la A, due battute per la B, tre per la C e così via. Hans dimostra così tutto il suo talento. Può perfino dire... ehm... battere l'ora con lo zoccolo. Pur con qualche errore la percentuale di risposte giuste di Hans supera il 90%.

Tuttavia gli scettici sono molti, il Ministero dell'Educazione tedesco vuol vederci chiaro e chiede così di condurre un'investigazione sulle capacità intellettive di Hans. Von Osten accetta, era un uomo di scienza e sapeva che nel comportamento di Hans non c'erano trucchi (almeno, questo era ciò che lui credeva). Il Ministero forma così una commissione con due zoologi, uno psicologo, un famoso addestratore di cavalli e alcuni insegnanti. Nel 1904, dopo molti test, la commissione conclude che non ci sono trucchi nelle risposte di Hans, le capacità del cavallo sono reali e la sua intelligenza è pari a quella di un ragazzo di 14 anni.

C'era però qualcuno che aveva dei dubbi. Uno studente di psicologia dell'Università di Berlino, Oskar Pfungst, che seguiva i lavori della commissione, notò alcuni dettagli delle interrogazioni di Hans e chiese di poter mettere alla prova il cavallo compilando una lista di domande da sottoporgli in tre diverse condizioni. All'inizio usa quella situazione che, nei test scientifici, si chiama condizione basale e in questa è Von Osten che pone le domande, oppure un'altra persona che ha visto la lista delle domande e delle risposte, com'è sempre stato fatto fino ad allora. Come c'era da aspettarsi, Hans risponde molto bene alle domande poste in questa condizione. Si passa quindi alla fase successiva, che è la prima delle tre condizioni sperimentali previste, e Pfungst chiede a chi pone le domande di allontanarsi considerevolmente dal cavallo. Qui la situazione cambia, l'accuratezza delle risposte di Hans diminuisce sensibilmente, anche se sul momento nessuno sa il perché. Ci sono ancora due condizioni sperimentali che il programma di Pfungst prevede di indagare e che si riveleranno fondamentali. Nella prima chi pone le domande non conosce le risposte mentre, nella seconda condizione, la persona che interroga il cavallo è nascosta alla sua vista da un separé, e in entrambe queste condizioni le risposte giuste di Hans diventano quasi zero. Sembra proprio che l'intelligenza di Hans dipenda dalla possibilità di poter vedere almeno una persona nelle sue immediate vicinanze che conosca le risposte alle domande che gli sono rivolte. Pfungst continua gli esperimenti, osservando attentamente le interazioni delle persone con Hans e scopre che, a ogni domanda, il respiro, la postura e l'espressione facciale di chi è vicino al cavallo e che conosce le risposte, cambiano ogni volta che lo zoccolo batte per terra, mostrando un leggero aumento della tensione emotiva interiore, impossibile da rilevare da un occhio umano, in condizioni normali. Quando Hans batte lo zoccolo dando la risposta giusta, questa tensione nelle persone che lo circondano e che Pfungst ha notato, scompare e sembra proprio che il cavallo si accorga di ciò, fermando il battere del suo zoccolo, appunto sulla risposta giusta. Pfungst rileva che questa sottile tensione non è presente sul volto della persona che pone la domanda ma non conosce la risposta e ciò fa pensare che in questo modo ad Hans venga a mancare lo stimolo per fermare il battere dello zoccolo sulla risposta corretta.

Gli esperimenti di Pfungst indicano inequivocabilmente che il cavallo non ha nozioni di matematica, ma "solamente" una sensibilità percettiva straordinaria, inimmaginabile per un essere umano. Hans non fa uso del suo intelletto per dare le risposte corrette, ma più "semplicemente" è molto recettivo ai sottili, inconsci segnali del corpo umano, che sono sempre presenti in una persona che fa la domanda e conosce la risposta e, più in generale, sono presenti nelle situazioni di alterazione emotiva. Questo è indice di un'elevatissima sensibilità nel comprendere il linguaggio fisico, forse dovuta alle interazioni sociali, che sono parte essenziale della vita di branco.

Per completezza di cronaca Wilhelm Von Osten non accettò mai questa spiegazione, lui e il suo cavallo continuarono per molti anni a girare l'Europa per far conoscere le capacità matematiche di Hans, attirando l'attenzione e l'entusiasmo delle folle che fino all'ultimo andarono a vedere il cavallo intelligente. Hans morì nella sua stalla, accudito dal suo inseparabile proprietario.

> Ed a me che un giorno più degli altri gli ero vicino e che forse ingenuamente gli domandavo, fra un salto e l'altro, che mi insegnasse a viva voce, in qual modo si poteva cedere bene, egli sorridendo mi rispondeva "non ho parole adatte per spiegartelo, guarda come faccio io; del resto a forza di sbagliare bisogna imparare a sentirla dentro di sé la ceduta, nello accordo, nella fusione fra cavallo e cavaliere".
>
> Carlo Giubbilei "Federico Caprilli, Vita e scritti", Pag 164

La storia di Hans, quella che riportano le cronache del tempo e i documenti scientifici, arricchita forse anche dalla fantasia di chi ha narrato questa vicenda negli anni, finisce qui. C'è, però, un'appendice che oggi possiamo scrivere. Perché Hans avrebbe dovuto imparare a leggere i sottili segnali che le persone, inconsciamente, gli inviavano? Che vantaggio poteva avere un cavallo dal capire questi segnali inconsci, riferibili all'alterazione emotiva di una specie animale così diversa dalla sua? Hans non traeva nessun beneficio dal rispondere correttamente alle domande e allora? Perché avrebbe dovuto farlo? Dal punto di vista etologico non vi sono dubbi sul fatto che le risposte di Hans siano dovute ad apprendimento associativo (più esattamente, rispondeva alle domande per condizionamento classico, con i sottili comportamenti inconsci delle persone che giocavano come rinforzo secondario) e se Pfungst avesse approfondito le indagini, forse avrebbe descritto le basi del condizionamento prima di Pavlov e Thorndike. Sorge, però, un problema: le attuali conoscenze sul condizionamento ci dicono che l'elemento essenziale affinché avvenga è che l'animale tragga un beneficio dal comportamento che ha appreso attraverso l'associazione con altri eventi (cioè ottenga un rinforzo). Dal punto di vista di un cavallo, quale beneficio poteva avere l'associare il fermarsi delle battute dello zoccolo con i sottili segnali inviati dalle persone che gli stavano vicino? Le cronache non riportano se all'inizio dell'addestramento, dopo ogni risposta giusta, a Hans fosse dato un premio in cibo, il che avrebbe spiegato questa associazione riportandola al rinforzo positivo come innesco per il successivo condizionamento classico, ma sarebbe stata una cosa senz'altro notata e probabilmente Pfungst si sarebbe soffermato su questo elemento, studiandolo meglio.

Negli ultimi anni però gli studi sulle abilità cognitive dei cavalli hanno avuto un forte impulso e ciò, sulla base anche dei risultati ottenuti con altre specie animali, ci permette di osare e di formulare un paio d'ipotesi. E se Hans avesse davvero saputo contare? Oggi sappiamo che molte specie animali, perfino le salamandre, possiedono rudimentali capacità di discriminare fra numerosità diverse. Molte specie di scimmie e uccelli sanno distinguere insiemi numerici formati da quattro, cinque unità, capacità che è stata dimostrata recentemente anche per i cavalli. Chissà, magari Von Osten all'inizio dell'istruzione forse ha fatto uso di carote, o di qualcos'altro che a Hans piaceva molto, per fargli capire la differenza fra 1 e 2, fra 2 e 3, fra 3 e 4, non di più, ma quel tanto che bastava per fare in modo che la sensibilità di Hans facesse il resto, facendogli associare al numero corretto i sottili segnali della persona che poneva la domanda, attraverso il condizionamento classico. Oggi è plausibile ipotizzare che Hans sapesse distinguere fra piccole quantità numeriche, diciamo non più di 4 o 5, e che questa capacità, insieme alla sua sensibilità, gli abbia permesso di fare quell'associazione che lo ha portato successivamente a rispondere correttamente alla radice quadrata di sedici, utilizzando insieme modalità di apprendimento associativo e cognitivo.

L'ipotesi che abbiamo fatto trova fondamento anche nelle ultime teorie di psicologia animale, secondo le quali i sistemi di apprendimento non devono essere considerati come compartimenti stagni. In altre parole è difficile pensare che vi siano stimoli che un animale valuta e analizza esclusivamente attraverso l'apprendimento non associativo o solo attraverso quello associativo; anzi, i diversi sistemi di apprendimento funzionano insieme, anche se può esserci la prevalenza dell'uno o dell'altro, in base al tipo di stimolo che si presenta e alla valenza che questo ha per l'animale. La Teoria della Valutazione, elaborata in psicologia, ci indica, infatti, come gli animali valutino uno stimolo ambientale attraverso pochi ma precisi criteri:

1) le caratteristiche intrinseche dello stimolo (l'eventuale comparsa improvvisa nell'ambiente, se lo stimolo è familiare all'animale, se è piacevole, se può intuirne l'arrivo o meno, se genera paura o disagio),

2) il significato che questo ha riguardo alle necessità dell'animale (se per esempio quel preciso stimolo è ciò che l'animale sta aspettando in quel momento),

3) se, e come, il contesto ambientale in cui si viene a trovare questo stimolo soddisfa le necessità biologiche ed evolutive dell'animale.

A questa valutazione i diversi meccanismi di apprendimento partecipano tutti, anche se l'importanza che hanno varia secondo il tipo di stimolo. Pertanto ci saranno stimoli che, per le loro caratteristiche intrinseche, saranno gestiti mediante il prevalente uso dell'apprendimento non associativo o associativo (come accade per la maggior parte delle azioni che compiamo nel gestire il cavallo dalla sella o da terra) e altri ancora che invece richiedono l'impiego di altre, più complesse, capacità cognitive.

Possiamo anche osare di più e formulare un'altra ipotesi: è possibile che specie animali come il cavallo, che hanno una complessa vita sociale (che analizzeremo meglio in seguito), dalla quale dipende la loro sopravvivenza in natura, siano sensibili a variazioni del comportamento emotivo non solo di soggetti della propria specie ma anche di specie diverse? Dal punto di vista evolutivo, gli animali sociali potrebbero trarre vantaggi, per esempio nel difendersi dai predatori, dal poter percepire stati di ansia o comunque di alterazione emotiva, anche di specie lontane da loro. Questo permetterebbe di avere più ampio accesso alle informazioni sulle variazioni dell'ambiente, dovute alla comparsa di possibili minacce. Siamo nel campo della speculazione scientifica, però quest'aspetto di empatia interspecifica è attualmente oggetto di studio e potrebbe avere importanti implicazioni nell'impiego del cavallo nelle Attività e Terapie Assistite.

In realtà non sapremo mai perché Hans abbia imparato a leggere i comportamenti inconsci delle persone. La sua storia, però, evidenzia la complessità dei meccanismi dell'apprendimento animale e, anche se le ipotesi che abbiamo fatto non fossero corrette, è facile capire con quanta e quale facilità i cavalli possono associare eventi ambientali, per noi non percepibili, con precisi comportamenti da eseguire, anche senza l'intervento umano. Questo è l'insegnamento più importante che ci ha lasciato Hans e per questo è fondamentale, per chiunque si relazioni con essi, conoscere questi meccanismi.

Hans ci ha lasciato anche un insegnamento molto pratico, facendoci sapere che gli animali sono sensibili a stimoli molto lievi che noi non siamo in grado di percepire. Con il termine "Effetto Clever Hans" s'indica quando qualcuno, inconsciamente, condiziona il comportamento di qualcun altro, persona o animale. Per evitare problemi legati a questo fenomeno, gli scienziati che studiano il comportamento cognitivo degli animali usano il "metodo a doppio cieco", nel quale i ricercatori non sono a conoscenza dei particolari di ciò che stanno facendo, proprio per non influenzare, involontariamente, gli animali studiati. Un esempio bello e utile lo troviamo nell'addestramento dei cani antidroga: durante le esercitazioni è indispensabile che il conduttore non sappia dove è nascosta la droga. Se lo sapesse potrebbe, non volendo, influenzare il cane, il quale finirebbe con il seguire i segnali inconsci del suo conduttore invece del suo fiuto, con risultati, come potete capire, disastrosi. Perciò, purtroppo per noi, possiamo affermare che i cavalli, come anche le persone del resto, potranno sempre avere comportamenti che non riusciamo a spiegarci, anche se conosciamo e applichiamo bene le varie regole che abbiamo visto nei capitoli precedenti.

Tornando brevemente alla nostra storia, permetteteci comunque di dire che, anche se Hans non conosceva la matematica e non sapeva leggere l'ora dell'orologio, la sua capacità di essersi preso gioco degli esseri umani per molti anni gli vale l'appellativo di "intelligente". E considerando il suo dono di leggere i segnali inconsci delle persone, è stata una fortuna che non potesse reggere le carte da gioco, sarebbe stato un giocatore di poker imbattibile.

Capitolo 15 - Vita all'aria aperta

Come vive il cavallo in natura? Quali sono le strategie e le capacità mentali che ne regolano la vita sociale? Rispondere a queste domande è importante perché ci permette di capire meglio il cavallo e acquisire le competenze necessarie per valutarne le condizioni psicofisiche, capire se la gestione soddisfa le sue esigenze etologiche e biologiche e analizzare il suo comportamento, quando ci sembra "strano" o inaspettato. Iniziamo da un dato certo. A eccezione di alcuni branchi di cavalli di Przewalski nei parchi della Mongolia (per altro reintrodotti in natura con programmi di ripopolamento), non esistono popolazioni di cavalli selvatici. Il cavallo in natura si è estinto da diverse migliaia di anni e tutte le popolazioni brade esistenti oggi nel mondo (ve ne sono molte, sparse in tutti in continenti e la nazione con la più alta popolazione di cavalli bradi è l'Australia), sono la conseguenza della reintroduzione in ambienti naturali di cavalli già domesticati. I famosi Mustang delle praterie degli USA sono cavalli che, sfuggiti dai recinti dei primi colonizzatori, hanno iniziato a riprodursi nell'ambiente naturale intorno al XVI/XVII secolo, formando una popolazione che vive in natura da un tempo relativamente molto breve (se si considera l'intero arco temporale di addomesticamento di questa specie). Per contro, il Cavallino della Giara è, molto probabilmente, una delle popolazioni di cavalli tornati alla vita naturale più antiche in assoluto; si pensa che essa si sia formata in seguito all'introduzione di cavalli africani da parte dei commercianti fenici, all'incirca nel VIII-IX secolo a.C.. Perciò possiamo dire che, probabilmente, il vero cavallo selvatico, o comunque quello che più ci si avvicina, lo abbiamo noi in Italia.

Dopo quest'affermazione qualcuno potrebbe pensare che non abbia molto senso conoscere il comportamento in natura, poiché i cavalli selvatici in pratica non esistono più e le moderne scuderie offrono un ambiente che è radicalmente diverso dall'habitat naturale. In realtà è proprio per questo motivo che è importante conoscere l'etologia del cavallo in natura, perché, come vedremo, le strategie sociali rivelano elevate abilità cognitive, la cui conoscenza è molto utile per la gestione pratica di scuderia e per il rispetto del suo equilibrio psichico.

Il cavallo, in natura, è un animale sociale, non territoriale, che vive in piccoli branchi organizzati in maniera stabile. Il branco è un'entità nomade che si muove all'interno di vastissime aree e non ha, perciò, un suo territorio definito. La difesa che talvolta si rende necessaria da parte dello stallone, per attacchi di predatori o ingerenze di altri cavalli, è finalizzata a difendere la stabilità e la coesione del branco e non il territorio. Le famose "pile di feci" che gli stalloni in natura fanno per marcare il territorio, non sono fatte per delimitare un pezzo di terreno, bensì per segnalare la presenza del branco in quella zona. Sfatiamo, perciò, un altro luogo comune: i grandi branchi di cavalli che si vedono sulle praterie del Far West in alcuni film, sono una falsa rappresentazione della natura, dettata da esigenze cinematografiche. Il branco di cavalli difficilmente arriva a venti soggetti ed è formato da due sotto gruppi:

1) l'unità riproduttiva (harem), con 10/12 soggetti al massimo, che comprende lo stallone residente, le femmine in età fertile e i puledri fino all'anno di età,
2) Il gruppo degli scapoli (bachelor band), che comprende i maschi giovani non ancora in grado di gestire un harem e gli stalloni anziani che hanno perso la leadership.

L'harem è il cuore funzionale dove si svolge l'attività riproduttiva e dove i puledri imparano le dinamiche sociali e come relazionarsi con altri cavalli. I puledri restano nell'harem per circa un anno, fino alla nascita della generazione successiva; dopo lo stallone residente li allontana, i maschi finiscono nel gruppo degli scapoli, mentre le femmine o rimangono nell'harem oppure se ne vanno in giro da sole a cercarsi un altro harem dove accasarsi, o uno stallone solitario con cui crearne uno nuovo. Il gruppo degli scapoli è la "scuola" per diventare stalloni. Ci sono diversi buoni libri, dove è descritta la struttura del branco dal punto di vista ecologico, ai quali rimandiamo.

Ciò che ci preme in questo libro è definire i ruoli e le dinamiche che si hanno all'interno di un branco di cavalli, soprattutto dal punto di vista del comportamento e delle strategie sociali cognitive. La ricerca scientifica a tale riguardo ha fatto notevoli passi avanti e oggi sappiamo che l'animale guida, quello che nell'immaginario umano è definito come "capo branco" (termine spesso usato senza cognizione di causa), cambia secondo la situazione in cui il branco si trova. Se deve affrontare una minaccia (da predatori o da altri cavalli), il ruolo di animale guida, cioè di chi prende le decisioni, è ricoperto dallo stallone residente, che decide quale sia la strategia migliore da attuare, se la fuga o la difesa. Mentre nella routine della giornata è una femmina che regola le varie attività, è lei che decide dove e quando pascolare, riposarsi, andare ad abbeverarsi e molto altro. La cosa che risalta è che spesso questa femmina (alfa) è una femmina in là con gli anni, il cui ruolo è determinato dall'esperienza e dalla capacità, e non dalla prestanza fisica. Sono state addirittura rilevate delle vere dinastie matrilineari, dove la femmina alfa è sostituita, al termine della sua carriera, da una sua figlia, a sottolineare il fatto che l'esperienza e l'insegnamento sono gli elementi fondamentali che determinano la leadership; mentre nessun ruolo ha, in questo contesto, la prestanza fisica e la tendenza aggressiva del singolo. Il cuore funzionale del branco sono, pertanto, le femmine ed ecco che lo stereotipo del "capo branco" assume un aspetto diverso.

Tutte le attività del branco sono finalizzate alla sua stabilità e alla sua armonia interna. Nel cavallo, e in molti altri animali sociali che vivono in aggregati complessi, l'interesse del branco ha la precedenza sull'interesse dei singoli e la regola naturale su cui si basa la sopravvivenza della specie è la coesione del gruppo che, pertanto, deve avere un bassissimo livello d'interazioni aggressive. Un branco unito, all'interno del quale i membri vivono in armonia ed equilibrio, è in grado di affrontare meglio la difesa dai predatori oppure un lungo viaggio per cercare pascoli migliori. Un branco che invece ha al suo interno molti conflitti e dispute è un branco nel quale gli animali guida hanno poco potere decisionale e i singoli hanno la tendenza a far prevalere il proprio interesse, anche per la scalata sociale. Un branco conflittuale e poco coeso farà sì che l'animale guida sia poco motivato a difenderlo o a cercare una soluzione per altri problemi e in una situazione del genere i predatori hanno, di solito, gioco facile. "Perché dovrei perdere del tempo con questi cavalli che non fanno altro che litigare, non seguono le indicazioni e hanno la tendenza a prevaricare gli altri?" Ovviamente i cavalli non formulano pensieri di questo tipo, però questo potrebbe essere il "pensiero umanizzato" della femmina alfa. Non solo: una situazione conflittuale all'interno del branco è molto pericolosa anche perché aumenta la possibilità di ferite e traumi dovuti alle dispute e in natura essere feriti o avere un trauma, che limita il movimento, è di solito sinonimo di morte. In natura ciò che determina il successo riproduttivo e sociale di un branco è la coesione e l'armonia interna.

All'interno del branco la gerarchia non è lineare come lo è per i lupi, anzi, la situazione appare spesso un po' confusa. S'individuano relativamente bene i soggetti di rango elevato (il maschio e la femmina alfa) e quelli di basso rango, perché di solito se ne stanno un po' in disparte, mentre per i soggetti di medio rango la situazione è complessa, variabile e molto fluida. Si ritrovano anche quelle che in gergo ecologico si chiamano triadi, dove il soggetto A è dominante su B, che a sua volta è dominante su C, il quale è di rango più elevato di A. Anche in questo caso ci sentiamo di dover sfatare un altro luogo comune. Osservando un gruppo di cavalli al *paddock* è, in realtà, molto difficile capire chi è il soggetto alfa, perché la gerarchia si basa su comportamenti che non siamo abituati a osservare. Rilevare il rango dei singoli soggetti di un gruppo sociale è complesso e dal punto di vista etologico è necessario registrare una serie codificata di comportamenti e inserirli in appropriate matrici matematiche che restituiscono gli incroci gerarchici dei singoli soggetti. Anzi, se vogliamo proprio essere precisi (sperando che nessuno si offenda), nonostante l'ampio utilizzo del concetto di leadership (il famoso "capo branco"), dobbiamo sottolineare come nessuno studio scientifico abbia, ad oggi, dimostrato che certi soggetti giocano il ruolo specifico di leader, così come lo intendiamo noi. Al momento, gli unici comportamenti che sembrano essere collegati a una funzione di leadership sono quelli in cui un cavallo invita uno o più suoi compagni a seguirlo o li guida a fare qualcosa (si chiamano comportamenti di reclutamento), che sono eseguiti più frequentemente dai soggetti di rango più elevato (soprattutto dalla femmina alfa) e che peraltro sono molto difficili da percepire per noi, in assenza di adeguati sistemi di analisi del comportamento. Pertanto è possibile che chi snocciola la gerarchia di un gruppo di cavalli al *paddock* lo faccia, per determinarla, basandosi su comportamenti non corretti.

Quello che invece è di solito piuttosto evidente anche ai nostri occhi, sono le così dette "coppie di amici". All'interno di un branco di cavalli ogni soggetto ha, di solito, un amico preferito, accanto al quale passa gran parte del tempo. Queste "coppie di amici" svolgono le attività della giornata (pascolare, riposarsi, andare a bere) insieme, restando sempre a stretto contatto, ed è facile vedere un cavallo che si riposa sdraiato con il suo "amico preferito" in piedi, accanto a lui. Queste coppie si riconoscono bene perché sono caratterizzate dall'eseguire il comportamento di mutual grooming, nel quale i due si mettono testa-coda e si grattano a vicenda varie parti del corpo (generalmente collo, garrese e groppa). Ciò che distingue l'amico preferito rispetto a un altro cavallo del gruppo è che all'amico preferito è consentito stare molto vicino fisicamente, cosa che non è di solito permessa ad altri membri del branco.

Gli studi di etologia sociale hanno però evidenziato una caratteristica di queste coppie di amici che, all'occhio umano, può sembrare strana: i due che formano la coppia hanno lo stesso livello sociale, sono cioè, di solito, dello stesso rango. Si potrebbe pensare che questo sia un controsenso, perché i soggetti dello stesso rango sono normalmente in competizione per la scalata sociale, per cui sono quelli che litigano di più, che hanno il maggior scambio di comportamenti di tipo agonistico. Apriamo una breve parentesi per dire che con il termine di "comportamento agonistico" s'intendono, dal punto di vista etologico, i comportamenti che sono etichettati come "aggressivi" nel gergo comune, i principali dei quali sono elencati in una tabella in fondo al capitolo. Tornando alle coppie di amici, se analizziamo i comportamenti che i due soggetti si scambiano, scopriamo una cosa molto interessante. L'amico preferito è anche quello che riceve il maggior numero di comportamenti agonistici, rispetto agli altri membri del branco. Perciò è vero che i due amici, di rango paritario, litigano molto di più fra di loro rispetto a quanto non facciano con gli altri cavalli, probabilmente proprio per finalità sociali. Questi comportamenti agonistici però, all'interno di un branco stabile e socialmente equilibrato, sono nella quasi totalità dei casi comportamenti ritualizzati e i due contendenti non arrivano mai allo scontro fisico. Il morso non è un morso, è un tentativo di morso, chi lo esegue fa il gesto ma non arriva a mordere fisicamente l'altro. Come il calcio, che diventa un sollevare l'arto posteriore e fare il gesto, senza arrivare a colpire e così via per tutti gli altri comportamenti agonistici. Semplicemente con il cavallo con cui si ha maggiore condivisione di tempo e di spazio si bisticcia di più. In generale però, all'interno di un branco coeso e socialmente stabile tutti i comportamenti aggressivi sono ritualizzati, proprio per ridurre al minimo la possibilità di ferite, traumi e stress. Mentre, a un'attenta osservazione, si potranno notare una serie di comportamenti chiamati affiliativi, che hanno, al contrario dei comportamenti agonistici, il fine di rinsaldare il legame sociale fra i membri del branco. In alcune situazioni questi comportamenti affiliativi hanno particolare importanza e sono definiti di pacificazione (anche per questi abbiamo inserito una tabella a fine capitolo).

(Foto di Vanessa Salvati, per gentile concessione)

Il morso non è un morso e chi lo esegue fa il gesto ma non reca danno fisico all'altro (comportamenti aggressivi ritualizzati).

Contrariamente ai nostri criteri di giudizio che ci fanno spesso individuare il capo branco come chi mette in riga gli altri, chi fa maggiore ricorso a comportamenti aggressivi e che s'impone per la sua prestanza e forza fisica, nel branco di cavalli la gerarchia non è fondata sulla dominanza fisica e sulla subordinazione, ma sulla tolleranza e sull'attaccamento reciproci. Nel 1979 due ricercatori olandesi pubblicarono un articolo, in cui descrivevano per la prima volta la riconciliazione dopo un conflitto in un gruppo di scimpanzé. Questo lavoro è una delle pietre miliari dell'etologia moderna perché dimostra come gli animali siano capaci di fare la pace dopo aver litigato. I due ricercatori avevano notato che alcuni comportamenti affiliativi (sequenze di baci, carezze e leggere vocalizzazioni) avvenivano con una frequenza e un'intensità maggiore nei minuti successivi il conflitto, fra i due contendenti. Rilevarono anche che dopo il conflitto poteva esserci l'intervento di un terzo soggetto che interagiva o con l'aggressore come pacificatore o con l'aggredito come consolatore. È facile capire come questo studio abbia rivoluzionato le convinzioni sulla vita sociale degli animali. Da allora la riconciliazione dopo un conflitto è stata studiata in moltissime specie; ovviamente nei primati, ma anche nel delfino, iena, lupo, elefante, cane, capra, corvo e altre. A testimonianza del fatto che queste strategie sono legate all'evoluzione, in specie con una complessa vita sociale. Alcuni anni fa uno studio italiano ha dimostrato che anche i cavalli possiedono strategie di riconciliazione dopo un conflitto, anche con l'intervento del terzo soggetto. Nel caso della riconciliazione diretta, i due cavalli che hanno "litigato", nelle fasi immediatamente successive allo scontro, tendono a rimanere fisicamente più vicini fra loro e ciò, contrariamente a quello che si potrebbe pensare, non aumenta la possibilità di nuovi scontri, ma anzi facilita le interazioni affiliative, volte proprio a riappacificare i due. L'intervento del terzo soggetto è molto più frequente che in altre specie animali e questo indica come le strategie sociali siano, nei cavalli, molto più complesse di quanto si ritenesse. Il terzo cavallo, nei momenti successivi al conflitto, attua comportamenti affiliativi che, quando rivolti verso il cavallo aggredito, hanno finalità di "consolazione", mentre, quando indirizzati verso l'aggressore, hanno funzione "calmante". La consolazione diminuisce il livello di ansia della vittima dopo l'aggressione, mentre l'azione calmante riduce l'eccitazione dell'aggressore, diminuendo la possibilità che questo ripeta l'attacco. Pertanto i cavalli che vivono in condizioni sociali in ampi *paddock*, sono in grado di mettere in atto strategie interne per la risoluzione dei conflitti per garantire la stabilità e la coesione del gruppo, portando evidenti benefici a tutti i membri, sia di basso che di alto rango.

(Foto di Vanessa Salvati, per gentile concessione)

I due amici stanno sempre molto vicini fra loro e si grattano a vicenda (comportamento affiliativo).

La capacità di riconciliazione dopo un conflitto rileva quanto raffinata sia la mente del cavallo. Che cosa è indispensabile per fare la pace con qualcuno con cui si è appena litigato? La risposta è, in sé, molto semplice, ma nasconde due complesse abilità cognitive, che i cavalli possiedono. La prima è la memoria: è indispensabile ricordarsi di aver litigato, altrimenti diventa un po' complicato fare la pace, mentre la seconda è la necessità di riconoscere la persona con cui si è litigato, cioè dobbiamo riconoscere quella precisa persona e non una qualsiasi o qualcuno che le somiglia. Probabilmente ciò sembrerà banale perché, abituati a vivere con questi concetti, per noi è normale ricordarsi di cose e situazioni anche a distanza di molto tempo, è normale ricordarsi i volti delle persone e riconoscerle in base ai tratti fisici, alla voce e altro. Ebbene questa "normalità" è data da abilità cognitive di altissimo livello che, fino a pochissimi anni fa, si riteneva facessero la differenza fra l'essere umano e gli animali e che recentemente sono state dimostrate anche nei cavalli. Oggi sappiamo che hanno eccellenti capacità di memoria (superiori alle nostre) sia a breve, sia a lungo termine, che possono ricordare oggetti, forme, stimoli, altri cavalli o persone che hanno visto diversi anni prima e non hanno più incontrato da allora. Sono in grado di riconoscersi individualmente fra loro, esattamente come facciamo noi con i nostri amici. A parte le scimmie, solo il delfino e l'elefante si riconoscono fra loro. Questa capacità opera a livello individuale e non a livello di specie, perché, per riconoscere quel determinato cavallo, deve esserci congruenza fra gli stimoli sensoriali e le informazioni presenti in memoria. Possiamo ricordarci una persona vista l'anno precedente perché nella nostra mente sono immagazzinate le informazioni necessarie come il colore e il taglio dei capelli, il timbro della voce, i tratti del viso e altro. Quando la incontriamo di nuovo, le informazioni presenti in memoria sono confrontate con quello che si vede al momento e questo ci permette di riconoscere quella persona: per i cavalli avviene la stessa cosa.

La complessità della vita sociale dei cavalli è evidente anche nei ruoli interni del branco, perché non sono solo il maschio e la femmina alfa ad avere ruoli definiti, anzi è molto probabile che esistano precisi compiti, che potremo chiamare incarichi sociali, e che ciascun membro si comporti in base al compito che deve svolgere. Ci sono cavalli che, per esempio, hanno il compito di "esploratori". Alcuni studi condotti con i branchi bradi di Pony di Esperia sull'Appennino fra Lazio e Abruzzo hanno dimostrato che, quando si presenta una situazione nuova o un oggetto sconosciuto (un cono a strisce bianche e rosse, posto in mezzo al pascolo), c'è un cavallo, che non è il soggetto alfa, incaricato di andare a investigare ed esplorare, cioè c'è un membro del branco che ha quel preciso ruolo. Salvo che la situazione nuova non sia percepita come una minaccia, in questo caso è lo stallone residente che deve valutarla. Questi incarichi sarebbero definiti dall'esperienza individuale e dei genitori, dal temperamento del soggetto e dal rango.

Il rango può essere molto utile per guidare altri cavalli, soprattutto giovani, e insegnare loro determinati comportamenti. È probabile che molti abbiano visto il giochino fatto nel tondino dai "sussurratori": il cavallo è scacciato via con gesti bruschi e costretto a correre intorno finché non si ferma, si dirige verso la persona e impara a seguirla senza essere tenuto per la longhina (c'è chi ne ha fatto un business, è un comportamento che i cavalli imparano con estrema facilità e che fa riferimento all'uso del rinforzo negativo). Supponiamo adesso di prendere un cavallo che vive al *paddock* in un gruppo sociale coeso e di insegnarli a seguire la persona con questo giochino; poi prendiamo un altro soggetto dello stesso gruppo e gli facciamo vedere l'altro che segue la persona. Il cavallo che guarda sarà in grado di ripetere l'esercizio (seguire la persona senza essere tenuto per la longhina e senza essere stato addestrato nel tondino) semplicemente guardando l'altro cavallo farlo? Gli altri animali sono in grado di apprendere dei comportamenti anche solo guardando un altro soggetto, e questa è un'altra forma di apprendimento che si chiama, guarda caso, apprendimento per imitazione ed è molto importante perché consente di imparare comportamenti da altri, senza dover fare esperienza diretta di quella situazione (è una delle abilità cognitive cosiddette superiori, che vanno oltre le forme di apprendimento viste in precedenza). Prima di dare la risposta alla domanda sopra, facciamocene un'altra (perché farsi domande è sempre positivo). Cos'è più probabile? Che un cavallo apprenda un certo comportamento guardando un altro cavallo solo per spirito di emulazione? Oppure perché ritiene che imitare quello che sta facendo un altro membro del branco possa portare dei benefici? In tutti gli animali, l'apprendimento per imitazione è attuato se c'è una convenienza a ripetere quel determinato comportamento, oppure se chi lo esegue è un soggetto che, per la sua posizione sociale nel gruppo, merita di essere copiato. Il nostro cavallo che guarda l'altro seguire la persona, ripeterà il comportamento di seguire (comportamento del tutto inutile dal punto di vista biologico) solo se lo vede fare a un cavallo che ha una posizione gerarchica più alta della sua all'interno del gruppo sociale. Del resto la storia ci insegna che, se è il comandate il primo a gettarsi in battaglia, è più probabile che la truppa lo segua, e comportamenti del genere fanno parte dell'essere animali sociali, anche se seguire il capo può essere pericoloso.

Guardando un gruppo di cavalli al pascolo, qualcuno si è mai chiesto "come fanno a scambiarsi informazioni, a comunicare?" La complessità della vita sociale dei cavalli deve necessariamente essere accompagnata da un sofisticato sistema di comunicazione intraspecifico, che solo negli ultimi anni si inizia a comprendere. Abbiamo accennato ai segnali tattili che possono scambiarsi i cavalli quando sono molto vicini, ma c'è di più. Nelle specie che hanno gli occhi posizionati lateralmente alla fronte, fino a pochi anni fa si pensava che non potesse esistere comunicazione legata a variazioni del volto (o del muso, come preferite chiamarlo), perché si riteneva che non potessero, per esempio, utilizzare la direzione del loro sguardo senza muovere la testa. Queste convinzioni sono state smentite perché oggi sappiamo che i cavalli sono in grado di comprendere se un loro compagno sta prestando attenzione a qualcosa anche se la sua testa non è posizionata in quella direzione, e lo capiscono dall'esposizione della sclera (la parte bianca dell'occhio), dalla dilatazione della pupilla e dalla mimica facciale. Oltre che, ovviamente dal movimento delle orecchie, dal quale un cavallo può avere informazioni infinitamente superiori rispetto a quelle che possiamo percepire noi. Queste conoscenze si devono mettere insieme alle 17 diverse espressioni facciali principali che il cavallo possiede e che sono state scientificamente catalogate (sono 27 quelle di noi umani, 13 quelle dello scimpanzé, 21 del gatto e 16 del cane), anche se al momento le uniche collegate a uno stato interiore sono le espressioni facciali di dolore che, studiate recentemente, possono essere molto utili per la verifica del benessere fisico. E che dire del nitrito? Quando li ascoltiamo, se ci facciamo caso possiamo notare anche abbastanza facilmente, che i nitriti non sono tutti uguali e che ogni cavallo è in grado di nitrire in maniera diversa, in situazioni diverse. Queste variazioni della frequenza di emissione e della modulazione nel tempo del nitrito forniscono informazioni agli altri cavalli sullo stato emotivo di chi ha nitrito. Noi esseri umani siamo in grado di acquisire informazioni da un'altra persona rilevando la direzione dello sguardo, l'espressione del volto e la tonalità della voce ed è probabile che per i cavalli le cose funzionino più o meno allo stesso modo. Eccezion fatta per il movimento e la direzione delle orecchie, dalle quali possiamo comprendere alcune cose sul comportamento e lo stato emotivo del cavallo, noi non siamo in grado di capire questo complesso sistema di comunicazione, però già saperlo ci dà la misura di quanto meravigliosa e complessa sia l'esistenza del nostro amico.

Proviamo adesso a fare delle considerazioni pratiche. Abbiamo detto che il cavallo è un animale sociale, e pertanto le moderne scuderie dovrebbero garantire un adeguato scambio sociale che sia visivo, uditivo, olfattivo e tattile. Insomma, dobbiamo consentire ai cavalli di avere un contatto con i propri simili e la strategia più facile da attuare è, ovviamente, quella di farli stare al *paddock* insieme. Tuttavia non basta mettere insieme tre, quattro soggetti in *paddock* per garantirne una socialità equilibrata: è indispensabile che quei cavalli creino un legame fra di loro altrimenti c'è il rischio che il *paddock* diventi solo un luogo dove si bisticcia e si litiga. Se ciascuno di noi, quando va in piazza a passare la serata, è costretto a litigare, è probabile che, dopo alcune volte, preferisca restare a casa, nonostante che anche noi esseri umani abbiamo bisogno di socializzare. Perciò con i cavalli per prima cosa è necessario verificare in precedenza chi può stare con chi; quindi, dopo averli messi al *paddock*, controllare come si comportano (i primi giorni soprattutto è indispensabile metterli al *paddock* e restare a guardare cosa fanno, per intervenire immediatamente in caso di necessità). Con il passare dei giorni (ne possono essere necessari anche molti, non è dato sapere quanti), se si sta creando un legame sociale fra i soggetti, i comportamenti agonistici si ridurranno progressivamente e, a una nostra attenta osservazione, si noteranno comportamenti affiliativi. In generale vale la regola che più sono i comportamenti agonistici (dal punto di vista numerico e dall'evidenza con cui si notano) soprattutto quelli con contatto fisico (aggressioni vere e proprie) minore è la coesione sociale del gruppo. In un gruppo coeso, stabile e in armonia, i comportamenti agonistici saranno quasi esclusivamente ritualizzati, mentre si potranno notare molti comportamenti affiliativi. In natura sono necessari anni per ottenere la coesione e la stabilità di un branco, nell'ambiente artificiale che abbiamo creato non è ovviamente possibile aspettare questo tempo, pertanto serve un po' di attenzione nel mettere i cavalli al *paddock* in un contesto sociale perché, soprattutto all'inizio, non tutti i cavalli possono stare insieme, in gruppo.

Un altro spunto pratico riguarda lo sfruttare l'apprendimento per imitazione. È una prassi consolidata far lavorare un cavallo giovane, all'inizio dell'addestramento, accanto a un cavallo anziano che conosce già molto bene ciò che deve essere fatto. Questa strategia avrà più successo se al cavallo anziano e a quello giovane è stata data la possibilità di vivere insieme in un ambiente sociale, per far sì che il cavallo anziano diventi un punto di riferimento anche al di fuori del lavoro di addestramento, cioè che s'instauri fra loro un rapporto gerarchico. Cosa per altro facile perché di solito per i cavalli che non hanno completato lo sviluppo psicofisico e non sono ancora diventati adulti (cosa che accade attorno ai 5 - 6 anni), un soggetto anziano è comunque un riferimento e il cavallo giovane è di solito di rango inferiore. È un po' quello che accade all'interno del gruppo degli scapoli dove gli stalloni anziani hanno il compito di insegnare a fare lo stallone ai più giovani.

Ferri si o ferri no?

Riteniamo di dover fare una breve riflessione sul ferrare i cavalli oppure no. Da diversi anni c'è chi sostiene la necessità di tenere i cavalli senza ferri, ed effettivamente il loro uso (soprattutto di alcuni tipi) limita l'azione naturale dello zoccolo che, per svolgere bene il compito fisiologico di aiutare il sangue a risalire verso il cuore, ha necessità di allargarsi quando il cavallo appoggia l'arto sul terreno. In molti casi (cavalli da passeggiata o che fanno lavori leggeri o su terreni morbidi) effettivamente sembra che non ci sia ragione di tenere lo zoccolo ferrato. Tuttavia ciò che è necessario evitare è l'estremizzazione del messaggio. Ci sono cavalli che per la conformazione dello zoccolo, l'attività che svolgono o per il terreno su cui lavorano possono stare tranquillamente senza ferri. Ci sono cavalli che invece, per le stesse ragioni, hanno necessità di portare i ferri e oggi ci sono soluzioni tecniche che garantiscono l'elasticità dello zoccolo anche con il ferro. Ciò che è importante è ragionare con criterio e consapevolezza su ogni singola situazione, perché ogni cavallo è un individuo a sè. Alle Olimpiadi di Roma un maratoneta etiope corse e vinse la maratona a piedi scalzi, cosa improponibile per la stragrande maggioranza delle persone, che avrebbero grosse difficoltà anche a percorrere solo qualche chilometro senza le scarpe. Il cavallo nel corso dei secoli ha subito una selezione genetica importante, finalizzata a ottenere performance migliori in gara oppure un'eleganza fisica particolare e ciò ha portato l'allevamento ad avere soggetti che poco o niente hanno a che fare con un ambiente naturale: i cavalli domestici non sono più l'animale che viveva libero diecimila anni fa e poco somigliano anche alle razze che vivono brade in molti paesi. Perciò è necessario avere buon senso e analizzare ogni singola situazione come un caso a sé, senza preconcetti ed estremismi. I cavalli si meritano questa attenzione da parte nostra. Il Pony di Esperia è una razza molto rustica, originaria dei monti dell'Italia centrale, che negli ultimi anni sta riscoprendo un suo ruolo, e alcuni soggetti hanno partecipato, sferrati, anche a gare di completo, non perché chi li gestiva fosse il seguace di qualche guru americano, ma più semplicemente perché questa razza ha zoccoli così duri, temprati da secoli di vita in montagna, che è molto difficile ferrarli e gareggiano, anche in cross, tranquillamente senza ferri. Il buon senso ha spinto a capire che, per questi pony, era sufficiente cercare di mantenere lo zoccolo così come lo aveva plasmato la natura. Cosa che, probabilmente, non è proponibile per altri cavalli, nati e cresciuti da secoli nell'ambiente artificiale di scuderia.

(Foto di Vanessa Salvati per gentile concessione)

Comportamenti di gioco sono frequenti in un gruppo sociale stabile, anche fra cavalli adulti (sono un importante indicatore del "benessere" di branco).

In conclusione, il comportamento naturale del cavallo è un elemento chiave per valutare il suo "benessere" ed ha notevoli implicazioni pratiche nella gestione delle moderne scuderie. Conoscere il comportamento naturale di questo animale ci consentirà di valutare, in maniera critica, se l'ambiente in cui lo abbiamo messo e il modo in cui lo gestiamo nella routine di tutti i giorni sono adeguati a rispettare le sue esigenze etologiche e psicologiche.

Comportamenti agonistici (aggressione) messi in atto dai cavalli quando la presenza di un altro soggetto è ritenuta una minaccia.

	Comportamento
Minaccia leggera	Classico comportamento di minaccia. Le orecchie sono rivolte all'indietro e schiacciate sulla nuca, la testa è indirizzata verso la causa della minaccia. Il cavallo può stare fermo oppure dirigersi verso il cavallo minacciato.
Minaccia di mordere	Movimento intenzionale di mordere, senza contatto fisico fra i due contendenti. Le orecchie sono rivolte all'indietro e schiacciate sulla nuca (minaccia leggera), la bocca è aperta. A questi si unisce uno dei seguenti comportamenti: 1) la testa e il collo sono estesi verso l'altro cavallo, 2) movimento veloce verso il cavallo minacciato da una distanza non superiore a tre volte la lunghezza del corpo (circa 7/8 metri).
Minaccia di calciare	Movimento intenzionale di calciare con l'arto posteriore, senza contatto fisico fra i due contendenti. Le orecchie sono rivolte all'indietro e schiacciate sulla nuca (minaccia leggera), cui si unisce uno dei seguenti comportamenti: 1) movimento all'indietro, 2) girare i posteriori verso il soggetto minacciato, 3) sollevare uno, o entrambi gli arti posteriori, 4) sollevare uno, o entrambi gli arti posteriori, mentre il cavallo si allontana.
Minaccia di rampare	Movimento intenzionale di colpire con l'arto anteriore (rampare), senza contatto fisico fra i due contendenti. Le orecchie sono rivolte all'indietro e schiacciate sulla nuca (minaccia leggera), la testa e le spalle sono indirizzate verso l'altro soggetto. Uno o entrambi gli arti anteriori sono mossi velocemente in avanti e lateralmente.
Mordere	Movimento intenzionale di mordere, con contatto fisico. È uguale alla minaccia di mordere, però in questo caso è evidente la volontà di mordere.
Calciare	Movimento intenzionale di calciare, con contatto fisico. È uguale alla minaccia di calciare, però in questo caso è evidente la volontà di calciare.
Rampare	Movimento intenzionale di colpire con l'arto anteriore (rampare), con contatto fisico. È uguale alla minaccia di rampare, però in questo caso è evidente la volontà di colpire l'altro cavallo.
Premere	Premere la testa, il collo, le spalle e il corpo contro un altro cavallo, provocandone lo spostamento di uno o più arti per riacquistare l'equilibrio.
Scacciare	Comportamento diretto a far allontanare velocemente un altro cavallo, con minaccia leggera e testa alzata.
Morso leggero	Simile al morso ma meno evidente. La bocca è meno aperta e i denti si chiudono su un piccolo pezzo di pelle dell'altro cavallo.
Attacco	Comportamento di attacco da distanza. Minaccia leggera, testa alzata, bocca aperta e inseguire l'altro cavallo da una distanza superiore a circa 6/7 metri, provando a morderlo.

Comportamenti affiliativi (pacificazione) messi in atto dai cavalli per rinsaldare, o creare, una relazione amichevole con un membro del proprio branco.

	Comportamento
Mutual grooming	Due cavalli si grattano a vicenda generalmente il garrese, il fianco e il collo.
Annusarsi il naso	Due cavalli si annusano a vicenda mettendo a contatto le narici.
Annusare il corpo	Investigazione olfattiva di collo, spalle, fianchi o coda. Il comportamento può essere fatto da un solo cavallo nei confronti di un altro oppure a vicenda.
Annusare i genitali	Investigazione olfattiva degli organi genitali. Il comportamento può essere fatto da un solo cavallo nei confronti di un altro oppure a vicenda.
Gioco	Comprende comportamenti di gioco a bassa intensità come mordicchiarsi (di solito arti anteriori e posteriori), prendersi per la criniera o per la coda. Il comportamento può essere fatto da un solo cavallo nei confronti di un altro oppure a vicenda.
Contatto amichevole	Un cavallo cerca il contatto fisico di un altro. Il comportamento può essere fatto da un solo cavallo nei confronti di un altro oppure a vicenda.
Avvicinamento	Un cavallo si muove verso un altro cavallo che resta fermo e lascia che l'altro si avvicini in stretta prossimità, senza che ci sia contatto fisico.
Seguire	Un cavallo segue un altro che ha appena iniziato a muoversi, stando immediatamente dietro di lui.

Capitolo 16 – E vita di scuderia

Come sappiamo il cavallo ha assunto nella società moderna un ruolo importante come animale da sport e da affezione; la sua selezione è stata finalizzata al raggiungimento di obiettivi come velocità, capacità di salto, eleganza dei movimenti e molto altro, in funzione dell'attività per la quale ogni razza è stata allevata. Ciò ha comportato un'evoluzione dei metodi di stabulazione, in risposta a esigenze economiche e pratiche. Il risultato di questa evoluzione è il confinamento dei cavalli in spazi ristretti e all'isolamento dai propri simili per lunghi periodi durante la giornata; accorgimento utile senza dubbio per un miglior controllo del cavallo, sia dal punto di vista sanitario che alimentare. Tenere i cavalli in box singoli ci permette di controllare meglio il loro stato di salute, eseguire profilassi e terapie, facilita inoltre il lavoro nel momento in cui li dobbiamo toelettare, sellare e lavorare; senza contare che l'organizzazione del personale di scuderia è più semplice e razionale. Vantaggi, questi, legati alle esigenze economiche e di convenienza pratica dell'essere umano.

Purtroppo questa gestione di fatto ignora i bisogni biologici ed etologici dei cavalli e utilizza, erroneamente, standard "umani" per valutare la qualità dei metodi di stabulazione. Si vedono cavalli tenuti in box per gran parte della giornata che hanno un bel manto lucido, con un'adeguata forma fisica, data dalla prevalenza delle linee rotonde nei vari distretti del corpo (body score), senza lesioni cutanee o parassiti intestinali e pensiamo che stiano bene, e questo è anche vero, ma in minima parte, perché questo metro di giudizio, che utilizziamo per capire se un cavallo sta bene, non tiene conto di cosa accade nella sua mente quando deve stare chiuso per venti ore al giorno, o anche più, in un box che, quando va bene, ha dimensioni di 3,5 x 3,5 metri. I moderni metodi di stabulazione sono pertanto funzionali ad assicurare ai cavalli la salute fisica, consentono di monitorarli individualmente e garantiscono quattro delle *Five Freedoms* (*Farm Animal Welfare Council*). La prima libertà (1) è soddisfatta quando sono rispettati i fabbisogni nutritivi di un animale ed è perciò libero da fame, sete e malnutrizione. Analogamente la libertà da disagio e dolore (2), ferite e malattie (3) e la libertà da paura e sofferenza (4) sono assicurate da un buon luogo di riposo, al riparo dalle intemperie, che riduca al minimo il rischio di traumi e malattie ed eviti condizioni che generino paura. Rimane l'ultima libertà che è diversa dalle altre: non liberi "da", ma liberi "di", liberi di esprimere un comportamento naturale (5).

Prima di continuare, fermiamoci un attimo a riflettere su ciò che abbiamo scritto nel capitolo precedente e poniamoci questa domanda: i cavalli, nelle scuderie tradizionali, sono liberi di esprimere il proprio comportamento naturale? Non ci sono solo evidenze empiriche, date dall'osservazione attenta e imparziale del comportamento, anche la ricerca scientifica oramai ha evidenziato in maniera incontrovertibile come, nella vita di scuderia, i cavalli vadano incontro, in maniera più o meno marcata, a un'evidente alterazione del loro comportamento naturale. Quanto è importante far sì che i cavalli manifestino un comportamento più naturale possibile nei moderni sistemi di stabulazione? Non c'è dubbio che vi siano aspetti del benessere animale che non sono soddisfatti dalle prime quattro libertà. La possibilità di eseguire comportamenti naturali è associata all'insorgere di emozioni positive e potrebbe portare benefici, difficilmente raggiungibili in altro modo o difficilmente prevedibili perché legati allo stato mentale del cavallo, cioè a un aspetto che non è evidente all'occhio delle persone. Alcuni comportamenti come l'esplorazione manifestata verso oggetti o persone, ad esempio, coinvolge lo sviluppo di uno stato emotivo positivo, perché può rappresentare per l'animale l'attesa di un ipotetico evento gratificante. Per questo motivo gli ambienti che promuovono un attivo, vario e flessibile repertorio comportamentale, simile a quello naturale, sono preferibili ad ambienti che favoriscono l'apatia. Negli ultimi anni per molte specie animali vi è, infatti, la tendenza a intervenire per rendere l'ambiente di vita più vario e possibilmente simile a quello naturale, aumentando così il repertorio comportamentale per avvicinarlo a quello della vita in natura. Oggi sappiamo che un'inadeguata interazione sociale, una mancanza di spazi e di stimoli ambientali appropriati, sono potenziali fonti di frustrazione psichica anche per i cavalli. Possiamo affermare che la componente psichica del benessere animale è condizionata da fattori ambientali (stabulazione e gestione di scuderia) e dall'interazione con l'uomo (come vedremo meglio nei prossimi capitoli). Gli attuali sistemi di stabulazione possono indurre lo sviluppo di comportamenti anormali e stereotipie che sono considerate una conseguenza della difficoltà di adattamento all'ambiente. Circa il 10% dei cavalli stabulati in maniera tradizionale manifesta stereotipie (ticchio con/senza appoggio, ballo dell'orso, girare in circolo e altre) e circa il 30% mostra comunque comportamenti anormali, che non esistono in natura e che in molti casi portano allo sviluppo successivo di stereotipie.

Sono tre gli aspetti principali del comportamento dei cavalli che sono alterati nelle moderne scuderie, rispetto alle condizioni di vita naturali e su questi è necessario intervenire, attraverso modifiche strutturali e organizzative che favoriscano, in scuderia, la socializzazione fra cavalli e con le persone, che creino un ambiente interessante e che usino sistemi di alimentazione simili ai modelli naturali. Analizzeremo questi aspetti, partendo dalla situazione che si trova, in media, nelle moderne scuderie e cercheremo di capire quali e quante modifiche si possono apportare alla struttura e alla gestione per trovare un compromesso fra le esigenze etologiche e biologiche dei cavalli e le nostre esigenze nel gestirli, per lavorarci nelle competizioni sportive, passeggiate, attività e terapie assistite e molto altro. Iniziamo con alcune considerazioni sulla struttura della scuderia, dove i cavalli sono tenuti in box di dimensioni che molto raramente superano i 3/3,5 metri di lato (mentre la dimensione minima consigliabile sarebbe di 4 x 4 metri). Contrariamente a quanto si crede, i cavalli, come tutti i mammiferi, hanno bisogno di dormire sdraiati (la fase REM del sonno richiede il riposo sdraiato, in decubito laterale) e maggiori sono le dimensioni del box maggiore è il tempo che passano riposandosi sdraiati in posizione sternale (che è la posizione che favorisce la successiva fase REM del sonno). In sostanza più grande è il box meglio riposa il cavallo. Inoltre, nel momento di rialzarsi, i cavalli tenuti in box più piccoli eseguono più manovre per cercare la posizione migliore, aumentando il rischio di rimanere con gli arti flessi contro la parete e perciò di lesioni.

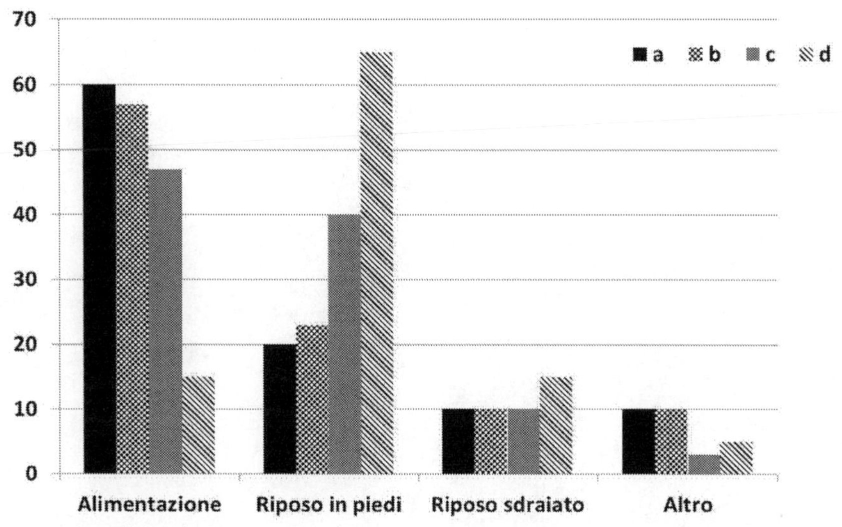

(a) cavalli liberi in natura; (b) cavalli stabulati insieme con fieno ad libitum; (c) cavalli in box individuali con fieno ad libitum e possibilità di vedersi e toccarsi fra loro; (d) cavalli tenuti in box singoli con razioni di fieno a orario e senza nessuna possibilità di vedere o toccare altri cavalli.

In stabulazione singola, senza contatto sociale e con alimentazione programmata a orari precisi, i cavalli passano circa il 65% del tempo riposandosi in piedi (in sostanza a non fare niente), tre volte di più rispetto ai cavalli in natura, che invece spendono circa il 60% del tempo alimentandosi (pascolando), contro il 15% di quelli stabulati. Questa differenza è dovuta al confinamento in box e all'isolamento sociale che determinano, anche a causa della restrizione fisica, una riduzione degli stimoli ambientali che agiscono sul cavallo con conseguente minore possibilità di scelta nei comportamenti da esibire.

Inoltre gli studi sulla cognizione spaziale ci dicono che il cavallo ha la consapevolezza di "ostacolo" (non quello da saltare), inteso come elemento fisico interposto fra sé e qualcosa che vorrebbe raggiungere ed ha le capacità intellettive per trovare la soluzione a queste situazioni, creandosi una mappa mentale per capire quale sia la strada migliore per aggirare l'ostacolo. Grazie a questi studi oggi è più che plausibile ritenere che i cavalli abbiano la percezione di essere chiusi in uno spazio ristretto e di non poter avere contatto con i cavalli vicini a causa di barriere fisiche (i muri) che loro non sono in grado di evitare e questo può senz'altro contribuire a generare frustrazione e senso d'impotenza.

Socialità

Come abbiamo visto nel capitolo sulla vita all'aria aperta, i cavalli hanno un'intensa e complessa vita sociale che è fondamentale per il loro equilibrio mentale. Lasciarli liberi di vivere in *paddock*, giorno e notte per 365 giorni l'anno, sarebbe la soluzione ideale, a patto però di avere un *paddock* che consenta davvero una vita simile a quella naturale. Ampi terreni (un ettaro a cavallo in media), con un po' di dislivello e zone in piano, un po' di bosco o comunque macchia come riparo naturale, ricoveri artificiali per le intemperie, aree dove ci sia terreno sempre asciutto e zone dove possano pascolare, il tutto unito ad adeguata integrazione alimentare e acqua potabile corrente. Insomma, un luogo nel quale il cavallo abbia la possibilità di scegliere dove e come ripararsi, dove e come mangiare, se rotolarsi nel fango oppure all'asciutto. Se non sussistono queste condizioni, meglio una gestione mista scuderia e *paddock* dove, anche con superfici limitate, si possano attuare strategie di arricchimento ambientale semplici e gestibili. Inoltre, tenere un cavallo esclusivamente al *paddock* probabilmente creerebbe non poche difficoltà di gestione in tutte quelle situazioni in cui si lavora spesso in sella per fare attività sportiva o altro, iniziando dalla necessità di doverli andare a prendere e riportare (con la pioggia o con il sole), toelettarli, sellarli e poi lavorare, gestirne la sudorazione, soprattutto con il mantello invernale, non potendo certo rimettere al *paddock* un cavallo sudato in pieno inverno. È anche evidente che al *paddock* con altri cavalli può essere complicato controllare quanto fieno o concentrato ha mangiato quel determinato cavallo, rispetto alla dieta stabilita in base ai fabbisogni nutrizionali dettati dall'attività sportiva. Tuttavia, anche se la vita sociale nella maggior parte dei casi non può essere soddisfatta nelle scuderie tradizionali, partendo da quelle che sono le esigenze dei cavalli possiamo studiare e mettere in atto alcune strategie per cercare di allinearne il comportamento con quello che avrebbero in condizioni naturali.

Partiamo da un punto fermo: il cavallo è un animale sociale, perciò potremo pensare che la prima esigenza da soddisfare sia far sì che ogni cavallo passi almeno 2-3 ore al giorno al *paddock*, in compagnia di suoi simili. Se non si hanno *paddock* adeguati o in numero sufficiente per tutti i cavalli possono essere sfruttate anche soluzioni transitorie, come recinzioni smontabili e spostabili, in modo da creare piccoli *paddock* dove i cavalli (almeno a coppia) possano passare qualche ora insieme. Sarebbe preferibile avere *paddock* ampi, adeguati alle necessità e dove vi possano stare anche più di due cavalli, ma la regola fondamentale cui attenersi è permettere al cavallo di stare almeno qualche ora in completa socialità con un suo simile. Poi ciascuno è libero di attuare la soluzione che preferisce e che più si confà alla propria struttura e gestione, per garantire quest'obiettivo. Due, tre ore di socializzazione però sono poche se rapportate alle esigenze dei cavalli, e per tale motivo sarebbe opportuno garantire scambi sociali per più ore durante la giornata (l'ideale sarebbero 12 ore di socializzazione completa). Per fare ciò, fortunatamente non c'è solo il *paddock*, ma si possono attuare anche semplici modifiche della scuderia, che permettano un arricchimento dell'ambiente in cui il cavallo è tenuto e consentano scambi sociali anche stando nel box. Si può modificare la parete divisoria che separa due box contigui, aprendo una finestra che permetta ai cavalli vicini di toccarsi, grattarsi e interagire semplicemente allungando il collo nel box del vicino; ovviamente una finestra del genere deve avere certe caratteristiche per impedire che possano saltarla in qualche modo, perciò deve essere posta a un'altezza adeguata e deve essere abbastanza distante dalla mangiatoia, per evitare conflitti durante il pasto. Non c'è solo l'opzione finestra, si può pensare a pareti fra box costruite con sbarre in acciaio ampie o mezze pareti o altro. Ogni scuderia potrà studiare e attuare la soluzione tecnica migliore per le sue caratteristiche, per permettere così ai cavalli vicini di box uno scambio sociale più completo possibile (visivo, uditivo, olfattivo e tattile), praticamente per tutto il giorno.

Ci sono anche altre soluzioni che, in scuderia, consentano al cavallo un maggior contatto, non solo con i suoi simili ma anche con l'ambiente al di fuori del box. Quando possibile, una soluzione molto semplice è l'apertura di una finestra verso l'esterno su una delle pareti, in modo che possa affacciarsi e guardare cosa accade fuori. Anche verso la parte interna della scuderia si possono attuare alcune strategie per migliorare la qualità della vita dei nostri cavalli quando devono comunque restare in box. Durante il giorno, quando è presente il personale di scuderia, si può tenere aperta la porta, mettendo una o più catenelle in modo che il cavallo non possa comunque uscire: questo gli consentirà di sporgersi verso il corridoio, permettendogli un minimo di relazione con l'ambiente, quando passano altri cavalli, persone, oggetti e altro. Potrà annusarli, guardarli, prestarvi attenzione e interagire con essi, cose queste molto importanti per il suo equilibrio mentale.

Di fronte a queste possibili soluzioni, molti solleveranno delle perplessità, ne siamo certi, soprattutto per quanto riguarda le modifiche del box (la finestra fra box e box e la possibilità di interagire con chi passa nel corridoio) perché penseranno che in tal modo si possano creare situazioni spiacevoli, se non addirittura pericolose, legate ad eccessive interazioni fra i cavalli o fra cavalli e persone. È alquanto evidente che per migliorare la qualità della vita dei cavalli nelle scuderie è indispensabile come prima cosa cambiare la mentalità delle persone: chi pensa che queste soluzioni siano pericolose è meglio che non le attui perché è probabile che non abbia la mentalità giusta per gestirle. È indiscutibile che non si possa mettere i cavalli a caso in un ambiente sociale, sia al *paddock*, sia nella soluzione con apertura fra box e box, o verso il corridoio della scuderia. È necessario prestare molta attenzione al comportamento dei singoli soggetti, prima di inserirli in un ambiente sociale in compagnia di uno o più cavalli, guardando attentamente che tipo d'interazioni hanno quando s'incontrano, oppure creando proprio delle situazioni per farli incontrare in condizioni di sicurezza e studiare se possono stare insieme. Anche dopo che si sarà creato il contesto sociale, è indispensabile che nei primi periodi d'interazione completa i cavalli siano monitorati attentamente e frequentemente nell'arco della giornata per capire se possono davvero avere un contatto sociale completo in sicurezza ed eventualmente apportare le opportune modifiche, magari cambiando la posizione dei singoli. Comunque, con modifiche di questo tipo, non saranno rari i casi di cavalli nervosi e tendenzialmente un po' aggressivi nei confronti di altri cavalli e delle persone, che cambieranno atteggiamento, calmandosi. In ogni caso per gestire al meglio tutte queste opportunità serve personale con una formazione seria, che abbia solide basi scientifiche.

Comportamento locomotorio

Un altro aspetto alterato in scuderia è il comportamento locomotorio. In natura il cavallo pascola, ma pascolare non vuol dire solo mangiare erba. Con il pascolamento prende un ciuffo di erba, lo mastica e fa un passo avanti per prendere il successivo. In sostanza pascolare vuol dire alimentarsi e camminare lentamente e con quest'attività un cavallo arriva a coprire fino a 20 km il giorno. È facile capire come, con il confinamento in box che spesso si protrae per più di tre quarti della giornata, questo comportamento sia sostanzialmente impedito. Certamente la vita in scuderia offre altre possibilità di movimento, che però sono alquanto diverse dal comportamento locomotorio naturale dovuto al pascolamento, e per questo motivo è fondamentale che il cavallo possa passare alcune ore al giorno al *paddock*. Ovviamente affinché il *paddock* sia funzionale a permettere un movimento naturale, deve essere di adeguate dimensioni e offrire al cavallo le opportunità per muoversi (avere aree di pascolamento, zone di ombra e altro). *Paddock* di piccole dimensioni possono essere funzionali a garantire un contatto sociale, ma non svolgeranno nessuna funzione dal punto di vista locomotorio. Anche la normale attività di lavoro in sella non può sostituire il movimento naturale e l'unica possibilità che abbiamo, in scuderia, è l'uso della giostra, anche se rappresenta una soluzione artificiale.

Comportamento alimentare

Anche in questo caso l'ambiente di scuderia presenta delle criticità importanti rispetto alla vita naturale. I 20 km circa che il cavallo copre durante la giornata con il pascolamento sono legati alla durata di quest'attività, che in natura si protrae per circa 16/17 ore al giorno, inclusa la notte, perché, anche se in misura minore, i cavalli si alimentano anche durante le ore notturne. In scuderia l'alimentazione presenta alterazioni, sia quantitative che qualitative, molto evidenti. L'aspetto quantitativo alterato è legato al fatto che il pasto avviene a orari prestabiliti e di solito non più di due o tre volte al giorno. Il cavallo ha un apparato gastro-intestinale molto diverso dal nostro, il suo stomaco si dilata pochissimo perché l'alimentazione in natura avviene con poco cibo che è ingerito in maniera costante per buona parte della giornata. Il suo stomaco in condizioni naturali non è in pratica quasi mai vuoto e molto raramente è completamente pieno, è un po' come se il cavallo avesse sempre fame, per usare parole semplici. In scuderia le ore di digiuno fra un pasto e l'altro alterano questo equilibrio e c'è la tendenza a ingerire la razione molto (troppo) rapidamente. Sappiamo che i cavalli sono mediamente alquanto voraci (almeno così sembrano a noi) e l'incidenza delle coliche da costipazione è rilevante nelle scuderie che hanno regimi alimentari molto rigidi, mentre è una patologia pressoché sconosciuta in condizioni naturali.
Però non c'è solo questo problema. L'alimentazione in scuderia presenta anche alterazioni di tipo qualitativo con razioni tendenzialmente povere di fibra lunga (fieno per capirsi), questo è dovuto al frequente ricorso a concentrati perché il solo fieno (per quanto di buona qualità) non è in grado di soddisfare i fabbisogni nutrizionali dei cavalli che hanno un'intensa attività sportiva. Inoltre con l'alimentazione naturale il cavallo, masticando continuamente, produce molta saliva, che, mescolandosi all'alimento favorisce la digestione e ha azione tampone sugli acidi gastrici. In scuderia i due fattori alimentari alterati (alimentazione a orari prestabiliti e povera di fibra lunga) determinano una drastica riduzione della produzione di saliva, che,

insieme all'uso frequente dei farmaci antinfiammatori, soprattutto nei cavalli sportivi, ha aumentato di molto l'incidenza di gastriti e ulcere gastriche. La strategia alimentare da attuare per cercare di allineare il comportamento in scuderia con ciò che accade in natura è solamente una: lasciare il fieno a disposizione (*ad libitum*) per quante più ore possibili (l'ideale sarebbero almeno dodici ore nella giornata), magari facendo attenzione a bilanciare il fabbisogno nutritivo, usando un fieno di ottima qualità ma più povero di energia e proteine. Su quest'aspetto il consiglio che diamo è di rivolgersi ad alimentaristi qualificati (ce ne sono di davvero bravi e preparati), che saranno in grado di studiare le soluzioni migliori, in base ai fabbisogni del cavallo e all'attività che svolge. Il nostro compito è solo ricordare che, detto in parole povere, il cavallo deve masticare fibra lunga (fieno) per almeno dodici ore al giorno, se vogliamo rispettare il suo equilibrio fisiologico ed etologico.

Vogliamo spendere alcune parole anche sull'abbeverata. In quasi tutti i box e i *paddock* sono montati abbeveratoi a pressione, nei quali il cavallo deve premere una leva per far uscire l'acqua. Questi abbeveratoi funzionano, in pratica, per condizionamento operante, con il rinforzo positivo: preme una leva e ottiene di bere. L'acqua in questi abbeveratoi esce spesso in poca quantità e con una discreta pressione e il cavallo è costretto a bere compiendo un comportamento che è una sorta di costrizione e questo non è un modo naturale di abbeverarsi. Notevolmente migliori sono gli abbeveratoi a galleggiante, nei quali l'acqua è sempre presente, il cavallo beve e a mano a mano che il livello si abbassa, l'abbeveratoio si riempie di nuovo. Questo tipo di abbeveratoi sono inoltre più grandi di quelli a pressione e il cavallo può bere con un comportamento senz'altro più naturale, immergendo le labbra completamente nell'acqua. Una soluzione migliore sarebbe mettere nei box abbeveratoi a galleggiante più grandi (delle dimensioni di un secchio circa), mentre nei *paddock* la soluzione ideale resta l'abbeveratoio tipo "vasca" con il galleggiante (facendo attenzione che sia ben fissata al terreno e con adeguate protezioni ai bordi). In entrambi i casi sarà facile vedere i cavalli che, soprattutto nel periodo estivo, non solo bevono e si dissetano, ma anche giocano con l'acqua, rinfrescandosi e traendone piacere sia fisico sia mentale.

Una menzione a parte merita il *paddock paradise:* è una buona soluzione, a patto che non sia una sorta di percorso ad ostacoli obbligato che il cavallo deve compiere per raggiungere cibo o acqua. Vanno benissimo tutte le soluzioni tecniche dei *paddock paradise*, però il cavallo, quando è al *paddock*, deve avere sempre la possibilità di scegliere quale comportamento eseguire: stare fermo a riposarsi, pascolare, fare grooming con il compagno, andare a bere, rotolarsi e altro. Ogni volta che c'è una forma di "limitazione della libertà individuale" lo stare in *paddock* perde il suo significato principale. Comunque un ampio *paddock*, con terreno vario, dislivelli, un po' di macchia e bosco, un po' di pascolo e magari un ruscello, dove stare con i compagni di scuderia è già *paradise* di per sé. Un'altra buona soluzione è tenere quattro o cinque cavalli stabulati insieme in un unico grande box, ovviamente di dimensioni adeguate a garantire a ciascuno lo spazio sufficiente per riposarsi sdraiato. Questa soluzione, in voga nei paesi del nord Europa, prevede però uno studio attento e alcuni tentativi, su quali cavalli possano vivere in un contesto di totale socializzazione in uno spazio comunque ristretto, perché in caso di "discussione seria" questa soluzione non offre vie di fuga praticabili.

Sono molte le possibilità per migliorare la qualità della vita dei nostri amici in scuderia. Alcune le abbiamo elencate e discusse qui, ma ciascuno, conoscendo il comportamento naturale dei cavalli, può trovare la soluzione che più si addice alla sua situazione, in base alla struttura della scuderia esistente, al terreno disponibile, alle risorse economiche, ai cavalli che deve gestire e a quale attività svolgono, per modificarne l'ambiente e far sì che si possa andare incontro alle loro esigenze, trovando un punto di equilibrio con le nostre. La cosa importante da tenere presente è che queste strategie di "arricchimento ambientale" permettono agli animali di eseguire comportamenti che, essendo simili a quelli naturali, hanno un impatto positivo su tutti gli aspetti psichici del comportamento (sfera emotiva e cognitiva soprattutto). Possiamo rendercene conto, perché l'arricchimento ambientale promuove una maggiore attività d'interazione con tutto l'ambiente che circonda il cavallo e delle variazioni che vi avvengono, che diventerà evidente con l'aumento dei comportamenti di attenzione ed esplorazione. L'aumento della socializzazione e della possibilità di contatto con persone e oggetti presenti nella scuderia fornisce ai cavalli l'occasione di eseguire una più accurata valutazione dell'ambiente, importante per garantirne un adeguato equilibrio psichico.

Quando gli è concessa l'opportunità di farlo, i cavalli tendono ad avvicinare il loro comportamento in scuderia a quello naturale, come si evidenzia dal prolungato comportamento alimentare, quando hanno fieno disponibile, simile in percentuale alle ore di pascolamento e dall'interazione sociale con conspecifici. Un ambiente povero di stimoli, che li porta a passare molte ore senza fare niente, induce la comparsa di comportamenti anormali, come per esempio l'ispezione della lettiera e leccare la mangiatoia (che simulano il pascolamento) confermando che questi comportamenti sono da considerarsi processi adattativi a un ambiente innaturale e quindi indici di riduzione di "benessere". Mentre lo sviluppo e il mantenimento di adeguate relazioni sociali, con l'adozione di modifiche strutturali della scuderia che permettano un maggiore contatto tra cavalli e l'incremento degli orizzonti visivi verso l'esterno del box, riducono la frequenza di comportamenti anormali e l'insorgenza di stereotipie. Creare un ambiente di scuderia adeguato è molto importante perché il bisogno psicologico di eseguire certi comportamenti può continuare a esistere, anche se il bisogno biologico è stato rimosso dalla stabulazione: ad esempio, l'alimentazione in scuderia è sufficiente a soddisfare tutti i fabbisogni nutrizionali, ma il cavallo potrebbe mantenere la motivazione psicologica al pascolamento, comportamento impedito dalle condizioni di stabulazione.

In considerazione di ciò, appare quindi opportuno attuare piani di modifica strutturale, di gestione e di formazione del personale, affinché nelle scuderie si possa ottenere un adeguato arricchimento ambientale che soddisfi la motivazione dei cavalli a manifestare comportamenti naturali. Se vogliamo veramente far star bene i nostri cavalli (dal punto di vista psichico) servono tempo, pazienza e personale di scuderia con una formazione adeguata. In questa situazione non abbiamo difficoltà a dire che le soluzioni facili e preconfezionate, forse, sono più utili a noi che ai cavalli. Ci preme inoltre rilevare come tutte le modifiche e i suggerimenti che abbiamo discusso, possano essere attuati con interventi che tengano conto della specificità di ogni singola scuderia e che siano sostenibili economicamente.

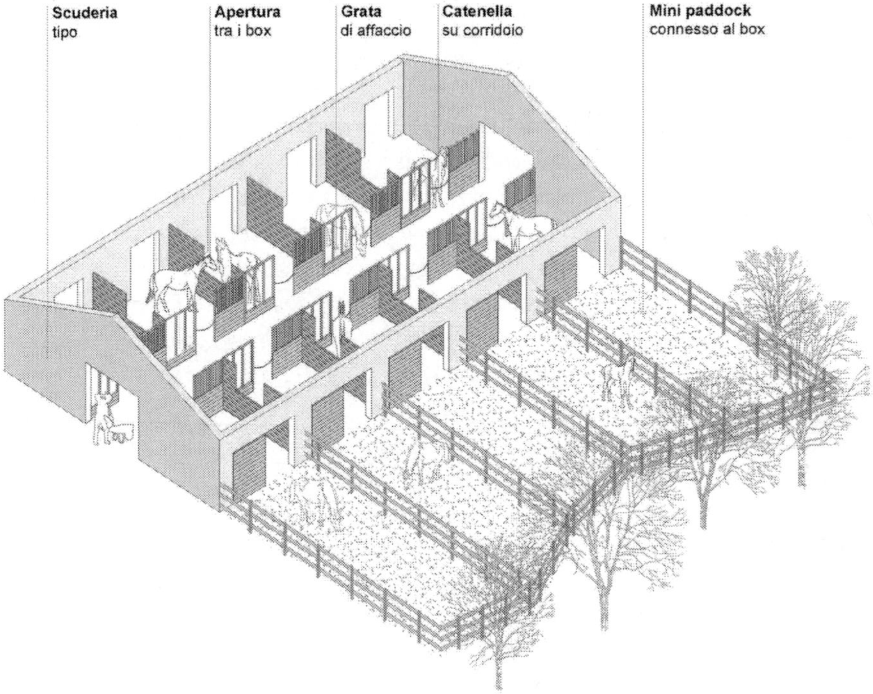

Nel prospetto grafico sono riportati gli "accorgimenti" che dovrebbero essere previsti affinché una scuderia sia strutturata per andare incontro alle esigenze dei cavalli. Sarebbe auspicabile che le soluzioni indicate (apertura nella parete tra box, grata di "affaccio" sul corridoio, catenella alla porta durante il giorno e accesso al mini *paddock* esterno) fossero presenti insieme. Tuttavia, ogni scuderia può essere progettata o ristrutturata in base alle disponibilità di spazio ed economiche, e ciò non preclude in alcun modo la possibilità che si possano individuare soluzioni tecniche diverse, specifiche per ogni singola realtà. Nelle immagini sotto (grazie all'aiuto tecnico dello staff di Oq horses) abbiamo provato a immaginare di modificare la struttura di scuderie tradizionali, aggiungendo gli elementi necessari a creare l'arricchimento ambientale richiesto dalle esigenze etologiche dei cavalli.

PRIMA

DOPO

PRIMA

DOPO

PRIMA

DOPO

Le conoscenze scientifiche sulle necessità dei cavalli in scuderia, possono essere tenute in considerazione già in sede progettuale. Aprirsi all'innovazione, unendo conoscenze e competenze diverse, può portare a soluzioni architettoniche e strutturali nelle quali la socialità e l'arricchimento ambientale per i cavalli siano tenute in considerazione fin dall'inizio della fase progettuale, e poi realizzativa, di nuove scuderie. Le soluzioni individuate dal BIG BOX © sono un ottimo esempio di come sia possibile coniugare le esigenze economiche di gestione (con abbattimento dei costi, in termini di materiali impiegati e manodopera) e le necessità che hanno i cavalli di vivere in un ambiente sociale, multiforme e stimolante, per la loro mente. Strutture così realizzate consentono di aumentare lo spazio vitale del cavallo (40 mq) con continuità spaziale fra interno della scuderia e mini *paddock* esterno, garantiscono una socialità completa, tattile, visiva e uditiva diretta (in un BIG BOX possono essere ospitati anche due/tre cavalli, in base alla corporatura, con alimentazione e abbeverata garantite individualmente se necessario, grazie a pareti modulari), o indiretta (possibilità di contatto fisico nelle 24 ore con i cavalli dei box attigui).

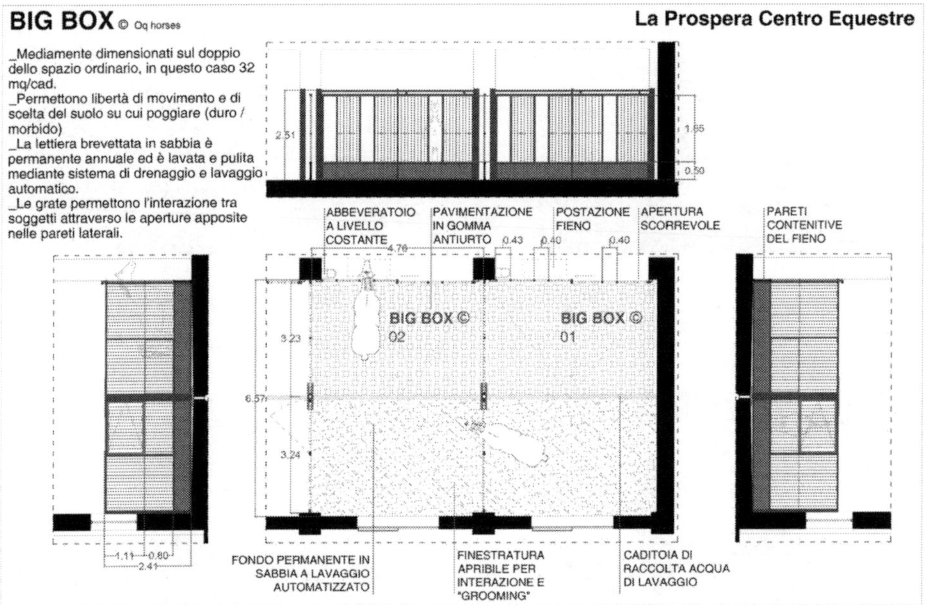

LA PROSPERA
centro equestre
www.laprosperacentroequestre.it

oqhorses
progettazione etologica centri equestri
www.oqhorses.com

AMBIENTE
ESTERNO

INTERAZIONE
INTERNA

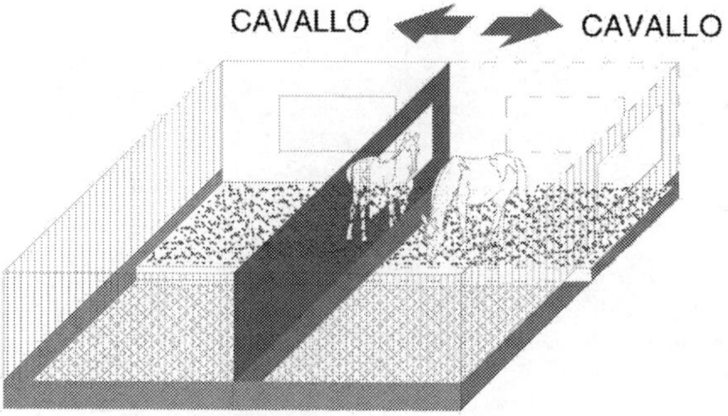
CAVALLO
CAVALLO

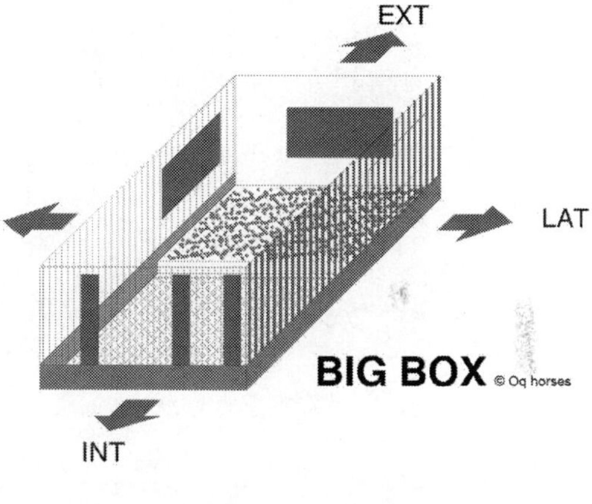
EXT
LAT
INT
BIG BOX
© Oq horses

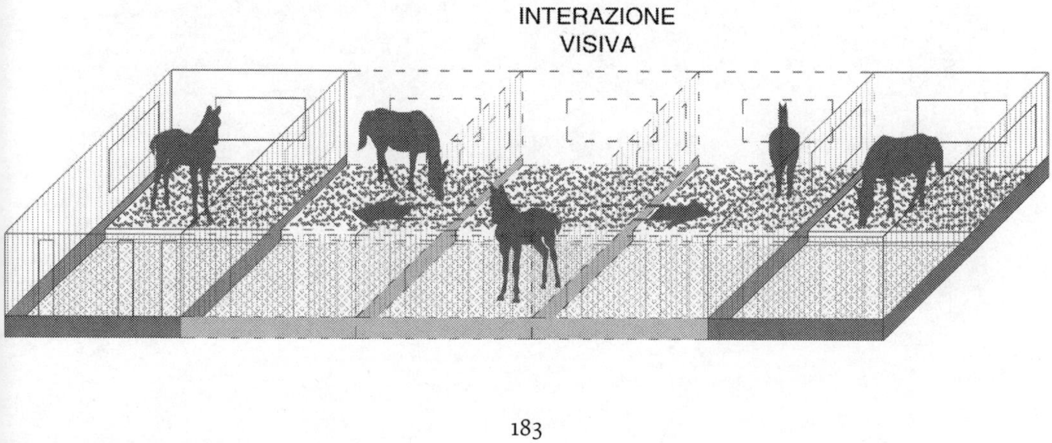
INTERAZIONE
VISIVA

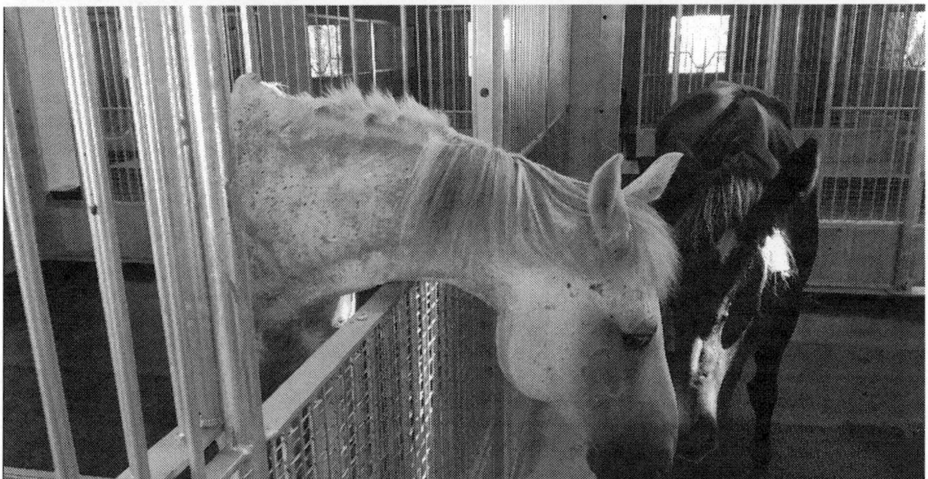

Capitolo 17 – Attenzione!

Come facciamo a sapere, in maniera scientificamente corretta, che un cavallo è in grado di riconoscere, a livello individuale, un suo compagno di branco? Quando ci troviamo di fronte a qualcosa che non riusciamo a capire, per esempio, una lezione complessa, la trama di un film d'essai, ma anche un comportamento strano del nostro cavallo come leccare i bordi della mangiatoia, ci viene naturale prestarvi maggior attenzione. È una risposta della nostra mente a quelle situazioni che sono, sul momento, incomprensibili, strane o contraddittorie e che richiedono un'adeguata investigazione per comprenderne il significato. Per studiare come fanno i cavalli a riconoscere un suo simile, è stata usata una tecnica psicologica che sfrutta questa capacità di prestare attenzione a qualcosa che non si capisce. I ricercatori inglesi che hanno condotto lo studio hanno registrato il nitrito di un gruppo socialmente stabile di cavalli che vivevano insieme da molto tempo, poi hanno preso un cavallo del gruppo (che chiameremo Ercole per comodità) e l'hanno portato davanti a un grande pannello di legno, che nascondeva un altro cavallo dello stesso gruppo (che chiameremo Oliver). Hanno quindi fatto sentire a Ercole il nitrito di uno dei suoi compagni che poteva essere il nitrito di Oliver, nascosto dietro il pannello di legno, oppure poteva essere di un altro cavallo del gruppo. Dopodiché, il pannello era rimosso ed Ercole poteva vedere se il cavallo nascosto, Oliver, era lo stesso di cui aveva ascoltato il nitrito. Se il nitrito ascoltato era di Oliver, Ercole si comportava normalmente: aveva ascoltato il nitrito e aveva visto subito dopo Oliver, "proprietario" di quel nitrito. Se invece ascoltava il nitrito e poi, una volta rimosso il pannello, vedeva Oliver, che non era il proprietario di quel nitrito, Ercole guardava molto a lungo il cavallo che gli stava davanti, fissandolo e prestandogli molta più attenzione, come se si stesse chiedendo: "Ho sentito un nitrito, ma adesso vedo Oliver, che non nitrisce in quel modo" Questa situazione è ciò che, in psicologia comparata, si chiama "violazione dell'aspettativa", e accade ogniqualvolta un essere umano o un animale si trova di fronte a una situazione in cui due o più stimoli sono ambigui, contradditori e forniscono informazioni diverse che risultano, al momento, incomprensibili. Questo richiede un uso notevole dell'attenzione, che serve per capire (o cercare di farlo) il perché della situazione ambigua.

Quello che però a noi interessa, oltre all'aspetto psicologico in sé, è come questa situazione è evidente dall'esterno, attraverso il comportamento dell'animale.

Ercole prestava molta attenzione alla situazione quando non c'era corrispondenza fra il nitrito che sentiva e il cavallo che vedeva, inarcando il collo, drizzando le orecchie e tenendo la testa nella direzione di Oliver. Questi comportamenti, se ci facciamo caso, sono molto frequenti in scuderia. In ogni momento della giornata un cavallo presta attenzione a qualcosa: un rumore, un movimento, l'arrivo del cibo, un braccio alzato all'improvviso, e così via. Il cavallo risponde a tantissimi stimoli, fissandoli e prestandovi attenzione, come facciamo noi del resto, in molte situazioni che ci capitano durante la giornata. Come fate voi se queste parole non sono comprensibili.

L'attenzione è l'atto di rivolgere e applicare la mente a un oggetto o a una situazione, ed è il processo che permette di concentrare o d'indirizzare l'attività psichica verso uno o più stimoli. Detto così può sembrare un po' complicato e, in effetti, questo è probabilmente uno degli argomenti più studiati in diversi ambiti scientifici, perché è un fenomeno psichico molto complesso e i dubbi e le domande ancora senza risposta sono molti. Per questo motivo non abbiamo intenzione di addentrarci nei meccanismi psicologici che determinano l'attenzione; se lo facessimo, rischieremmo di fare solo una gran confusione, perché non abbiamo le conoscenze adeguate e soprattutto perché non è nostra competenza. Per tali motivi ci limiteremo a descrivere come si manifestano i comportamenti di attenzione, a cosa servono e cosa succede dal punto di vista del comportamento, durante e dopo che il cavallo ha posto attenzione a qualcosa.

Quante volte abbiamo visto il nostro amico con il collo eretto, immobile, con le orecchie dritte? È questo il comportamento più evidente di quando un cavallo pone attenzione, quello che è per noi di più facile lettura. Se ricordiamo quanto detto nel capitolo sulla percezione sensoriale e sulla comunicazione, possiamo capire come un movimento, un rumore o una forma particolare possano generare questo tipo di comportamento (ricordiamoci anche che noi potremmo non essere in grado di capire cosa ha provocato questo comportamento nel cavallo, perché non siamo in grado di percepire l'ambiente come fa lui). Tuttavia, ci sono anche altri comportamenti che fanno riferimento all'uso dei meccanismi di attenzione: alcuni hanno la stessa impostazione comportamentale ma sono meno evidenti, altri invece si manifestano in maniera un po' diversa, come i comportamenti di esplorazione ed evitamento che, pur essendo compresi nel meccanismo dell'attenzione, sono già indirizzati all'esecuzione della risposta. In sostanza, senza dilungarci troppo, possiamo renderci conto di quando il cavallo pone attenzione a qualcosa dal suo comportamento, come quello descritto sopra e visibile nelle foto.

Gli animali selvatici affrontano costantemente delle sfide e devono risolvere problemi (in natura trovare la soluzione di un problema vuol dire spesso avere salva la vita) e rispondono a queste situazioni con modifiche del comportamento, attraverso le quali sono in grado di controllare l'ambiente in cui vivono. Prendono, perciò, delle decisioni e cambiano il loro comportamento grazie alla conoscenza, a ciò che hanno appreso con l'esperienza. In questo meccanismo meraviglioso, che è l'essenza dell'evoluzione, giocano un ruolo fondamentale quelle abilità cognitive che si manifestano esteriormente con i comportamenti di attenzione e che permettono agli animali di capire se un certo stimolo porta dei benefici, o se una situazione è legata a eventi positivi o negativi.

(Foto di Vanessa Salvati, per gentile concessione)

Comportamento di attenzione del cavallo. Nella foto di sinistra (orecchio destro) e in quella di centro (orecchio sinistro) si nota la direzione delle singole orecchie, indicativa dell'uso di una sola di esse per prestare attenzione. Possiamo notare che la direzione cui è rivolto il padiglione auricolare è inclusa nel campo visivo dell'occhio dello stesso lato.

I comportamenti di attenzione pertanto comprendono:

1) selezione e successiva valutazione dello stimolo,
2) quale risposta eseguire.

La selezione avviene quando il cavallo mostra i comportamenti di attenzione come descritti e, questo, attraverso i meccanismi della sua mente, gli permette di identificare lo stimolo saliente (che lo interessa, che attira la sua attenzione) o un suo aspetto specifico (colore, forma o altro) e di valutarlo, o di valutarne uno dei suoi aspetti e non altri (attenzione selettiva). Oppure la selezione e la valutazione possono avvenire per più stimoli contemporaneamente (o caratteristiche di essi), ossia può avvenire per tutto l'ambiente che circonda l'animale (attenzione divisa o globale). In quest'ultimo caso è come se l'animale prestasse attenzione a diverse cose insieme e, almeno in alcune situazioni, ciò può essere un vantaggio. In realtà questa distinzione (fra attenzione selettiva e divisa) dal punto di vista pratico, non ha alcuna importanza, perché guardando un cavallo che presta attenzione, non possiamo sapere se si tratta di attenzione selettiva o divisa.

La risposta comportamentale è perciò la conseguenza della selezione e della successiva valutazione dello stimolo; in pratica dopo aver prestato attenzione, il cavallo decide cosa fare, e in linea di massima sono due gli schemi comportamentali che può attuare:

1) giudicare lo stimolo come non-negativo e perciò meritevole di ulteriore indagine (avvicinamento ed esplorazione), dalla quale scaturirà la definitiva catalogazione (positiva o negativa), anche se possono essere necessarie diverse ripetizioni della sequenza di valutazione,
2) giudicarlo come negativo o insignificante e decidere di evitarlo (allontanandosi o comunque non avvicinandosi a esso).

Pertanto dal punto di vista comportamentale (quello che possiamo vedere noi esternamente) il passo successivo all'attenzione è, o l'esplorazione o l'evitamento dello stimolo.

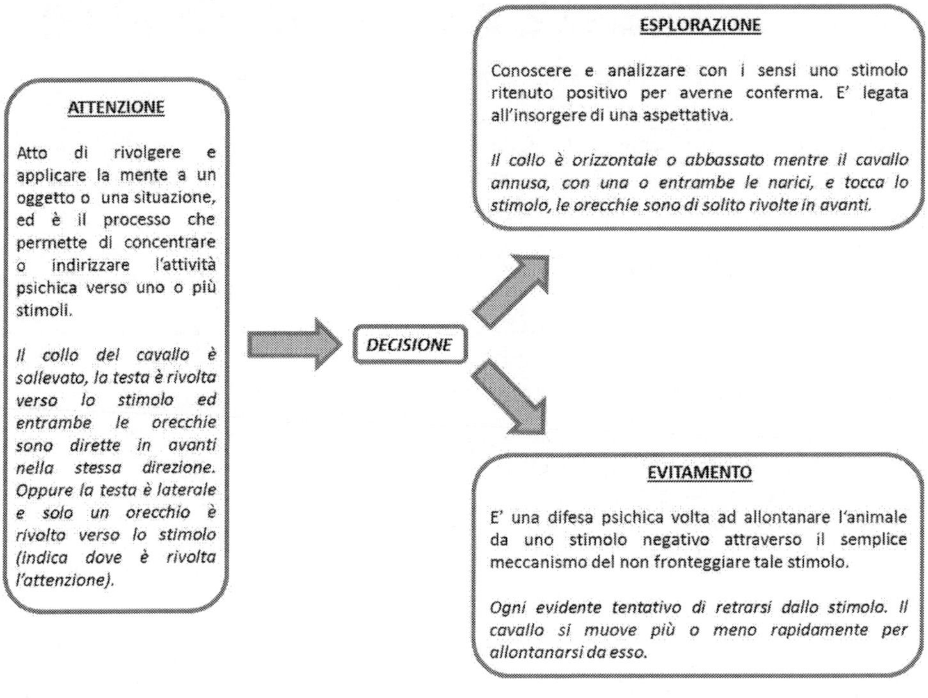

Un'ulteriore precisazione su ciò che non possiamo sapere dai comportamenti di attenzione. In realtà quando un cavallo pone attenzione a un oggetto, al movimento di qualcosa nell'ambiente o a tutto l'ambiente in cui si trova, non possiamo sapere se sta rivolgendo la sua attenzione a tutte le caratteristiche dello stimolo o a qualcosa di specifico. Volendo fare un esempio, possiamo dire che se si addestra un cavallo, con il rinforzo positivo, a identificare un preciso colore di un oggetto, sarà la caratteristica "colore" (e non la forma o le dimensioni) a provocare le modifiche del suo comportamento, perché il nostro amico porrà attenzione selettiva a quella caratteristica. Se invece si rinforza in maniera non selettiva una generica forma (per esempio rotonda, cioè si fa in modo che la forma "rotonda" porti dei benefici) ecco che il cavallo, inserito in un certo ambiente, cercherà di prestare attenzione a tutto ciò che è rotondo. Questo per dire che se ha paura di un sacchetto di plastica per noi sarà impossibile sapere se ha paura della forma, del colore, del movimento o di tutto insieme, quello che possiamo presumere è che "ha paura del sacchetto". Tornando al cavallo che è colpito sulla groppa con la scopa per farlo salire sul van, dobbiamo considerare che potrebbero non essere la scopa o il van gli stimoli che lo hanno condizionato alla paura, ma potrebbe, per esempio, essere il colore della maglia di chi ha usato la scopa o certi gesti fatti con le braccia, perché elementi più evidenti nell'ambiente, che perciò attraggono maggiormente la sua attenzione. Perciò, quando un cavallo ha comportamenti di evitamento molto forti o addirittura di paura, prima di trarre facili deduzioni (spesso non corrette) ricordiamoci che potremmo non essere in grado di capire qual è l'origine della sua paura, e magari sarebbe opportuno un po' più di tempo per analizzare e comprendere meglio la situazione, prima di prendere delle decisioni.

(Foto di Addestramento Etologico, per gentile concessione)

Comportamento di esplorazione, con il quale il cavallo "verifica" che lo stimolo è innocuo.

I comportamenti di attenzione sono fondamentali nel processo di apprendimento di tutti gli animali e perciò anche dei cavalli. Quante volte a scuola abbiamo sentito le parole "state attenti"? Perché se vogliamo apprendere qualcosa, dobbiamo prestargli attenzione e se a lezione si pisola o si gioca a battaglia navale sarà molto difficile avere la mente preparata per ricevere l'insegnamento. Così è per il nostro amico: se durante l'addestramento per un esercizio il cavallo presta più attenzione al gatto che passa o al rumore delle macchine, sarà distratto, meno propenso a sentire i nostri segnali (le pressioni) e avrà più difficoltà a comprendere ciò che è richiesto. Quando si "presta attenzione" l'organismo si attiva, anzi per la precisione si attiva il Sistema Nervoso Autonomo, che determina una serie di cambiamenti fisiologici che favoriscono l'apprendimento. È un po' come essere sotto stress, ma uno stress molto leggero, benevolo, che aiuta l'apprendimento (si chiama Eu-stress, il prefisso *Eu* deriva dal greco e si traduce come "bene" o "buono", pertanto la parola significa letteralmente "stress buono").

Il cavallo durante l'addestramento, nel corso di qualsiasi interazione con l'essere umano e in ogni momento della giornata, usa la sua mente e presta attenzione a ciò che ritiene rilevante nell'ambiente, che ne siamo consapevoli e ce ne accorgiamo oppure no. A lui interessa cosa facciamo noi esseri umani e cosa succede nell'ambiente, solo ed esclusivamente per capire se otterrà dei benefici e se avrà una vita migliore (soprattutto in termini di socialità, tranquillità e sicurezza, ma anche di cibo ovviamente), oppure se ciò che accade gli procurerà fastidio, disagio o dolore. Questo dobbiamo averlo ben chiaro, per provare a sfruttare i comportamenti di attenzione e migliorare il suo benessere psichico e la performance atletica. Dopo questa indispensabile precisazione, possiamo provare a gestire i comportamenti di attenzione del cavallo a fini pratici, per l'addestramento e per rispettare la sua psiche.

(Foto di Addestramento Etologico, per gentile concessione)

Comportamento di evitamento. Il corpo del cavallo ha un movimento di retrazione, l'orecchio sinistro è diretto verso lo stimolo, che è centrato nel corrispettivo campo visivo.

Uno studio italiano ha dimostrato che i comportamenti di attenzione possono essere vantaggiosi per creare un'esperienza positiva verso le persone, se si sa riconoscerli e gestirli. La base fondamentale per instaurare una buona relazione con il cavallo resta la conoscenza e la corretta applicazione delle regole della psicologia dell'apprendimento (rinforzo negativo, condizionamento classico e apprendimento non associativo) che abbiamo ampiamente affrontato; tuttavia, se si riesce anche a dargli la possibilità di partecipare attivamente al processo di addestramento, si otterranno ulteriori vantaggi per la nostra relazione. Come possiamo farlo? Anche in questo caso non ci sono "manuali d'uso", solo delle indicazioni che adesso vedremo, ma la cosa fondamentale è osservare cosa fa il cavallo in ogni momento dell'interazione con noi. All'inizio dovremo concentrarci perché non è naturale farlo ed è del tutto normale che, mentre lo selliamo, si abbia la tendenza a scambiare due chiacchiere con gli amici di scuderia, però se ci ricordiamo che il nostro amico a quattro zoccoli è lì per il nostro piacere potremo anche provare a scambiare quattro chiacchiere con lui, col tempo poi tutto diventerà più semplice e ci accorgeremo di essere in grado di capire ogni cambiamento nel suo stato emotivo, dai suoi comportamenti, continuando a conversare con altri umani.

Le indicazioni scaturite dalla ricerca, sono semplici in sé:

1) Valutare la risposta comportamentale del cavallo, ogni volta che si applica uno stimolo,
2) Modulare (regolare) gli stimoli che diamo in base alla sua risposta comportamentale, in modo da avere sempre la sua attenzione su di noi (anche durante la somministrazione progressiva delle pressioni per il rinforzo negativo),
3) Permettere al cavallo di prestare attenzione agli stimoli ed eventualmente di esplorarli senza limiti di tempo,
4) Evitare stimoli che generino comportamenti di evitamento, difesa o paura.

Ricordiamoci sempre che noi e le nostre azioni, siamo stimoli per lui, così come possono esserlo gli oggetti della sua bardatura, che li teniamo in mano oppure no, il trattore, la nostra maglia, il cane o il gatto di scuderia e molto altro. Nello studio sopracitato alcuni cavalli giovani, non ancora addestrati alla normale gestione (toelettatura, pulizia degli zoccoli, posizionamento di sella e imboccatura), sono stati addestrati seguendo le regole psicologiche dell'apprendimento animale già viste e inserendole nelle linee guida sopra esposte. I risultati ottenuti tramite test comportamentali sono stati quindi comparati con cavalli della stessa età e dello stesso livello di esperienza, ma gestiti senza lasciare loro la libertà di usare i comportamenti di attenzione. I cavalli addestrati con le linee guida sull'attenzione, hanno mostrato nei test minori reazioni di evitamento e difesa in conseguenza delle azioni umane, ed esploravano per un tempo maggiore le persone, anche quando erano sconosciute. Se consideriamo che l'esplorazione è associata all'insorgenza di uno stato emotivo positivo (è legata all'aspettativa di qualcosa), possiamo affermare che i cavalli così addestrati avevano acquisito la capacità di generalizzare le persone in maniera positiva e questo può essere il risultato di aver permesso loro di eseguire attenzione ed esplorazione senza limiti di tempo, durante l'addestramento.

Questi cavalli avevano anche la tendenza (statisticamente significativa, come si dice) a rimanere fisicamente più vicini alle persone, mostrando anche una frequenza cardiaca più bassa, cioè una minore attivazione emotiva. Cosa che non facevano gli altri, che avevano maggiori comportamenti di evitamento e restavano tendenzialmente più lontani dalle persone, anche da quelle conosciute. Dall'esperienza fatta durante l'addestramento può risultare, quindi, una differente percezione della persona e questo ci porta ad affermare che i cavalli valutano l'essere umano sulla base dell'esperienza della relazione giornaliera, positiva o negativa. Per entrambi i gruppi è stato usato il rinforzo negativo durante l'addestramento; la differenza era essenzialmente nel tempo lasciato per valutare lo stimolo (segnale od oggetto), e in sostanza i due gruppi differivano per l'opportunità di prendere una decisione. Sembra che lasciare al cavallo un certo grado di controllo sull'addestratore e sulle sue azioni, non imponendo limiti di tempo alla valutazione di ciascuno stimolo e usando i comportamenti di attenzione per determinare la progressione delle pressioni e l'avvicinamento agli oggetti, determini una percezione positiva dell'essere umano e della gestione.

Potremmo dire che il nostro compito è far sì che il cavallo diventi responsabile di sé, e per farlo dovremo intervenire solo come aiuto per indirizzarne il comportamento, affinché impari a prendere coraggio per affrontare stimoli nuovi da solo (anche le pressioni), e veda nella persona non una costrizione che lo obbliga ad affrontare quello stimolo, bensì un sostegno "psicologico", un punto di riferimento che lo aiuta e lo indirizza in certe circostanze. Dobbiamo stare attenti alle parole che usiamo, perché potrebbero essere fraintese, perciò è indispensabile ricordare che tutto ciò deve essere fatto attraverso l'uso delle regole dell'apprendimento animale (apprendimento associativo e non-associativo), unite alla nostra capacità di conoscere il cavallo, per saper leggere i segnali che ci invia con il suo comportamento e capire i meccanismi dell'attenzione e come usarli.

Il problema, molto pratico, che sorge nell'inserire le indicazioni viste sopra nel processo di addestramento, sta nella durata dello stesso. I cavalli gestiti in quel modo nello studio, raggiungevano gli obiettivi dell'addestramento impiegando un tempo tre volte superiore rispetto agli altri che, invece, erano gestiti direttamente con il rinforzo negativo, il condizionamento classico e l'apprendimento non-associativo. Ognuno faccia le sue considerazioni.

La strategia che abbiamo appena descritto è molto importante per i giovani cavalli, che devono acquisire conoscenze e fare esperienza per comprendere l'ambiente attorno a loro e capire quali sono gli aspetti positivi e quali quelli negativi, quali sono gli stimoli cui si può stare vicini perché non c'è niente da temere e quali invece è meglio evitare, perché portano solo guai e fastidio. Il cavallo giovane è come un foglio bianco che va riempito e più sono positive le esperienze che fa, migliore sarà la relazione con le persone. Tuttavia le esperienze positive sono utili a qualsiasi età, come potete immaginare, e possono, col tempo sostituire quelle negative anche nei cavalli adulti o addirittura anziani. Entriamo nel *paddock* e ci dirigiamo verso il cavallo con la cavezza (il nostro amico sa perfettamente cosa significa questa situazione e cosa stiamo per fare, per cui è inutile nasconderla dietro la schiena), e lo facciamo guardando come si comporta. Probabilmente alzerà e girerà la testa e le orecchie nella nostra direzione, e noi continuiamo a camminare a passo normale verso di lui, se non cambia comportamento andiamo avanti, fino ad arrivargli vicino, e a quel punto lasciamo anche che ci annusi e annusi la cavezza, per il tempo che vuole (è probabile che dopo un po' scosti la testa), quindi gliela mettiamo. Se vogliamo sfruttare i suoi meccanismi di attenzione secondo le indicazioni fornite, dobbiamo evitare di camminare troppo velocemente verso di lui o di alzare bruscamente il braccio per non innescare comportamenti di evitamento. Tuttavia, se ci abituiamo a osservarlo e a comprendere bene il suo comportamento, sarà lui a "dirci" quanto possiamo camminare veloci e quali gesti possiamo fare per mettergli la cavezza, perché col tempo impareremo a capire qual è il suo limite fra prestarci attenzione ed evitarci, e saremo in grado di fermarci un attimo prima, cambiando strategia.

Giusto per completezza, se il cavallo non si fa prendere al *paddock*, la causa sono senz'altro esperienze negative avvenute nel momento in cui gli si mette la cavezza o in quello che accade dopo, in questi casi il cibo può aiutare a risolvere momentaneamente la situazione, ma per impedire che accada in continuazione è indispensabile cambiare la nostra relazione (iniziando a conoscere la sua psicologia e le necessità etologiche), altrimenti c'è la possibilità che anche il cibo, a un certo punto, non sia più sufficiente (ricordate il rapporto costi/benefici). Magari possiamo iniziare chiedendoci se gli mettiamo la cavezza senza dargli fastidio, se sganciamo il passante e lo facciamo passare dietro la nuca, oppure se, senza sganciarlo, gli facciamo strusciare la cavezza sulla fronte, accartocciandogli le orecchie tutte le volte, perché questa potrebbe essere un'azione che gli provoca fastidio o dolore (vi è mai capitato che qualcuno vi abbia tirato le orecchie?).

Questa strategia dell'attenzione può essere applicata facilmente in qualsiasi contesto: mentre lo toelettiamo o lo selliamo, se ci accorgiamo che è interessato a oggetti che sono alla sua portata o che teniamo in mano, possiamo, con un po' di calma, lasciare che li guardi e li annusi (o ci annusi). Analogamente quando lo selliamo, se vuole annusare la sella o i finimenti, lasciamoglielo fare, oppure se stiamo per salire, controlliamo se abbiamo la sua attenzione, per evitare di provocargli reazioni di evitamento o di retrazione dalle nostre azioni. Una volta terminata la sessione di lavoro poi, prendiamoci dieci minuti a redini lunghe e lasciamo che osservi e annusi ciò che lo interessa (ostacoli, paletti, staccionate, e quant'altro gli capiti a tiro e che attiri la sua attenzione). Finita la sessione, magari anche non tutte le volte, prima di rimetterlo in box, andiamo a fare una passeggiata a cavezza, portiamolo a brucare un po' di erba e se, anche in questo caso, incontriamo oggetti che attirano il suo interesse, lasciamo che li guardi e li annusi per tutto il tempo che vuole (oppure, volendo, possiamo fornirgli noi qualcosa di interessante da osservare e annusare). Ecco che così facendo saremo in grado di entrare nella sua mente e di far sì che tra noi e il nostro cavallo nasca una simbiosi di sentimenti, fatta di rispetto reciproco, di fiducia. Non è esattamente così e ci dispiace interrompere questo idillio (la simbiosi dei sentimenti ha, probabilmente, più a che fare con l'appagamento di alcune nostre "esigenze" che con il suo equilibrio psichico), perché è fondamentale sapere che lasciare al cavallo la libertà di usare i suoi comportamenti di attenzione può in realtà crearci non pochi problemi.

Molti test di psicologia comparata non hanno dato, nel corso degli anni, i risultati attesi perché non è stata lasciata la libertà agli animali di usare, in maniera adeguata e per il tempo necessario, il loro comportamento di attenzione durante l'esecuzione delle prove. Gli animali prestano attenzione selettiva ai singoli aspetti di uno stimolo e "decidono" quale risposta attuare e in quale momento eseguirla, quando è lasciato loro il tempo per farlo. Questo è importante perché, affinché i comportamenti di attenzione siano utili per far capire agli animali che un determinato stimolo (una nostra azione, piuttosto che un oggetto) non ha valenza negativa e non provoca dolore o fastidio, è necessario lasciar loro tempo. Un cavallo che presta attenzione a un telo steso per terra ha necessità di prendersi il suo tempo, affinché la sua mente sia concentrata sull'oggetto per valutarne ogni singola caratteristica (forma, dimensioni, movimento e altro) e potrà così prendere la decisione che reputa la migliore.

> ...egli si studi di rendere al cavallo meno disgustose che può le proprie azioni, e di non contrariarlo nello sviluppo naturale delle sue attitudini ed energie. Con ciò non intendo dire che si debba lasciar fare al cavallo ciò che vuole; lo si deve invece persuadere con fermezza ed energia, se occorre, a far ciò che vuole il cavaliere, lasciandogli però piena libertà di servirsi e di disporre come meglio gli conviene dei suoi equilibri e delle sue forze.
>
> Carlo Giubbilei "Federico Caprilli, Vita e scritti", pag. 71

Il problema cui ci possiamo trovare di fronte è che, semplicemente, la decisione che il cavallo prende non è ciò che noi desideriamo, ed è del tutto normale che ciò accada perché la sua mente funziona in maniera del tutto indipendente dalla nostra. Se il cavallo presta attenzione al telo steso per terra per il tempo che gli serve per compiere la valutazione, potrebbe poi decidere che quell'oggetto rappresenta una minaccia ed evitarlo, scartando e allontanandosi da esso. D'altra parte però se interrompiamo il processo di valutazione, portandolo via dallo stimolo e non permettendogli di analizzarne tutti gli aspetti, rischiamo che si crei nella sua mente una percezione negativa di qualcosa che negativo non è.

Se vogliamo davvero considerare i comportamenti di attenzione dell'addestramento dobbiamo essere pronti ad aiutare il cavallo a usarli, in modo che possa valutare gli stimoli in base a quello che desideriamo faccia. Ciò può essere fatto usando il rinforzo negativo per ridirigere il suo comportamento di attenzione e fargli capire, nel caso del telo, che il comportamento di evitamento non è quello che desideriamo.

Stiamo facendo una bella passeggiata quando ci troviamo di fronte un piccolo ruscello, ci avviciniamo e lasciamo che il cavallo v'indirizzi la sua attenzione guardandolo, annusando l'aria ed esplorandolo, ma dobbiamo anche far sì che non pensi a come evitarlo, allontanandosi. È un po' come se dovessimo dirgli "guarda, osserva ed esplora quanto vuoi, così capisci che non c'è niente di pericoloso, ma non pensare di tornare indietro". Come facciamo a dirglielo? Con il rinforzo negativo, che ci permetterà (usando le pressioni secondo le regole già viste) di dire al cavallo ciò che può o non può fare. In questo caso, sarà l'uso delle pressioni di gamba che potremo usare per dirgli che deve confrontarsi con il ruscello per capire di cosa si tratta. In questo modo lo porteremo (o meglio lo guideremo) ad affrontare i suoi "timori", mentre molte volte, non volendo, si insegna al cavallo come prestare attenzione a evitare uno stimolo nuovo. Se usiamo pressioni molto forti e con tempistiche sbagliate, o addirittura gli provochiamo del dolore, possiamo anche ottenere lo stesso risultato, però il cavallo, ne siamo certi, le volte successive che gli forniremo quegli stimoli, dirigerà su di essi la sua attenzione e la sua mente sarà indirizzata ad apprendere come evitarli. Nel caso del ruscello, se non appena il cavallo si ferma, mostra indecisione o vuole tornare indietro, iniziamo subito a dargli gambe in maniera molto forte (le "gambate", magari anche con gli speroni), usando anche il frustino, può darsi che, per fuggire al dolore che gli provochiamo, passi il ruscello. Quegli stimoli (molto fastidiosi e dolorosi) che gli abbiamo dato, però, hanno attirato la sua attenzione nel momento in cui attraversava il ruscello, anzi siamo abbastanza sicuri che, in una situazione del genere, il cavallo possa non essersi nemmeno accorto di cosa ha superato. È evidente che tutte le volte che si troverà davanti al ruscello (ma anche in altre situazioni simili, grazie alla generalizzazione) l'associazione sarà con le botte ricevute e la sua mente, la sua attenzione e il suo sistema di apprendimento saranno rivolti a come evitarle, il che potrà accadere essenzialmente in due modi: 1) chiudendosi agli stimoli e ricevendo passivamente ogni vessazione, 2) aumentando le difese. In ogni caso avremo accanto un cavallo psicologicamente instabile, insicuro, che ha timore delle azioni delle persone ed è perciò imprevedibile. Decidete voi se vogliamo avere accanto cavalli così.

> Il cavallo impara poi da se a fare per bene tutti gli altri passaggi diversi e di qualche difficoltà che si incontrano in campagna e se il cavaliere non lo contraria, anzi se gli sa assecondare e favorire la naturale abitudine che prende di guardare dove mette i piedi. Basta che quando il cavallo ha osservato, il cavaliere lo decida ad avanzare, lo lasci quindi libero di bocca e ne secondi col corpo gli equilibri, perché il cavallo superi magnificamente e con successo qualunque difficoltà del cammino.
>
> Carlo Giubbilei "Federico Caprilli, Vita e scritti", pag. 88

Sfruttare i comportamenti di attenzione del cavallo può essere relativamente semplice quando abbiamo tempo e possiamo fare le cose con calma: mentre lo portiamo a cavezza, oppure durante il grooming, possiamo facilmente fargli incontrare oggetti che non conosce. In questi casi lasciargli usare i suoi comportamenti di attenzione, in varie situazioni, diventa quasi un gioco ed è un'ottima strategia di arricchimento ambientale, che ci permette di creare attorno al cavallo un ambiente vario, ricco di stimoli che può osservare, analizzare, investigare e decidere se e come interagirvi e credeteci, queste attività, questi "giochi", sono un grande passo avanti per il suo equilibrio mentale e il suo "benessere", anche se possiamo farlo poche volte a settimana e anche se il nostro cavallo ha appena vinto un internazionale di completo (la sua mente ha le stesse necessità di un cavallino della scuola pony).

Un po' diversa è la situazione di lavoro in sella, che sia per finalità agonistiche oppure per far sì che i cavalli svolgano uno specifico compito (come per gli impieghi delle forze dell'ordine) o più semplicemente perché vogliamo che apprenda un certo esercizio per nostro diletto. In tutti questi casi, il cavallo utilizza i suoi sistemi di attenzione, sia per valutare i segnali (le pressioni che gli inviamo), ma anche altri stimoli ambientali (come l'ormai famoso gatto che passa). Il nostro obiettivo, pertanto, sarà fare in modo che la sua attenzione sia rivolta verso di noi e verso gli stimoli (i segnali, le pressioni) che gli diamo, e se riusciremo a ottenere ciò il suo apprendimento sarà più veloce e perciò più leggere saranno le pressioni che dovremo somministragli per il rinforzo negativo. Perché questo è un contesto "serio" e non di gioco, pertanto il cavallo dovrà porre attenzione alle nostre richieste e a quello che sta facendo mentre gli insegniamo gli esercizi da compiere o i comportamenti da tenere, e il nostro compito sarà aiutarlo a prestarci attenzione, oltre che applicare in maniera corretta le regole del condizionamento operante e classico. Non potrà, in questo caso, fare ciò che vuole per il tempo che vuole. Per controllare dove è rivolta la sua attenzione durante il lavoro in sella, dobbiamo osservare costantemente (e abituarci a farlo) le sue orecchie (anche solo una) e la posizione della sua testa (o meglio dei suoi campi visivi) per capire se è concentrato su quello che stiamo facendo o se pensa agli amici al *paddock*.

> Libero così da ogni altra preoccupazione, il cavallo presta tutta la sua attenzione a ciò che deve fare, e gradatamente apprende a meglio impiegare le proprie forze e a perfezionarsi. Invece, quando il cavallo è tenuto in soggezione dal cavaliere e ne soffre l'azione, spia incessantemente il pretesto e l'occasione per sottrarvisi, ed a ciò rivolge ogni suo studio, distraendosi, e distogliendosi dal lavoro che deve compiere.
>
> Carlo Giubbilei "Federico Caprilli, Vita e scritti", pag. 71

È probabile che a qualcuno queste cose suonino un po' strane o inusuali, parlando di cavalli. In realtà, se proviamo a fare una comparazione con noi umani, possiamo capire che, anche in questo caso, esistono analogie di funzionamento delle nostre menti. Quando andiamo a scuola dobbiamo prestare attenzione all'insegnante che ci spiega il Teorema di Pitagora, e non possiamo certo fare ciò che ci piace; se ci distraiamo o se facciamo confusione ecco che subito siamo riportati all'ordine, perché in quel contesto la nostra attenzione deve essere indirizzata ad apprendere la lezione, e non a fare altro. Dopo la scuola, al parco con gli amici usiamo lo stesso i nostri sistemi di attenzione durante il gioco, e da adulti, durante il lavoro, dobbiamo fare attenzione alle cose che ci sono richieste e ai compiti che dobbiamo svolgere, focalizzando in questo tutte le energie dell'attenzione. La situazione non è diversa per i cavalli, ciò che è diverso è il significato che hanno le parole "lavoro" e "gioco".

Nei corsi universitari, al cambio della lezione c'è il "quarto d'ora accademico" che è importante perché non si possono tenere livelli di concentrazione (cioè di attenzione) tali da apprendere bene per un tempo troppo lungo, questo è vero per tutti gli animali (anche se non frequentano l'università). Perciò, non possiamo fare sessioni di lavoro lunghe e pensare che il cavallo lavori e apprenda allo stesso modo per tutto il tempo. Per i cavalli non sappiamo, al momento, quale sia il tempo ideale di una seduta di addestramento, per garantire adeguati livelli di apprendimento, tuttavia, alcune prove fatte in altre specie indicano come superati i 30/45 minuti ci sia un calo drastico dell'attenzione. Per il nostro cavallo perciò teniamo in mente questa regolina generale: sedute brevi ma intense, cercando di tenere alto il suo livello di attenzione, buone dal punto di vista della qualità dell'apprendimento. Ricordiamoci che ogni cavallo, come ogni persona, ha un suo tempo di attenzione, oltre il quale l'apprendimento non è più ottimale, e dovremo essere noi, conoscendolo, a capire quale sia la durata della sessione di lavoro adeguata per il nostro cavallo. Possono esserci cavalli che hanno un apprendimento ottimale con sessioni di lavoro di 10/15 minuti e magari ripetute nell'arco della stessa giornata, oppure cavalli che lavorano meglio anche più di mezz'ora una sola volta al giorno. È doverosa una precisazione: questi tempi devono essere intesi come i minuti effettivi di lavoro in cui il cavallo deve essere molto attento a ciò che fa e ai segnali che riceve, perciò non comprendono il riscaldamento prima dell'inizio o il relax a redini lunghe dopo. Una buona strategia per capire se la sessione di addestramento sta andando avanti in maniera efficace è, appunto, controllare l'attenzione del nostro cavallo: quando inizia a distrarsi e le sue risposte non sono più adeguate alle nostre attese, è il momento di fermarsi (anzi sarebbe opportuno fermarsi prima).

Inoltre, c'è un intervallo di attenzione (inteso proprio come "quantità" di attenzione posta nell'attività che si sta svolgendo) entro il quale i cavalli (e tutti gli animali) apprendono più velocemente e in maniera più precisa un compito da svolgere. Questo "livello ottimale di attenzione" nei confronti della persona favorisce l'apprendimento, mentre un livello più basso o più alto ostacola la corretta associazione fra la persona e il compito da apprendere. Un livello di attenzione troppo basso significa che la persona non è uno stimolo evidente per il cavallo che, quindi, non percepisce come importanti i segnali che gli sono inviati, mentre un livello troppo alto di attenzione può indicare una reazione emotiva che va oltre l'Eu-stress, e questo accade di solito quando il cavallo si aspetta qualcosa di negativo (anche se non è detto che ciò accada). Purtroppo, c'è un'individualità in tutto ciò data dal fatto che i meccanismi della sua mente hanno modalità di funzionamento che variano da soggetto a soggetto, pertanto non è possibile stabilire "quanto" sia il livello ottimale di attenzione, ogni cavallo ha il suo e il nostro compito è capirlo, osservandolo mentre lavoriamo con lui.

I comportamenti di attenzione sono molto importanti anche nella fase di generalizzazione degli stimoli. Per capire se uno stimolo presenta delle analogie fisiche o procedurali con qualcosa di conosciuto, il cavallo ha necessità di valutarne ogni aspetto; solo così può capire se lo stimolo che si trova di fronte è simile a qualcosa che conosce già e può pertanto essere affrontato con una strategia comportamentale acquisita, oppure se lo stimolo è diverso, nuovo. Per esempio i cavalli dello studio utilizzavano molto a lungo il comportamento di attenzione nei confronti delle persone sconosciute, probabilmente per generalizzare la relazione positiva acquisita con le persone conosciute.

È abbastanza intuitivo che uno stimolo, per attirare l'attenzione del cavallo, debba essere una cosa evidente nel suo ambiente, cioè rilevante, importante. Attorno a questo concetto ruota la possibilità per noi esseri umani di diventare il punto di riferimento per il cavallo e di sfruttarlo all'interno dell'addestramento, ma in maniera assolutamente positiva, cioè dobbiamo diventare per lui uno stimolo evidente, importante, perché portatore di qualcosa di positivo. Nel famoso esempio della persona che appena entra nel box dà il manico della forca sulla groppa del cavallo, è ovvio che il cavallo darà la massima attenzione quando la vede, ma quest'attenzione sarà rivolta a capire quando arriverà il manico sulla groppa e, possibilmente, come fare per evitarlo. In questo caso, i meccanismi di attenzione sono rivolti alla persona perché causa di un evento doloroso, che non può portare a una relazione positiva. A proposito del manico, dobbiamo anche ricordarci che stimoli in movimento attraggono l'attenzione dei cavalli (per tutti gli animali è così, anche per gli esseri umani) in misura maggiore di stimoli statici, perché alle normali caratteristiche fisiche (forma, colore e dimensione) se ne aggiunge un'altra, il movimento appunto, che può avere conseguenze dirette e richiedere maggior tempo per la valutazione. Per questo può darsi che la forca appoggiata al muro non dia luogo a nessuna reazione, mentre se qualcuno la prende e la muove potrebbe attivare il comportamento di attenzione o anche di difesa. Se torniamo ai concetti visti per far muovere il cavallo con l'uso di pressioni a distanza, possiamo notare molto facilmente che, se camminiamo a mani basse, diamo al cavallo una certa pressione, mentre se alziamo un braccio, la pressione che gli forniamo è più elevata e può, in alcuni casi, essere già sufficiente a innescare un comportamento di evitamento. Perciò è molto importante osservare sempre il comportamento del cavallo e modulare i nostri stimoli, le nostre pressioni, facendo sì che abbiano una progressione proporzionata al suo comportamento.

L'attenzione verso uno stimolo nuovo è in sostanza una misura della capacità di analisi delle variazioni ambientali, mentre il comportamento di esplorazione può essere associato a uno stato emotivo positivo, intrinsecamente piacevole o addirittura auto-gratificante. L'esplorazione degli stimoli è un comportamento altamente motivante in quanto fornisce, a lungo termine benefici dovuti all'aumento della prevedibilità degli eventi ambientali e del loro controllo. Questi comportamenti sono quindi elementi importanti dei meccanismi cognitivi perché sono legati alla capacità di un soggetto di processare e valutare un certo stimolo e, di conseguenza, decidere quale risposta eseguire; sono, pertanto, fondamentali per l'equilibrio psichico del cavallo e rappresentano un indicatore del benessere di scuderia. Quando in una scuderia si vedono cavalli che, seppur tranquilli, sono attivi e interagiscono con l'ambiente, prestando attenzione alle persone e alle cose, agli altri cavalli e al famoso gatto, cercando di esplorare ciò che li circonda senza manifestare comportamenti di evitamento, ebbene è probabile che quella scuderia sia sulla buona strada per rispettarne le esigenze etologiche.

Video di riferimento del capitolo: 1, 4, 5, 11, 12, 17 e 18

Capitolo 18 – Dottor Jekyll e Mister Hyde

La maggior parte delle persone scrive con la mano destra, mentre altri preferiscono usare la sinistra (i mancini sono circa il 15% della popolazione). Questa differenza è un'evidente testimonianza che il cervello non invia segnali uguali alla parte destra e alla parte sinistra del corpo. Se andiamo a vedere l'anatomia e il funzionamento possiamo notare come ci siano differenze fra i due emisferi cerebrali (destro e sinistro). Essere mancini (usare la mano sinistra) o destrimani (usare la mano destra) lo si può inoltre notare anche in altri movimenti quotidiani, per esempio con quale mano ci si abbottona un vestito o si saluta una persona, se si applaude battendo la mano destra sulla sinistra o viceversa, con quale mano si distribuiscono le carte, come si accavallano le gambe, come si fissa un oggetto o quale occhio si chiude per guardare da un cannocchiale. Questi comportamenti testimoniano come il corpo umano non sia simmetrico nei suoi movimenti, ma esistano differenze fra il lato destro e sinistro, anche se quest'asimmetria non si manifesta in tutte le persone nella stessa maniera. C'è chi usa la destra per scrivere, ma la sinistra per lanciare una palla, oppure l'occhio destro per guardare in un telescopio ma la gamba sinistra per calciare un rigore e così via. Da tutti questi comportamenti, ai quali di solito non si presta attenzione, possiamo fare un'analisi del grado di lateralizzazione cerebrale, cioè avere un'idea su quale parte del nostro cervello (se l'emisfero destro o sinistro) ha il controllo prevalente di questi movimenti. Questo fenomeno è dovuto al fatto che i due emisferi, con l'evoluzione, si sono specializzati per percepire ed elaborare le informazioni che provengono dall'ambiente esterno in maniera diversa (è un modo che la natura ha escogitato per evitare che facessero la stessa cosa) e dare risposte diverse, a seconda di quale dei due abbia contribuito in maniera maggiore all'elaborazione delle informazioni ambientali.

A noi, però, di quanto succede nelle persone non interessa granché. Ciò che ci interessa è che questo fenomeno, che fino a circa venti/trenta anni fa si riteneva esistesse solo nell'essere umano (si pensava, infatti, che fosse una delle caratteristiche che lo rendevano intellettivamente "superiore"), adesso sappiamo essere presente in molti animali, con alcune differenze dovute alle diverse funzioni elaborate, come per esempio lo sviluppo del linguaggio. In sostanza i due emisferi cerebrali funzionano in maniera diversa l'uno dall'altro e questa differenza ha caratteristiche uguali in tutti gli animali, cavalli inclusi.

L'attività dei due emisferi non è, però, limitata alla funzione motoria e al movimento del corpo dell'animale: l'emisfero destro è specializzato nel rilevare i dettagli degli stimoli presenti nell'ambiente e rispondere a nuovi stimoli ed eventi, è responsabile delle risposte in situazioni di emergenza e funziona per attivare i sistemi di attenzione per eventi imprevisti. È coinvolto nel riconoscimento dei tratti fisiognomici di altri animali o delle persone e determina l'espressione delle emozioni forti (comportamenti di evitamento e aggressività). Anche la paura sarebbe elaborata dall'attività dell'emisfero destro. A causa di queste funzioni, regola anche in maniera preponderante la funzione endocrina (l'asse ipotalamo-ipofisi-surrene), la frequenza cardiaca e la pressione arteriosa, in sostanza le risposte fisiologiche dell'organismo a eventi e stimoli che generano stress. Le emozioni positive e i comportamenti di esplorazione, invece, sono regolati dall'emisfero sinistro, che consente di concentrarsi su stimoli evidenti, rende difficile distrarsi da essi e dal compito che si deve svolgere, controlla il comportamento appreso e la routine di tutti i giorni, funziona insomma, secondo modelli mentali appresi. Alla fine del capitolo sono riassunte le diverse funzioni dei due emisferi negli animali.

Se ci fermassimo qui le cose potrebbero sembrare abbastanza semplici. Il cervello è diviso in due parti, destra e sinistra, ciascuna delle quali ha funzioni specifiche che regolano e determinano il comportamento dell'animale, secondo quale situazione deve affrontare. Le funzioni svolte da ciascun emisfero sembrerebbero essere mutualmente esclusive con una divisione dei compiti ben definita: uno stimolo "A" ha certe caratteristiche che provocano spavento, per cui è valutato dall'emisfero destro, che regola il comportamento conseguente; mentre uno stimolo "B" profuma di mangime pertanto la sua valutazione e il comportamento conseguente del cavallo è regolato dall'emisfero sinistro. Perciò, tutti i comportamenti di evitamento, agonistici e di paura sarebbero elaborati dal cervello destro, mentre quelli di avvicinamento ed esplorazione dal cervello sinistro. Pertanto sarebbe sufficiente guardare come si comporta l'animale per sapere cosa fanno esattamente le due parti e capire, per esempio, se un certo stimolo che è valutato da una o dall'altra parte del suo cervello, "illuminandoci" sul perché del suo comportamento. Purtroppo per noi le cose sono invece molto più complesse e in buona parte ancora non conosciute. Per questo spiegazioni semplicistiche sulle funzioni del "cervello destro e sinistro" nei cavalli, oltre che fuorvianti, sono anche pericolose. Si rischia di dare spiegazioni che non sono vere, fornendo delle "opinioni" personali per soli fini commerciali. In realtà i due emisferi cerebrali non sono separati, ma anzi sono uniti al centro da una struttura neuronale molto complessa e piuttosto estesa (il "corpo calloso" *), all'inter-

* Corpo calloso: spessa lamina interposta tra i due emisferi cerebrali, costituita da fasci di fibre mieliniche che collegano tra loro aree corrispondenti nei due emisferi. Il c.c. è una commissura della neocorteccia, presente solo nei mammiferi placentati e particolarmente sviluppata nei primati; è situato trasversalmente nella scissura interemisferica e unisce i due emisferi nella porzione centroinferiore della faccia mediale. Le sue dimensioni superano quelle di tutti gli altri tratti fibrosi nel cervello. Connessioni callosali: tutte le regioni della neocorteccia ricevono ed emettono fibre callose; il c. c. permette l'unificazione dell'informazione elaborata in maniera diversa da ciascun emisfero, realizzando la complementarità tra le due metà della corteccia cerebrale. (cit. Dizionario di Medicina, Treccani, www.treccani.it)

no della quale i neuroni vanno da una parte all'altra, collegando le cortecce cerebrali dei due emisferi e permettendone la complementarietà di funzione e lo scambio d'informazioni. Il comportamento dell'animale, lo sviluppo di una risposta emotiva o un pattern di movimento sono la risultante dell'elaborazione delle informazioni dei due emisferi. Per dare una vaga idea, è come se i due emisferi cerebrali fossero due persone esperte in materie diverse che, di fronte a un problema, si mettono a tavolino e confrontandosi decidono insieme come risolverlo, tenendo conto delle rispettive competenze, con uno dei due esperti che potrà avere maggiore influenza sulla decisione finale, in base al tipo di problema da risolvere. Ciò fa sì che un certo stimolo o una certa situazione in cui si viene a trovare l'animale sia elaborata da entrambi gli emisferi per comprenderne, sotto tutti i punti di vista e nella maniera più completa possibile, ogni aspetto e ogni possibile conseguenza (positiva o negativa). Quest'attività di scambio delle informazioni fra i due emisferi è molto importante soprattutto nelle reazioni emotive e ogniqualvolta l'animale deve prendere una decisione in una certa situazione. Entra perciò anche nell'apprendimento e permette agli animali di cambiare il proprio comportamento nel tempo, di fronte agli stessi stimoli; così che uno stimolo che ha generato un comportamento di evitamento, la volta successiva che si ripresenta produrrà invece un comportamento di esplorazione. Pertanto l'attività dei singoli emisferi ha una gradualità che va dai due estremi e comprende una serie infinita di comportamenti e risposte emotive intermedie sulle quali uno dei due può prevalere, in base al tipo di stimolo che si trova di fronte l'animale o alla situazione che deve affrontare.

Anche per gli animali, come per gli esseri umani, quest'attività differenziata dei due emisferi si traduce in comportamenti asimmetrici, visibili esternamente, come la preferenza per un arto o l'uso di un occhio piuttosto che dell'altro per analizzare uno stimolo. Quest'ultimo aspetto (l'uso di un occhio per valutare uno stimolo) rientra in quelle che sono chiamate asimmetrie sensoriali ed è dovuto al fatto che le vie nervose afferenti seguono strade che le portano, parzialmente, a condurre le informazioni all'emisfero controlaterale. In sostanza uno stimolo che induce paura potrebbe essere analizzato con l'occhio sinistro, che porta le informazioni sensoriali preferenzialmente all'emisfero destro. Tuttavia questa semplificazione non è vera in assoluto e la presenza del corpo calloso permette l'afferenza delle informazioni a entrambi gli emisferi, anche se in percentuale diversa. Per quanto riguarda il cavallo, negli ultimi anni gli studi sulla sua lateralizzazione cerebrale hanno evidenziato la complessità del fenomeno dal punto di vista comportamentale e la particolarità di questi animali che, a causa delle molteplici attività che svolgono, hanno tipologie di addestramento diverse, che ne influenzano il comportamento. La convenzione non scritta che i cavalli devono essere gestiti sempre dalla parte sinistra del loro corpo, complica notevolmente le cose. Ricordiamoci la famosa domanda: è nato prima l'uovo o la gallina?

Sapere se un cavallo ha una percezione diversa degli stimoli da un lato o dall'altro del suo corpo, o se si comporta in maniera asimmetrica durante il lavoro ha, o meglio potrebbe avere, delle implicazioni pratiche notevoli. Si dice che ogni cavallo ha un lato che preferisce (mano destra o mano sinistra) nel lavoro da sella o da terra, e questo lascerebbe supporre che abbia delle asimmetrie di movimento e di preferenza di uno dei due lati del corpo, come le persone. Effettivamente è stato rilevato che alcuni cavalli tengono sempre lo stesso arto anteriore in avanti mentre pascolano (la maggior parte il destro e alcuni il sinistro). Si è poi capito che questa preferenza è influenzata dall'età (i soggetti più anziani non hanno tale preferenza, che invece è presente nei giovani) e dalla razza (è stata rilevata una tendenza all'uso dell'arto sinistro nei Purosangue e nei Trottatori, ma non nei Quarter Horse). Questa lateralizzazione motoria sarebbe anche influenzata dalla condizione emotiva, la tendenza a tenere un arto in avanti durante il pascolamento sarebbe influenzata anche dal grado di eccitazione e di agitazione (quando il cavallo smette spesso di pascolare e si guarda attorno prestando attenzione all'ambiente circostante), evidente soprattutto nei soggetti giovani. Recentemente è stato dimostrato che questa preferenza per un arto durante il pascolamento non esiste nei cavalli bradi e nei cavalli di Przewalski. Pertanto la tendenza a usare un arto piuttosto che un altro è molto probabilmente influenzata dalla selezione della razza e dall'addestramento, e la preferenza per una mano di lavoro potrebbe essere la conseguenza dell'addestramento, durante il quale la persona, senza rendersene conto, potrebbe determinare nel cavallo un addestramento migliore a una mano piuttosto che all'altra. A volerla proprio dire tutta, anche la nostra lateralizzazione motoria potrebbe influire sulle asimmetrie del cavallo durante il lavoro. L'uso della mano destra o della sinistra nel tenere la longia quando lo si fa lavorare al tondino, (o viceversa) l'asimmetria di uso delle due redini o la nostra posizione asimmetrica in sella sono fattori che molto probabilmente influiscono sulla simmetria di movimento del cavallo, alterandola.

Anche per quanto riguarda le risposte emotive, la situazione dei cavalli potrebbe essere influenzata dai secoli di gestione da parte dell'essere umano. Diversi studi hanno evidenziato che i cavalli domestici hanno minori reazioni comportamentali (vigilanza, evitamento, agonistiche e di spavento) quando gli stimoli sono presentati sul loro lato destro; invece queste reazioni sono più evidenti quando gli stessi stimoli sono presentati sul loro lato sinistro. Pertanto anche nei cavalli l'emisfero destro (che contribuisce a elaborare un certo tipo di stimoli, rilevati tendenzialmente con l'occhio sinistro) sembra giocare lo stesso ruolo che ha negli altri animali e nell'essere umano. Tuttavia alcune indagini sperimentali sembrano indicare come anche in questo caso l'esperienza e la relazione con gli esseri umani abbia il suo peso. I cavalli domestici hanno la tendenza a utilizzare preferibilmente l'occhio sinistro per visualizzare una persona o uno stimolo ambientale, soprattutto se sono "ad alta priorità". Quando interagiscono con una persona durante il lavoro o la normale routine, questa diventa per il cavallo uno stimolo molto rilevante, acquista priorità sull'ambiente circostante e il cavallo tende a guardarla con l'occhio sinistro, indipendentemente dall'addestramento ricevuto. Se però una persona sconosciuta è messa in posizione passiva e non interagisce con essi, i cavalli che hanno subito un addestramento tradizionale (gestiti sempre da sinistra), continuano a guardare questa persona preferenzialmente con l'occhio sinistro, forse perché la interpretano come un elemento non piacevole nell'ambiente, o comunque perché così sono abituati a fare. Mentre cavalli addestrati secondo le regole psicologiche dell'apprendimento animale e abituati a essere gestiti su entrambi i lati non hanno questa tendenza e guardano la persona indifferentemente con entrambi gli occhi.

Volendo riassumere possiamo dire che i cavalli, come tutti gli animali e l'essere umano, hanno una diversa funzione dei due emisferi del cervello (lateralizzazione cerebrale), e le diverse funzioni senza dubbio ne influenzano il comportamento e la reattività agli stimoli ambientali. Il fatto, però, che i cavalli siano, per convenzione e oramai da secoli, sempre gestiti dall'essere umano dalla loro parte sinistra (è da questo lato che si eseguono le manualità della sellatura e verosimilmente è da questo lato che i cavalli subiscono molte delle punizioni quando, per esempio, non stanno fermi nel momento in cui si sellano o si sale in groppa) crea un elemento di disturbo che rende i cavalli diversi da tutti gli altri animali (essere umano compreso). Quanto quest'abitudine influisca sulle asimmetrie comportamentali non è, al momento, dato di sapere. In sostanza, se un cavallo scarta (si spaventa) di più quando uno stimolo è presentato nel suo campo visivo di sinistra, lo fa esclusivamente a causa della sua lateralizzazione cerebrale (perché quello stimolo è elaborato dall'emisfero destro)? O perché è dal lato sinistro che sono arrivate la maggior parte delle esperienze negative nella sua vita e in quella dei suoi antenati? Teniamo presente anche che la gestione da sinistra dura oramai da secoli e un puledro potrebbe apprendere che la presenza di un essere umano alla sua sinistra non è una cosa piacevole, già dal comportamento della madre o di altri cavalli, senza averne esperienza diretta. In sostanza è nato prima l'uovo o la gallina?

Abbiamo deciso di scrivere questo capitolo poiché sempre più spesso si sente parlare di "cervello destro e sinistro" nell'addestramento del cavallo. Riteniamo che semplificazioni come quelle che si sentono in giro non siano corrette (quando non addirittura dannose, poiché si prestano a libere interpretazioni che niente hanno a che fare con il comportamento e la psicologia del cavallo). Per adesso l'unica cosa sensata da fare, se vogliamo veramente rispettare l'equilibrio mentale del nostro amico, è conoscere e applicare le regole psicologiche dell'apprendimento animale viste in precedenza, evitare inutili punizioni, gestire le scuderie in maniera etologicamente corretta e possibilmente addestrare i cavalli nella stessa misura dal lato destro e dal lato sinistro del loro corpo, per tutte le manualità necessarie. Tutto il resto mettiamolo da parte.

Suddivisione delle funzioni fra emisfero destro e sinistro nei mammiferi domestici.

Emisfero destro	Emisfero sinistro
Comportamenti di evitamento e di retrazione da uno stimolo.	Comportamenti di approccio e di avvicinamento a uno stimolo.
Comportamenti reattivi (processo *bottom - up* di valutazioni degli stimoli, nel quale la reazione dell'animale è determinata dallo stimolo). La risposta emotiva e comportamentale è determinata dallo stimolo.	Comportamenti proattivi (processo *top - down* di valutazione degli stimoli, la reazione dell'animale è determinata dalla valutazione e guidata da conoscenze, apprese). La risposta emotiva e comportamentale è determinata dall'elaborazione delle informazioni raccolte.
Emozioni negative (percezione negativa appresa dell'ambiente e delle persone).	Emozioni positive (percezione positiva appresa, dell'ambiente e delle persone).
• Attenzione globalizzata delle proprietà generali di uno stimolo e dell'ambiente. • Attenzione verso stimoli inaspettati e alle novità. • Rilievo delle piccole differenze fra gli stimoli. • L'animale si distrae facilmente durante il comportamento di attenzione.	• Attenzione focalizzata sui dettagli di uno stimolo o dell'ambiente. • Focalizzazione dell'attenzione verso specifici obiettivi o stimoli. • Risponde alle grandi differenze tra gli oggetti / categorizza oggetti e altri stimoli (ad esempio, ciottoli contro grano) • L'animale non si distrae facilmente durante il comportamento di attenzione.
Controllo delle risposte di emergenza (localizzazione dei predatori, fuga, paura, aggressione)	Controllo del comportamento nella routine di tutti i giorni, in situazioni familiari e mediante l'uso di comportamenti appresi e consolidati.
Controllo delle risposte fisiologiche allo stress (frequenza cardiaca, asse ipotalamo-ipofisi-surrene)	
Riconoscimento del volto e comportamenti sociali.	

Capitolo 19 – Best friend

È giunto il momento di affrontare l'argomento più importante. Chi siamo noi per il cavallo? Abbiamo più volte sottolineato le differenze che ci sono fra noi e i cavalli, dal punto di vista percettivo ma non solo. Siamo due specie animali, piuttosto lontane dal punto di vista evolutivo che, per uno scherzo del destino, a un certo momento hanno incrociato le loro strade, creando una relazione interspecifica (cioè fra specie diverse). La presenza umana è evidente e costante nella vita dei cavalli, ne scandisce ogni momento della giornata e, nella gestione delle scuderie, il cavallo dipende in maniera pressoché esclusiva dalle nostre azioni. L'approvvigionamento di cibo e acqua, la toelettatura, la pulizia del box e del *paddock*, la sellatura e il successivo lavoro, l'addestramento per specifici esercizi, la conduzione da terra, la ferratura e gli interventi medico veterinari, sono tutte situazioni in cui le nostre azioni agiscono direttamente sul cavallo, molto spesso in senso fisico. In generale, a seconda di come queste azioni sono svolte, il cavallo potrà comportarsi in un modo oppure in un altro, in base a ciò che apprende e che prova in quel contesto. Abbiamo visto quanto sia facile, non volendo, insegnare ai cavalli comportamenti come impennarsi, calciare le pareti del box, senza considerare quando la persona che pulisce il box lo colpisce con il manico della forca per farlo spostare; tutte situazioni che avranno delle ripercussioni sull'esperienza del nostro amico.

In sostanza, noi esseri umani siamo, di fatto, l'interfaccia fra il cavallo e l'ambiente, siamo il tramite, il mezzo con cui si rapporta con esso e dalle nostre azioni dipendono la valutazione e la reazione che il cavallo può, o non può, avere nei confronti di stimoli e situazioni. La sua mente elabora ogni nostra azione, la valuta e la cataloga come positiva o negativa e questo contribuisce in maniera preponderante al suo apprendimento e alla percezione che ha di noi e dell'ambiente circostante. Dobbiamo ricordarci che, anche se siamo un po' lontani dal punto di vista evolutivo, la nostra mente e quella del cavallo funzionano alla stessa maniera, i meccanismi psicologici che regolano il nostro comportamento sono sostanzialmente gli stessi in termini di quantità. Ciò che cambia è la qualità, perché ogni specie (perciò anche noi e i cavalli) con l'evoluzione ha aggiustato il funzionamento della macchina mentale secondo le proprie necessità. Trovare cibo, accoppiarsi, fuggire dai predatori, avere scambi sociali e così via, sono attività che ogni singola specie sviluppa e gestisce in modo autonomo e la mente ne regola il comportamento in ogni specifico ambito.

È per questo motivo che i cavalli riconoscono le persone a loro familiari utilizzando gli stessi parametri psicologici che usano per riconoscere individualmente ogni singolo cavallo del proprio branco. Distinguono la voce di una persona familiare rispetto a quella di una persona non familiare, senza vederla e senza sentirne l'odore allo stesso momento e, viceversa, sono in grado di distinguere la stessa persona solo guardandola e annusandola, senza bisogno di sentirne la voce. Anche in questo caso se gli stimoli che ricevono non sono congruenti (se la voce non corrisponde all'olfatto o alla vista della persona familiare o viceversa) dimostrano con il loro comportamento di attenzione di aver capito che "c'è qualcosa che non va" nelle informazioni che hanno ricevuto. Tutto ciò ci dice che la mente del cavallo è in grado di integrare informazioni multisensoriali delle persone in una rappresentazione virtuale, che gli permette di riconoscere una certa persona, utilizzando anche solo uno o due dei suoi sensi. Questo meccanismo è in sostanza uguale a quello che ci permette di distinguere gli amici dagli sconosciuti. Anzi, per essere precisi i sistemi di riconoscimento dei cavalli sono più raffinati dei nostri. Quanti di noi saprebbero riconoscere i propri conoscenti senza guardarli, ma solo con l'udito e l'olfatto?

Forse questo può sembrare strano: che interesse può avere un animale a riconoscere a livello individuale qualcuno che non è della sua specie? In realtà non è così strano, anzi ci sono due considerazioni da fare. Per prima cosa è necessario sottolineare che, per la sua sopravvivenza, il cavallo in natura deve saper riconoscere animali di specie diversa anche solo ascoltandone il richiamo o vedendone la sagoma, o fiutandone l'odore. Ovviamente in questo caso non è importante riconoscere il singolo, ma questo ci dice chiaramente che il cavallo possiede queste capacità intellettive molto raffinate e le usa per sopravvivere in natura. A questo dobbiamo aggiungere che esseri umani e cavalli sono a stretto contatto oramai da diversi millenni e molto probabilmente, queste capacità psicologiche sono tornate utili al cavallo per riconoscere in maniera precisa chi gli sta vicino per gran parte della giornata, con gli stessi meccanismi con cui riconosce un compagno del suo branco. Una curiosità: le informazioni multisensoriali (visive e uditive) necessarie per riconoscere una persona familiare o l'amico di *paddock* sono elaborate prevalentemente dall'emisfero sinistro, come negli altri animali.

C'è però altro da dire sulla percezione psicologica che i cavalli hanno di noi umani: sembra proprio che siano in grado di formare nella loro mente il "concetto di persona", cioè un essere vivente diverso che si relaziona con loro e dal quale, proprio in funzione di tale relazione, è logico aspettarsi determinate cose. In sostanza il riconoscimento delle persone da parte dei cavalli sarebbe una rappresentazione multisensoriale globale e integrata di specifici individui, diversi dall'essere cavallo, che comprende identità vocale, visiva e olfattiva, ma anche l'aspettativa nei confronti del comportamento delle persone in una situazione familiare e, per contro, la percezione che l'essere umano si aspetti che il cavallo faccia determinate cose, in un certo contesto. È stato possibile verificare questa percezione globale che i cavalli hanno dell'essere umano attraverso delle semplici prove psicologiche. Per esempio, come risposta a un ordine vocale conosciuto (cui erano stati addestrati in precedenza) i cavalli eseguono il compito richiesto, sia che l'ordine venga dato da una persona conosciuta che da una sconosciuta, ma hanno la tendenza a controllare (a tenere d'occhio insomma) in misura superiore la persona sconosciuta, girandosi spesso verso di essa, guardandola e verificandone il comportamento nel momento in cui eseguono l'ordine ricevuto. Questo avviene anche se la persona che fornisce il comando vocale è familiare, ma non presta attenzione a ciò che fa il cavallo (è girata di spalle, tiene gli occhi chiusi oppure guarda da un'altra parte). Questi semplici test suggeriscono elevati livelli di rappresentazione, basati su raffinate capacità interspecifiche socio-cognitive, che determinano un comportamento diverso quando a dare il comando di un ordine cui sono già stati addestrati è una persona sconosciuta o quando la persona è conosciuta ma è distratta e non guarda il cavallo. In entrambi questi casi l'animale mostra una maggiore attenzione verso la persona, perché deve capire se ciò che sta facendo è coerente con il comando ricevuto (nel caso l'ordine sia dato della persona sconosciuta) o perché si aspetta che la persona che lui già conosce presti attenzione a ciò che sta facendo (nel caso della persona familiare che è distratta quando dà l'ordine al cavallo). Anche in questo caso, l'uso del comportamento di attenzione verso la persona fa riferimento alla necessità dell'animale di comprendere la situazione in un contesto ambiguo (violazione dell'aspettativa). Inoltre, una recente ricerca italo-austriaca ha dimostrato che i cavalli sono in grado di attirare l'attenzione delle persone per comunicare alcune loro necessità, come la ricerca di cibo.

Tutto ciò non è molto diverso da quanto può accadere a noi se, per esempio, stiamo parlando con un nostro amico che sta guardando da tutt'altra parte o si volta. È una situazione che può metterci in difficoltà e che spesso ci porta ad alzare la voce o a richiamare la sua attenzione per un semplice motivo: se parliamo a una persona che conosciamo ci aspettiamo che ci ascolti e ci presti attenzione. Per non parlare poi di tutte quelle situazioni in cui riceviamo delle informazioni da un estraneo e abbiamo necessità di capirne bene il significato. Immaginate di ricevere questa semplice richiesta: "mi compri il bagnoschiuma?". Quale sarebbe la nostra reazione se, invece di un familiare, questa domanda ce la ponesse un estraneo?

Questo significa che i cavalli si aspettano che le persone si comportino in una determinata maniera in una certa situazione. Se sente un comando dato dalla persona che ha eseguito l'addestramento, il cavallo si aspetta che quella persona si comporti come si è sempre comportata durante il processo di addestramento, cioè che faccia attenzione a cosa lui fa in quel momento. Se cambia qualcosa, se chi dà il comando non è più quella persona, oppure se chi lo ha sempre fatto finora si comporta in maniera diversa, ecco che il cavallo ha necessità di verificare quella situazione, perché è diversa da ciò che ha conosciuto e che ha acquisito come esperienza.

Le relazioni fra singoli individui sono fondamentali nelle specie sociali. Queste relazioni sono basate su interazioni ripetute, che avvengono anche frequentemente durante la giornata (pensate alla coppia di amici del branco) e creano in ciascun soggetto un'aspettativa per l'incontro successivo. Pertanto la formazione di una relazione richiede che ogni soggetto sia in grado di capire i contenuti positivi o negativi dell'interazione con il proprio partner, ricordarseli e richiamare questi contenuti ogni volta che vi sarà una nuova interazione, facendoli diventare parte dell'esperienza e perciò della propria conoscenza. I successivi incontri saranno influenzati da quelli precedenti e il comportamento dei due partner sarà conseguente. Se le interazioni precedenti sono state positive e hanno lasciato nella memoria qualcosa di piacevole, i comportamenti del cavallo verso la persona saranno improntati alla tranquillità e prevalentemente di tipo affiliativo. Invece, se le interazioni precedenti sono state negative (mancata rimozione delle pressioni, punizioni, senso di frustrazione e impotenza di fronte ad azioni prevaricatrici della persona), il cavallo creerà una memoria di quegli eventi negativi e il suo comportamento in futuro sarà più propenso a evitare il contatto con chi è stato causa di esperienze spiacevoli. In tal modo il cavallo non si sentirà al sicuro nell'avere quella persona accanto (o qualsiasi altra persona, ricordiamoci la generalizzazione), il suo comportamento diventerà imprevedibile e potenzialmente pericoloso.

> Al ritorno poi la gratitudine per la cavalcatura dovea ispirare il desiderio di curarla, e si sarebbero visti certamente i nostri bravi figlioli baciare il muso e l'incollatura del cavallo loro affidato, ed il boccione, la brusca e la striglia sarian passati con amorosa cura sulle groppe, e non con le maniere irose che nascono dai doveri ingrati.
>
> Carlo Giubbilei "Federico Caprilli, Vita e scritti", pag. 56

È evidente che il primo gradino per instaurare una relazione positiva sta nella capacità della persona di fornire ricompense e nel non creare fastidio al cavallo. Nel sapergli dire "si" rimuovendo la pressione, nel saper sostituire le pressioni con altri stimoli non fastidiosi (con il condizionamento classico), nel dare ricompense in cibo quando fa la cosa giusta. Considerando che la ricerca e l'assunzione di cibo è una delle necessità primarie di tutti gli esseri viventi è abbastanza ovvio come le ricompense in cibo siano particolarmente gradite dai cavalli e non solo (ricordiamoci sempre di quanto siano gratificanti alcuni cibi per noi). L'uso del premio in cibo all'interno dell'apprendimento (rinforzo positivo), oltre a facilitarlo, aumenta nei cavalli l'interesse per la persona, favorisce l'instaurarsi del legame e crea le condizioni per una relazione interspecifica positiva (a patto di non abusarne e di non darlo a caso). I benefici di un uso oculato del rinforzo positivo sono evidenti anche a distanza di mesi, passati senza interazioni con gli umani.

Il contatto fisico e la pressione, invece, sono comunque percepiti come qualcosa di non positivo e difficilmente il solo ed esclusivo uso delle pressioni sarà sufficiente a far nascere una relazione positiva con la persona, che vada oltre il semplice processo di addestramento per determinati esercizi. La pressione, come abbiamo più volte detto, è uno stimolo che comunque crea un fastidio che, per quanto lieve possa essere, è sempre qualcosa di non piacevole. Il rinforzo negativo è, infatti, sempre associato a un'alterazione emotiva del cavallo, lievissima e impercettibile ai nostri sensi se la pressione è lieve e la applichiamo e la togliamo correttamente. Questo ci evidenzia ancora una volta quanto sia importante conoscere bene le corrette regole psicologiche dell'apprendimento: applicare la pressione partendo dalla più lieve possibile, cercare di indirizzare il cavallo a manifestare prima possibile il comportamento desiderato, togliere immediatamente la pressione non appena lo manifesta, sostituendola con altri stimoli (rinforzi secondari del condizionamento classico) non appena il comportamento è associato. Questo farà sì che l'alterazione emotiva del cavallo rimanga entro limiti accettabili, entro i limiti dell'Eu-stress, e sarà anzi positiva perché aumenterà la sua capacità di attenzione, facendo sì che l'apprendimento avvenga in maniera più veloce e precisa.

Pertanto i cavalli sono in grado di associare l'essere umano a particolari esperienze che restano impresse nella memoria a breve e a lungo termine, determinandone il comportamento futuro. Oggi sappiamo che azioni come il posizionamento della cavezza, della sella e della briglia sono percepite dai cavalli come eventi che inducono una reazione emotiva nel momento in cui sono attuati probabilmente perché, grazie all'esperienza fatta, capiscono da queste azioni che dopo ci sarà una sessione di lavoro in sella (che in molti casi è un'esperienza spiacevole per il cavallo, se le persone non conoscono la sua psicologia). Tuttavia come percepiscono queste azioni dipende dalla persona che le esegue e dall'esperienza che i cavalli hanno con le persone in generale. Se sono abituati a essere gestiti sempre da una sola persona a loro familiare, che esegue queste azioni in maniera corretta, la reazione emotiva sarà molto lieve o assente, mentre negli stessi cavalli la reazione emotiva è più alta se le stesse azioni sono eseguite da qualcuno che non conoscono. Nei cavalli abituati a essere montati da molte persone (scuola di equitazione) la reazione emotiva alle azioni sopra esposte è piuttosto importante ed è indipendente da chi le esegue, ossia è presente anche se a compiere le azioni di mettere la cavezza, la sella e la briglia è qualcuno a loro familiare (personale di scuderia). Inoltre in questi cavalli la reazione emotiva più elevata si ha nel momento preciso in cui si posiziona la cavezza, perché questa azione rappresenta probabilmente il confine fra non avere a che fare con le persone e doverci avere a che fare.

Ciò rimarca ancora di più come la percezione che il cavallo ha delle persone sia strettamente legata alla sua esperienza in conseguenza delle interazioni ripetute, giorno dopo giorno, con la stessa persona o con persone diverse. I cavalli si formano una memoria delle persone e delle loro azioni, che influenzerà il loro comportamento ogniqualvolta quella (o un'altra) persona porrà in atto quelle o altre azioni. Se nella memoria è impresso il ricordo di una buona relazione legata ad azioni positive eseguite dalle persone, i cavalli proveranno piacere nello stare con gli esseri umani e non avranno niente da temere anche in quelle interazioni che sono di per sé poco piacevoli come certi tipi di lavoro e di addestramento, trasporto, visite veterinarie e altro. Se invece i ricordi della memoria riguarderanno situazioni di fastidio, dolore, disagio è abbastanza ovvio che il cavallo avrà timore di qualsiasi altro contatto con le persone e più probabilmente vivrà i momenti d'interazione come un evento spiacevole, da evitare quando possibile, anche magari ricorrendo a mezzi estremi quando la relazione è percepita come altamente negativa o addirittura pericolosa per la propria incolumità. In quest'ultimo caso comunque, anche se il cavallo non attua comportamenti di difesa o fuga, il suo benessere psichico è compromesso, probabilmente in maniera permanente se situazioni del genere si protraggono nel tempo, anche se ai nostri occhi non è al momento evidente. Purtroppo un cavallo che accetta le vessazioni e le azioni negative delle persone senza difendersi o avere reazioni comportamentali è spesso interpretato come un cavallo "buono" da chi, perdonateci quest'affermazione, non ha idea di chi sia il cavallo.

Oltre a errori nell'applicazione delle regole psicologiche dell'apprendimento animale, ciò che può rendere l'addestramento e il lavoro mentalmente impegnativo sono le sessioni ripetitive, monotone e costituite prevalentemente da esercizi meccanici, che finiscono per avere conseguenze importanti per l'equilibrio psichico del cavallo. Lo stare chiuso in box per gran parte della giornata e uscire solo per un breve periodo, per svolgere attività monotone e ripetitive, tendenzialmente poco piacevoli, se non addirittura spiacevoli, durante le quali i fastidi o perfino il dolore sono la costante, avrà conseguenze molto pesanti sulla psiche del cavallo e contribuirà a deteriorare la relazione con l'essere umano, favorendo oltretutto lo sviluppo di comportamenti stereotipati, soprattutto nei cavalli di alcune discipline sportive per le quali l'addestramento è costituito da esercizi impegnativi mentalmente, ripetitivi e meccanici.

C'è anche altro da dire sulle elevate capacità socio-cognitive dei nostri amici. I cavalli sono in grado di usare il nostro corpo, i movimenti delle nostre braccia e la nostra posizione nello spazio per acquisire informazioni sull'ambiente che li circonda. Per esempio potrebbero usare i nostri movimenti e i nostri gesti per capire dove si trovano i contenitori del cibo o il cancello del *paddock* o il fatto che, quando non è presente la corrente elettrica, i fili della recinzione non sono granché come ostacolo e possono essere superati anche passandoci in mezzo (come facciamo certe volte noi per evitare di fare il giro), oppure che il box si apre quando la persona tocca in un preciso punto. Sono in grado di acquisire questo tipo d'informazioni che gli forniamo inconsciamente, e di usarle, magari in un secondo momento, oppure no, a seconda che le ritengano utili o meno per ottenere un beneficio. Se un cavallo si trova in un bel *paddock*, dove c'è erba fresca, abbondante acqua, adeguate zone di riposo e ottimi compagni, anche se capisce come fare per uscire, potrebbe non avere nessuna motivazione a farlo. Viceversa se il *paddock* è percepito come un luogo dove non si sta bene, il cavallo potrebbe raccogliere delle informazioni guardando noi entrare e uscire e usare queste informazioni per provarci a sua volta. Oppure, anche se il *paddock* dove sta è un luogo ideale sotto tutti i punti di vista, un cavallo con un certo carattere semplicemente potrebbe avere la motivazione a esplorare e ad andare in giro a curiosare, guardando cosa facciamo noi, come ci muoviamo nell'ambiente e quali gesti facciamo. Queste informazioni che forniamo involontariamente, i cavalli possono usarle in qualsiasi comparto della scuderia (magari uscire dal box può essere più complesso, anche se molti cavalli ci riescono benissimo, per buona pace dei proprietari), ovviamente se sono motivati a farlo e se percepiscono di poter ottenere un beneficio dall'usare i nostri gesti per raccogliere informazioni sull'ambiente circostante.

E se Clever Hans, oltre ad aver rilevato i sottilissimi comportamenti inconsci che nelle persone sono presenti nei momenti di attivazione emotiva, avesse percepito anche qualcos'altro? Ci sono alcune indagini scientifiche che indicano come i cavalli potrebbero percepire stati di alterazione emotiva dell'essere umano quando questo interagisce con loro. Uno degli ammonimenti che più frequentemente ci sono dati, soprattutto quando s'inizia a montare a cavallo, è: "Se hai paura, il cavallo lo sente". Effettivamente alcuni test hanno dimostrato che l'alterazione emotiva del cavaliere determina un aumento della frequenza cardiaca del cavallo, anche senza che il suo comportamento risulti alterato. La stessa cosa accade se la persona che lo accarezza ha avversione per gli animali. Mentre ciò non avviene se chi lo accarezza ha esperienza di cavalli, o comunque ha una predisposizione positiva per gli animali: in quest'ultimi casi i cavalli stanno tranquilli e non mostrano alterazioni dell'attività cardiaca. Questo tipo d'indagine è la nuova frontiera della ricerca scientifica sulla relazione fra cavallo ed essere umano e l'applicazione di particolari biotecnologie a questo tipo di studi potrebbe portare, nell'arco di qualche anno, a qualcosa di veramente inaspettato, perché oggi non è così insensato pensare che ci sia una qualche forma di scambio empatico * fra noi e il cavallo. La difficoltà, per adesso, sta nel dimostrarlo.

Dopo aver dato uno sguardo a cosa sappiamo di scientificamente corretto circa la percezione che il cavallo ha dell'essere umano, è giunto il momento di dire cosa "non siamo" per lui. È importante dire cosa "non siamo" perché negli ultimi anni, purtroppo, si stanno diffondendo molte "spiegazioni" che, oltre a non avere nessun fondamento scientifico, possono portare a compiere errori piuttosto gravi nel valutarne il comportamento e le reazioni.

Iniziamo col dire che non siamo un predatore. A parte che non ci risultano tentativi da parte di un essere umano di provare a mangiare un cavallo azzannandolo al collo e sbranandolo; a parte che la storia della nostra evoluzione ci dice chiaramente che gli esseri umani sono stati più prede che predatori. A parte tutto ciò, basta vedere qualche documentario sulla predazione nel mondo animale per capire che, se il cavallo ci percepisse come un predatore (un puma, un lupo o qualcosa del genere), avremmo grosse difficoltà ad avvicinarci a lui a una distanza inferiore ai dieci, quindici metri (ricordiamoci che stiamo parlando di un animale di cinque quintali di peso medio, il cui calcio con i posteriori sviluppa una forza di centinaia di kg per centimetro quadrato). Che dire poi della nostra mano aperta che il cavallo vedrebbe come l'artiglio di un grosso felino? Vi pare possibile che un animale domestico (estinto in natura da millenni) che è in grado di crearsi il concetto psicologico di "persona", intesa come essere vivente diverso da lui e che possiede le abilità cognitive e sociali che abbiamo provato a descrivere, non sia in grado di distinguere la mano umana dalla zampa di un predatore?

Tanto per non farsi mancare niente, c'è chi afferma che, per instaurare un buon rapporto, è necessario formare un branco con il cavallo, all'interno del quale la persona sia il "capo". Se consideriamo che un cavallo è perfettamente in grado di riconoscere il suo compagno preferito e una persona familiare attraverso l'uso integrato dei suoi sensi (elaborando congiuntamente informazioni visive, olfattive e uditive, perché noi umani siamo molto diversi, nell'aspetto esteriore, nell'odore e nei suoni che emettiamo), ci riesce quanto meno difficile pensare che possa scambiarci per un suo simile e che possa instaurare con noi una relazione gerarchica secondo i suoi canoni sociali. Su quest'ultimo aspetto possiamo anche aggiungere un'altra riflessione, sempre basata su dati scientifici. Poiché noi umani siamo sensibili alle carezze o ad altre forme di contatto fisico gentile (stimolazione tattile) spesso riteniamo che anche gli animali lo siano. Questo può essere vero per alcune specie ma meno per altre, o comunque esistono delle differenze legate proprio a ciò che accade nella relazione fra animali della stessa specie. Nei cavalli il contatto fisico è limitato a comportamenti di leccamento che la madre ha con il puledro, non molto frequenti per la verità, e nell'età adulta al mutual grooming, che rappresenta circa il 2-3% del tempo della giornata (da mezz'ora a un'ora circa di tempo passato a eseguirlo con il suo

* Empatia: in psicologia, la capacità di comprendere lo stato d'animo e la situazione emotiva di un'altra persona, in modo immediato, prevalentemente senza ricorso alla comunicazione verbale. (cit.Vocabolario on line, Treccani, www.treccani.it)

amico preferito, un suo simile, nell'arco delle 24 ore) ed è spesso limitato a precise regioni del corpo. Il grooming alla spalla, quando eseguito da un conspecifico o da un umano, induce una diminuzione della frequenza cardiaca, ad indicare che comunque è qualcosa di piacevole, e tuttavia, mentre fra cavalli questo comportamento è fondamentale per instaurare e mantenere la relazione con il compagno preferito, con l'essere umano non è sufficiente a promuovere l'apprendimento e il legame con la persona. Segno evidente che, anche quando facciamo qualcosa di piacevole, che mima un'attività sociale così importante come il mutual grooming, il cavallo non ci percepisce come un suo simile.

Per quanto riguarda la percezione del nostro sguardo, c'è chi afferma di poter far muovere un cavallo in libertà solo muovendo gli occhi. Se non ci siamo sbagliati su ciò che abbiamo detto circa i comportamenti di evitamento e l'uso delle pressioni non fisiche, ci verrebbe da dire che, forse, queste persone non tengono conto dei movimenti che fanno con il loro corpo e magari potrebbero provare a farlo muovere con gli occhi, rimanendo assolutamente immobili. Che dire poi del "guardarlo negli occhi", che sarebbe percepito dal cavallo come una minaccia perché è ciò che fanno i predatori? Iniziamo col dire che, in natura, è *estremamente* improbabile che il cavallo guardi il predatore negli occhi (tipo "Mezzogiorno di fuoco"); forse nel momento esatto in cui ne rileva la presenza ha già iniziato a fuggire. Per non creare confusione, questo è vero per il cane che effettivamente percepisce la direzione del nostro sguardo e guardarlo negli occhi è, per lui, un comportamento di dominanza (come accarezzarlo sulla testa), che può non essere gradito. Ma il cane ha una socialità con l'essere umano che è radicalmente diversa da quella del cavallo e soprattutto siamo due specie che hanno gli occhi posizionati frontalmente, caratteristica anatomica che favorisce la comprensione della direzione dello sguardo. Uno studio americano ha dimostrato che, quando si va a prenderlo al *paddock*, guardarlo negli occhi o guardare da un'altra parte non ha nessuna importanza per il cavallo.

Insomma, se un cavallo non si fa prendere al *paddock* o nel box, se fa delle difese nei confronti delle persone o degli esercizi che gli sono richiesti, se ha comportamenti problematici, non lo fa perché ci vede come un predatore o perché non siamo stati in grado di diventare il suo "capo branco". È molto più probabile che, semplicemente, lo faccia a causa di esperienze negative, fastidiose, spesso anche dolorose, che gli ha provocato una relazione sbagliata con l'essere umano. Se ci pensiamo bene, la situazione non è molto diversa da quando dobbiamo relazionarci ad ogni costo con una persona antipatica o che ci ha creato dei problemi seri. Questo perché la mente ha schemi di funzionamento simili in tutti gli animali. Possiamo cambiare la nostra relazione con lui e far in modo di avere la sua "fiducia" solo conoscendo la psicologia dell'apprendimento, il suo comportamento e la sua etologia (perciò le sue esigenze) nella maniera corretta. In realtà, giacché siamo a sfatare miti e leggende popolari, non avremo mai la sua fiducia, nel significato in cui la intendiamo noi umani, più semplicemente non avrà niente da temere dalle nostre azioni e si sentirà al sicuro ad averci accanto.

Capitolo 20 – Cavalli depressi

Abbiamo più volte parlato del rinforzo negativo e detto che, in pratica, è la rimozione di un fastidio dall'ambiente del cavallo. Ciò implica necessariamente che, per poterlo rimuovere, è necessario prima applicare il fastidio (uno stimolo avversivo), perciò il rinforzo negativo rappresenta un modo di gestione del cavallo che, se non applicato in maniera corretta secondo le regole viste nei capitoli precedenti, rappresenta un modo non molto etico di addestramento. Per la gestione del cavallo tuttavia un'elevata percentuale delle azioni che facciamo quando siamo in sella o da terra fanno riferimento all'applicazione di questo tipo di rinforzo e al momento non ci sono alternative, perciò è ancora più importante che le persone conoscano bene la psicologia dell'apprendimento animale applicata all'addestramento del cavallo.

Soffermiamoci sul concetto di applicazione dello stimolo avversivo, cioè il fastidio (le pressioni) che procuriamo al cavallo, la cui rimozione crea il rinforzo negativo. È opportuno entrare nell'argomento perché il confine fra una corretta applicazione del rinforzo e la punizione è molto sottile, non conosciuto, trascurato e perciò molto pericoloso. Di fatto, la possibilità di rimuovere lo stimolo avversivo prevede necessariamente che prima esso sia applicato e un qualsiasi stimolo avversivo somministrato all'animale non è altro che una punizione, per quanto lieve. Probabilmente nell'immaginario collettivo la parola "punizione" evoca qualcosa di negativo ed è senz'altro associata a situazioni come l'uso della frusta o di altri mezzi di coercizione fisica, tuttavia non dobbiamo lasciarci spaventare da questa parola, ma anzi è importante conoscerne bene il significato. La punizione in sé è, volendo, anche uno strumento etologico, utilizzato dagli stessi animali durante lo sviluppo e il mantenimento dei rapporti sociali e non deve essere intesa solamente come infliggere un dolore o come una grave forma di coercizione fisica. Di fatto, tutte le volte che applichiamo una pressione al cavallo, cioè gli creiamo un fastidio, noi stiamo applicando una leggera punizione, la rimozione della quale attua il rinforzo negativo. Questo nesso fra l'applicazione del rinforzo negativo e la punizione ci deve far riflettere. Vi ricordate l'esempio che abbiamo fatto a proposito di "dimenticarsi" di rimuovere la pressione dalla bocca del cavallo? Ebbene, pur se in quel caso la pressione che abbiamo considerato era lieve, noi, di fatto, abbiamo punito il cavallo. Per cosa lo abbiamo punito? Qui iniziano i guai: è ovvio che non sappiamo rispondere a questa domanda, perché non lo abbiamo punito *intenzionalmente* il nostro è stato un errore dato dalla distrazione, non voluto, ma questo non possiamo spiegarglielo. Per il cavallo ciò che conta sono le azioni che facciamo e non le nostre, più o meno, buone intenzioni. La mancata applicazione del rinforzo (la rimozione della pressione) può essere interpretata dal cavallo come una punizione, anche se lieve. Da questa situazione scaturisce subito una riflessione. È evidente che, nell'applicare il rinforzo negativo, più leggere (in intensità e durata) sono le pressioni che applichiamo, minori saranno le conseguenze per il cavallo in caso di nostri errori, come per esempio "dimenticarsi" di rimuoverle.

> Io ammetto che la frusta male adoperata faccia più male che bene, occasioni delle disgrazie e quindi metta paura... Ma l'istruttore deve assolutamente imparare ad adoprarla per saperla maneggiare bene e con giusto criterio, ed allora questi inconvenienti saranno tolti.
>
> Carlo Giubbilei "Federico Caprilli, Vita e scritti", pag. 105

Analizziamo adesso cosa vuol dire punire, per vedere che, dal punto di vista etologico, la punizione riduce la probabilità che il comportamento punito si ripresenti in futuro. Questa definizione è il contrario del rinforzo. Questo sottolinea ulteriormente quanto sottile sia il confine fra una corretta gestione dell'addestramento e il comunicare al cavallo cose diametralmente opposte, quanto sia importante conoscere questo confine e le conseguenze cui si va incontro se lo si oltrepassa. Se vogliamo punire un cavallo per eliminare un suo comportamento indesiderato è necessario sapere bene qual è il modo corretto per applicare la punizione e a quali conseguenze possiamo andare incontro. L'efficacia di una punizione dipende dalla sua intensità: dovrebbe essere utilizzata la minima intensità possibile, sufficiente a rendere meno probabile che quel comportamento si ripresenti in futuro. Questo vuole dire che in nessun caso si deve usare la massima intensità di cui disponiamo (le frustate date a caso sono spesso solo lo sfogo di persone frustrate e psicologicamente instabili, che si rifanno sul cavallo perché incapace di difendersi), ma che deve essere utilizzata l'intensità più lieve e adatta a quel preciso cavallo, sufficiente a fargli comprendere di aver commesso un errore. Ogni cavallo, come ogni persona, ha una sua soglia d'intensità della punizione, a quell'intensità la punizione è efficace, e se si supera questa soglia si possono avere effetti collaterali alquanto pericolosi. Purtroppo, come accennato in precedenza per l'applicazione delle pressioni, non è dato di conoscere la soglia di ciascun soggetto, perciò la regola è di agire, anche in questo caso, analizzando il comportamento del cavallo. Per esempio, se siamo vicini a un cavallo che sta insistentemente provando ad assaggiare il nostro giubbotto e vogliamo fargli capire che non è una cosa che desideriamo, possiamo "punirlo" con un buffetto oppure semplicemente spostandolo con la cavezza. Il cavallo avrà un movimento di retrazione della testa e questo suo comportamento ci dice che il buffetto, è stato recepito. Spostarlo con la cavezza è un intervento ancora più lieve, ma è sempre una pressione applicata (come lo era il buffetto), un segnale, che dice al cavallo *"NO, non è questo ciò che voglio"*. Se poi il cavallo smetterà, anche solo per qualche minuto, di provare ad assaggiare il nostro giubbotto vorrà dire che il messaggio è stato correttamente compreso e l'intensità della nostra "punizione" è stata adeguata (comunque per ridurre al minimo situazioni del genere evitiamo di tenere carote o altre leccornie in tasca e di darle al cavallo a caso).

L'altro elemento fondamentale, affinché la punizione ottenga il risultato senza che ci siano gravi conseguenze, è l'intervallo di somministrazione fra il comportamento e la punizione. Maggiore è questo intervallo, più elevata è la possibilità che la punizione sia inefficace e che abbia solo conseguenze negative. Stiamo parlando, anche in questo caso, come per il rinforzo, di pochi secondi: oltre questo limite è probabile che la punizione assuma un significato molto diverso. Possiamo quindi affermare che la maggior parte delle punizioni, ritenute tali dalle persone e somministrate ai cavalli per i motivi più variegati e variopinti, sono sbagliate nei tempi e nell'intensità. E quest'affermazione non considera tutte quelle condizioni in cui, per nostri errori e per nostra ignoranza, somministriamo la punizione senza rendercene conto (come nell'esempio della nostra distrazione durante la volta a mano destra). Pertanto sono assolutamente da evitare le punizioni gratuite, somministrate senza criterio e d'intensità sproporzionata. Le frustate per un rifiuto su un ostacolo o perché non sale sul van, i calci nella pancia perché non sta fermo quando lo selliamo e le "manate" sul muso, legare il cavallo in modo che non si possa liberare e tenerlo legato "perché così capisce" e tante altre azioni di pura e sola violenza sono assolutamente da evitare.

Ci permettiamo anche un'altra riflessione su quest'argomento. Modi violenti ed esasperati di punire un cavallo possono in realtà essere lo specchio di persone problematiche, che hanno necessità di sopraffare e avere il controllo totale su altri esseri viventi per sentirsi realizzate. Per qualche oscuro motivo il cavallo è spesso oggetto di sfogo delle frustrazioni e delle debolezze di queste persone che, incapaci di avere un rapporto sano e naturale con altri esseri viventi, usano questi mezzi per soddisfare il proprio bisogno patologico di sopraffazione. Dagli anni '60 a oggi sono stati fatti numerosi studi di psicologia, psichiatria e criminologia, che dimostrano come il maltrattamento e la violenza sugli animali, soprattutto se condotto da minori, deve essere interpretato come sintomo di una potenziale situazione esistenziale patologica e fenomeno predittivo di contemporanei o successivi comportamenti deviati o criminali (aggressioni e distruzione di proprietà, furti con presenza di una vittima, rapina a mano armata, rapimento, violenza sessuale, omicidio).

Oltre a questi aspetti, la punizione può avere degli effetti collaterali molto gravi sulla psiche del cavallo. È un po' come una medicina molto potente, la cui somministrazione deve essere fatta solo conoscendo attentamente le dosi, le regole di somministrazione e gli effetti collaterali. Una punizione non efficace può indurre un grave stato di paura nel cavallo, paura nei confronti della, o delle persone che hanno agito. Paura che, tramite la generalizzazione, può essere estesa ad altre persone e che, forse ancora più grave, può essere collegata all'ambiente in cui la punizione ha avuto luogo. Ricordiamoci anche quanto abbiamo detto sul condizionamento alla paura.

Difficilmente la paura scaturisce da una singola punizione, anche se somministrata in maniera non corretta; più spesso è conseguenza di punizioni (violente) del tutto inefficaci, sbagliate nella tempistica e nell'intensità, che si protraggono nel tempo. Immaginate che qualcuno, senza che voi ne capiate il motivo, vi sgridi tutti i giorni e vi prenda a schiaffi. Come vi sentireste dopo un paio di settimane? Nonostante il cavallo sia un animale predato in natura e perciò più propenso alla fuga che allo scontro, un altro effetto collaterale che può essere indotto dalla somministrazione errata di una punizione, è senza dubbio l'aggressività, che è collegata a episodi di punizione singoli e molto violenti, in cui scattano in alcuni cavalli meccanismi di difesa estremi (se non ho possibilità di difendermi, attacco). La mancata conoscenza da parte nostra di ciò che stiamo facendo ci impedisce spesso di capire che questi comportamenti di difesa sono dovuti a nostri errori, e ciò porta a interpretarli come i gesti di un cavallo problematico e di carattere difficile, evenienza che può portare all'uso ulteriore di mezzi di coercizione che deteriorano ulteriormente la relazione.

Un'altra conseguenza potrebbe essere la riduzione spontanea dell'attività motoria e cognitiva che, anche in questo caso, consegue più frequentemente a punizioni, magari non di forte intensità, che si protraggono nel tempo, il perché è ancora abbastanza semplice. Se non capisco il motivo per cui sono punito ogni giorno, posso pensare che qualsiasi mio comportamento sia la causa della punizione, quindi stando fermo e reagendo il meno possibile spero di poter ridurre la possibilità di ricevere la punizione. La riduzione dell'attività spontanea dell'animale si associa spesso a una percezione negativa di tutto l'ambiente che lo circonda e a una riduzione dello stato generale di "benessere" psichico, anche se il cavallo si trova in un ambiente strutturalmente adatto alle sue esigenze. La riduzione dell'attività spontanea, unita a un'altra possibile conseguenza di punizioni inadeguate e cioè la diminuzione delle capacità di attenzione, può sfociare nell'apatia e divenire così una condizione, al limite del patologico, d'incapacità di adattamento all'ambiente, inteso sia come percezione di esso, sia riguardo al rapporto con le persone.

La ricerca scientifica fortunatamente ha fatto notevoli progressi nello studio del comportamento e della psicologia del cavallo, e negli ultimi anni s'iniziano a comprendere le conseguenze che ha una gestione alterata, sia nell'addestramento che in scuderia, che si protrae per anni. Negli animali e nell'essere umano, l'Impotenza Appresa (Learned Helplessness) descrive uno stato mentale in cui un organismo, obbligato a sopportare nel tempo stimoli avversi, dolorosi o comunque sgradevoli, diventa incapace di gestirli ed evitarli, perché apprende che il suo comportamento e le strategie che può mettere in atto sono insufficienti a controllarli o evitarli. Questo stato mentale, strettamente collegato con la depressione e altri disturbi mentali, origina da una mancanza percepita di controllo sul risultato di una situazione o di un comportamento. In altre parole, gli individui costretti a sopportare condizioni o stimoli avversi per prolungati periodi, diventano progressivamente incapaci di reagire a tali situazioni avverse, finendo col subirle passivamente e andando incontro a Impotenza Appresa. Ciò accade anche se il soggetto, in seguito, si trova a interagire con stimoli avversi che potrebbe facilmente evitare o gestire con il suo normale comportamento. Pertanto l'Impotenza Appresa induce un deficit comportamentale (l'incapacità di controllare gli eventi ambientali) che rende l'individuo non più in grado di affrontare situazioni avverse. Tale deficit ha alla base un'alterazione dei processi emotivi, motivazionali e cognitivi che sono comuni agli stati depressivi.

La depressione *, nell'essere umano, è uno stato di umore negativo e avversione per l'attività che può interessare pensieri, comportamenti, sentimenti e senso di benessere di un individuo. I soggetti depressi possono sentirsi tristi, ansiosi, vuoti, senza speranza, impotenti, inutili, colpevoli, irritabili o inquieti. Essi possono perdere interesse in attività che prima erano piacevoli, possono andare incontro a perdita di appetito o al contrario a ingestione eccessiva di cibo, hanno problemi di concentrazione, difficoltà a ricordare i dettagli o prendere decisioni. La depressione nell'essere umano è una caratteristica di alcune sindromi psichiatriche, ma può anche essere una reazione normale a eventi della vita, come la fine di una relazione o una pessima condizione lavorativa.

È possibile che tali condizioni di alterazione psichica del normale comportamento, come l'impotenza appresa e la depressione, siano presenti nei cavalli? È possibile trasferire a questi animali i concetti e le definizioni sopra esposti, in maniera scientificamente corretta? Alcuni anni fa ricercatori inglesi hanno ipotizzato la presenza di Impotenza Appresa nei cavalli, come conseguenza della gestione non corretta durante il lavoro in sella e in scuderia. La mancata conoscenza delle regole psicologiche dell'apprendimento animale da parte di chi addestra e lavora con i cavalli e le condizioni delle moderne scuderie (entrambi gli argomenti sono stati affrontati e speriamo che adesso siano chiari) farebbero sì che i cavalli siano ripetutamente esposti a fattori di stress continui, anche estremi e per loro incontrollabili. Ciò può portare a effetti debilitanti a lungo termine, sia fisici che psichici. Cavalli che sembrano "spenti" all'occhio umano, che rispondono poco agli stimoli, mancano di motivazione a fare qualsiasi attività e sono apatici, si riscontrano spesso nelle scuderie e la causa sarebbe la mancata conoscenza, da parte delle persone, delle regole psicologiche dell'apprendimento e delle esigenze etologiche dei cavalli. La conseguenza è che i cavalli sono sottoposti costantemente a una sequenza di esperienze negative dovute all'addestramento, al lavoro e all'ambiente di scuderia, che potrebbero essere la causa di questa situazione.

Quali sono le condizioni che hanno permesso di formulare tale ipotesi? Il cavallo è l'unico animale impiegato in una molteplicità di ruoli molto diversi fra loro, come abbiamo rilevato in precedenza. Nonostante ciò è diffuso il concetto che debba essere sottomesso e docile alla volontà dell'essere umano: basti pensare al significato pratico della parola "doma", per la quale si ritiene che la dominazione dell'essere umano e la sottomissione del cavallo siano elementi fondamentali. L'analisi delle molteplici tecniche di addestramento eseguite senza le adeguate conoscenze di psi-

* la depressione non deve essere confusa con patologie psichiatriche (come il Disturbo Depressivo Maggiore) delle quali è un aspetto sintomatologico.

cologia dell'apprendimento e di etologia fa emergere come tutte abbiano due elementi in comune:

1) l'isolamento del cavallo dai propri simili,
2) il fargli "capire" che i tentativi di fuga, o comunque diretti a sottrarsi a ciò che è richiesto, non avranno successo.

Questo avviene in maniera preponderante mediante azioni volte a obbligare il cavallo a fare "qualcosa", trattenendolo, o costringendolo in vario modo e accade anche senza l'uso di forza o coercizione evidenti, come nelle tecniche di *natural horsemanship* che sembrano, all'occhio umano, eticamente più accettabili. Tali concetti espressi per la "doma", sono in realtà evidenti anche nell'addestramento, durante il lavoro in sella e da terra, e interessano tutti gli ambiti e le discipline sportive. Sono, infatti, molte le potenziali fonti di dolore e disagio cui un cavallo può andare incontro nel corso delle diverse attività: l'uso di capezzine della briglia molto strette che possono provocare dolore durante il lavoro montato, il morso nella bocca le cui dimensioni, forma e posizione sono spesso strutturate per amplificare l'azione delle mani del cavaliere, l'impiego di speroni, sono solo alcuni esempi di possibili fonti di dolore, che possono portare a danni fisici e segni comportamentali di disagio. Tutte queste situazioni sono, per il cavallo, inevitabili; non può intervenire con il suo comportamento per modificarle e quando lo fa la conseguenza è spesso un ulteriore inasprimento delle fonti di dolore.

Metodi di addestramento incoerenti e segnali contrastanti possono essere fonte di frustrazione o di esperienze dolorose inevitabili e spiacevoli. Nell'addestramento per alcune tipologie di gare, ad esempio, il cavallo è contemporaneamente spinto in avanti con l'uso di gambe e speroni e trattenuto mediante l'azione delle redini. In tal modo l'animale non può, attraverso il suo comportamento, far sì che il dolore, o comunque il fastidio, cessi ed è quindi soggetto a un'esperienza avversiva inevitabile, sulla quale non ha nessuna possibilità di controllo. Questo metodo di addestramento, oltre che potenzialmente doloroso, fornisce al cavallo due segnali contrastanti che possono indurre confusione, frustrazione e innescare comportamenti di conflitto. Il fastidio che creiamo al cavallo con l'applicazione delle pressioni può essere di varia intensità: da molto leggero, quasi impercettibile a livello sensoriale, a molto forte, fino a diventare dolore se le pressioni (mediante aiuti di gambe e mani, speroni, imboccature, etc.) sono eccessive. Queste pressioni, quindi il fastidio, sono poi rimosse nel momento in cui il cavallo esegue il comportamento desiderato, come abbiamo più volte sottolineato. Se la persona non conosce le regole psicologiche dell'addestramento animale e non rilascia la pressione al momento giusto o applica una pressione eccessiva che l'animale non ha associato a un suo comportamento (e che perciò non conosce come segnale) la risposta comportamentale dell'animale non è rinforzata e si commettono in tal modo errori di comunicazione. Questa incoerenza è causa di confusione e stress per il cavallo e può innescare comportamenti indesiderati o di difesa. Il cavallo può anche sviluppare una sensazione di fallimento data dall'impossibilità di rispondere ai comandi incoerenti del cavaliere. Inoltre la mancata rimozione della pressione, o l'uso di pressioni inappropriate, può determinare la somministrazione al cavallo di punizioni non intenzionali, dovute alla non consapevolezza del cavaliere verso le proprie azioni, sulle quali, anche in questo caso, il cavallo non ha il controllo.

In conformità a quanto è stato finora descritto è perciò plausibile che le condizioni di lavoro e di gestione delle scuderie influiscano sul comportamento e sulla psiche dei cavalli. Oltre a chiare evidenze scientifiche che indicano come il lavoro sia fonte di possibile dolore e stress per i cavalli, altri dati statistici che abbiamo visto nel primo capitolo suggeriscono che il rapporto con l'essere umano non sia corretto. Inutile rilevare lo spreco di risorse economiche che questi dati rappresentano per la società civile e per il comparto equestre, oltre ovviamente a essere la principale fonte di problemi per il "benessere" dei cavalli. Perciò comprendere cosa accade nella loro psiche in seguito alla gestione e alla relazione con l'essere umano potrebbe essere vantaggioso, oltre che per il loro rispetto, anche per ridurre i costi sociali e di allevamento.

Ricercatori francesi hanno osservato il comportamento spontaneo dei cavalli di scuderia impiegati negli sport equestri, nel loro ambiente familiare, valutandone i periodi d'immobilità e di assenza di reazione, durante il riposo in box. Da questa indagine è scaturito che il 24% dei soggetti studiati presentava una postura di riposo atipica, caratterizzata da fissità dello sguardo, della testa e delle orecchie, unite a una postura del collo e del dorso particolari (questi cavalli sono stati definiti *withdrawn horses*, traducibile come "cavalli spenti"). Questi "cavalli spenti", confrontati con i soggetti di controllo, mostravano una significativa riduzione della sensibilità agli stimoli ambientali nel loro ambiente familiare, ma reagivano in maniera emotivamente maggiore in condizioni di stimolazione avversa. Caratteristiche queste che gli autori hanno classificato come una manifestazione spontanea di "disperazione comportamentale". I cavalli "spenti" hanno un profilo comportamentale e posturale particolare, che presenta forti analogie con alcuni tratti comportamentali degli stati depressivi descritti negli esseri umani e in altri animali. In base a questi riscontri, questi ricercatori hanno ipotizzato che il cavallo possa sviluppare degli stati simili alla depressione come conseguenza di una gestione non adeguata.

Più recentemente uno studio italiano effettuato su cavalli di età compresa fra quattro e ventiquattro anni impiegati negli sport equestri ha evidenziato come, con l'aumentare dell'età, vi sia un'alterazione dell'espressione emotiva nei confronti di uno stimolo stressante. Con il passare degli anni e dell'esperienza di vita in scuderia e al lavoro, i cavalli diventano tendenzialmente meno reattivi (mostrano un minor numero di comportamenti di evitamento e minore attività di esplorazione) nei confronti di uno stimolo stressante. Nonostante ciò, nonostante che questi cavalli sembrino controllare in maniera più efficace il proprio comportamento emotivo, la loro attività cardiaca dimostra un aumento dell'attività del Sistema Nervoso Simpatico sul controllo del cuore (sono più stressati) nel momento della comparsa dello stimolo. Questo suggerisce che i soggetti più anziani tendenzialmente percepiscono la comparsa di quello stimolo come un evento non piacevole in maniera superiore rispetto ai soggetti più giovani, che invece manifestano più comportamenti di evitamento e maggiore attività di esplorazione nei confronti dello stesso stimolo. Questa incoerenza fra comportamento e parametro fisiologico, osservata con l'avanzare dell'età e dell'esperienza, sarebbe indicativa di Impotenza Appresa, conseguenza di anni vissuti in un ambiente avverso che i cavalli non hanno nessuna possibilità di cambiare con il proprio comportamento.

Le stereotipie

Tutti conosciamo il ticchio, con appoggio o senza, il ballo dell'orso; questi comportamenti si chiamano "stereotipie" e circa il 10% dei cavalli nelle moderne scuderie li manifestano in maniera evidente (in realtà un cavallo su quattro mostra pattern comportamentali anomali, riferibili a comportamenti stereotipati, che non sono evidenti ai nostri occhi, perché non ci sembrano anormali). Queste stereotipie hanno tre caratteristiche che le contraddistinguono:

1) sono comportamenti ripetitivi,
2) sono costanti nel ripetersi,
3) sono privi di qualsiasi funzione evidente.

Perciò se vediamo un cavallo che fa qualcosa di strano, di ripetitivo, che ci fa sorgere la domanda "perché fa così?" è meglio controllare bene e più volte, perché potremo trovarci di fronte alla fase iniziale d'insorgenza di una stereotipia o a una forma lieve di essa. Nel 1912 il Capitano Moseley scriveva su Veterinary Record, definendo il ticchio d'appoggio come una forma di "masturbazione mentale" e, nonostante che all'epoca non ci fossero le conoscenze di oggi, questa resta, probabilmente, la definizione più intuitiva che sia stata data.

L'elemento centrale, da cui devono partire le nostre riflessioni, è che questi comportamenti non esistono in natura, e non sono nemmeno la conseguenza della domesticazione perché cavalli catturati e messi in scuderia le hanno manifestate, perciò sono proprio la conseguenza della vita in cattività (in scuderia nel nostro caso). Sebbene le stereotipie non abbiano nessuna funzione apparente, si ritiene che la scuderizzazione privi i cavalli di alcuni bisogni fondamentali e che questi comportamenti si sviluppino proprio dalla frustrazione che ne deriva.

Sembra che le stereotipie vadano a soddisfare la motivazione a eseguire comportamenti naturali che sono impediti dalla stabulazione. Quindi, una stereotipia orale per esempio, come il ticchio d'appoggio, può fornire una via alternativa alla normale attività di alimentazione e digestiva all'interno di un ambiente (la scuderia) che limita in maniera rilevante la normale (naturale) assunzione di foraggio, intesa sia come scarsa assunzione di fibra lunga, sia come necessità psicologica a pascolare. Le stereotipie perciò vanno a sostituire attività naturali che sono impedite dalla vita in scuderia, sono un palliativo e col tempo diventano psicologicamente e fisicamente gratificanti, arrivando ad attivare i sistemi di gratificazione del Sistema Nervoso Centrale, con produzione di sostanze neurologicamente attive come dopamina e, soprattutto, endorfine. Nel momento in cui la stereotipia, da semplice comportamento, causa la produzione di queste sostanze interne all'organismo, essa si fissa, diventa autogratificante e non c'è più alcuna possibilità di rimuoverla (è un po' come se il cavallo si drogasse con questo comportamento). Purtroppo, dall'esterno, dal nostro punto di vista, non è possibile accorgersi di quando ciò accade.

Al momento non esistono cure o rimedi efficaci, in grado di rimuovere una stereotipia: i collari di alluminio, le sbarre alla porta del box, gli interventi chirurgici si sono rivelati del tutto inutili. Anzi, se a un cavallo che manifesta una stereotipia fissata è impedito fisicamente di eseguirla, i suoi livelli di stress aumentano notevolmente, perché, purtroppo, nel momento in cui la esegue lui sta bene e prova senz'altro un certo "senso di benessere", dovuto all'azione delle endorfine. L'unica strategia che sembra possa dare dei risultati (se la stereotipia non è ancora fissata) è quella di fornire ambienti arricchiti da stimoli etologicamente rilevanti (che abbiamo provato a descrivere nel capitolo 16). Si è notato che questa strategia in molti casi si associa a una riduzione dei comportamenti stereotipati, anche quando essi sono fissati (cavalli con il ticchio di appoggio spostati dalla scuderia alla vita in *paddock*, pur continuando a "ticchiare", hanno mostrato una riduzione del comportamento).

Le attuali conoscenze indicano che lasciare agli animali la libertà di valutare e interagire con l'ambiente in cui si trovano fornisce loro la possibilità di partecipare attivamente all'ambiente stesso, e questo può portarli ad avere un certo controllo sulle variazioni ambientali, attraverso la "possibilità di scelta". Sembra, infatti, che lasciare agli animali la capacità di eseguire cambiamenti nel loro ambiente attraverso il proprio comportamento, sia un elemento centrale del benessere animale. Per quanto riguarda il cavallo è fondamentale rilevare come il suo ambiente sia formato dal luogo dove è stabulato o comunque gestito e dalle persone che con esso interagiscono. Pertanto il suo "benessere" è influenzato da stabulazione e interazione con l'essere umano, e questi fattori non sono separabili se vogliamo comprendere le ragioni dell'alterazione del suo comportamento.

Al momento non possiamo affermare con certezza che i cavalli soffrano di depressione, ma i dati disponibili indicano che, in conseguenza dei modi di gestione in scuderia e dell'addestramento svolto per il lavoro, possono andare incontro a comportamenti definibili come simil-depressivi. In tali situazioni anche l'esposizione a occasionali esperienze avverse e incontrollabili potrebbe causare dei deficit, a breve termine, in motivazione, emozione e cognizione in quei soggetti che presentano già un'alterazione in senso depressivo del normale comportamento. Questa evenienza potrebbe portare il cavallo a non percepire eventuali esperienze piacevoli, positive, come la rimozione di un fastidio o il contatto sociale con un suo conspecifico, e innescare comportamenti di difesa, o comunque non desiderabili, senza motivo apparente, anche quando gli stimoli somministrati dal cavaliere o dalle persone sono corretti o comunque accettabili. Per esempio i cavalli più anziani, spesso impiegati per attività come la scuola di equitazione o le Attività e Terapie Assistite, anche se apparentemente calmi, potrebbero essere in uno stato emotivamente negativo e pertanto in una condizione di malessere psichico che potrebbe indurli, improvvisamente e senza apparente motivo, a manifestare comportamenti di difesa, indesiderati o comunque problematici per l'essere umano.

Oggi siamo portati a ritenere che la condizione di "benessere" sia legata ad aspetti fisici e organici, quali la buona forma fisica, l'assenza di dolore, lesioni e ferite cutanee, la semplice presenza di cibo o acqua. Appare invece evidente come la componente psichica debba essere tenuta in seria considerazione, perché molto meno evidente a un'analisi diretta e perché da essa possono scaturire comportamenti imprevedibili o non desiderati, con possibili conseguenze per la salute di cavalli e persone. Approfondire questi argomenti e formare le persone nella maniera corretta (professionisti o semplici appassionati) avrebbe, oltretutto, ricadute pratiche date da una riduzione degli incidenti e del numero di cavalli esclusi dall'attività per problemi di comportamento.

Guida ai video didattici

I video didattici sono stati inseriti per aiutare a portare i concetti espressi nelle pagine del libro, nella pratica di lavoro (o almeno per dare un'idea di ciò) e per far comprendere come i meccanismi dell'apprendimento funzionino in sinergia. Ogni comportamento esibito da un cavallo è la risultante dell'attività della sua mente che funziona integrando i diversi sistemi di apprendimento; il nostro compito è conoscere questi meccanismi e capire come si manifestano quando il nostro amico fa determinate cose.

Il consiglio che diamo è di guardare questi video dopo aver letto il libro (se siete arrivati fin qui probabilmente lo farete), analizzarli e, seguendo i sottotitoli, tornare a rileggere (e possibilmente studiare) gli argomenti che di volta in volta sono indicati. Tuttavia ciascuno può organizzare il proprio percorso didattico come meglio crede, tenendo però ben presente che i meccanismi della mente che fanno "giocare con la palla" un cavallo sono gli stessi che gli permettono di eseguire una pirouette o di salire sul van.

Ai video si accede con i QR code collocati sotto la descrizione di ciascun video, o tramite i codici di accesso al sito www.cavalliallospecchio.it annessi alla copia del libro, o direttamente con i link nella versione e-book.

VIDEO 1 – Testa, incollatura e campo visivo (Principali capitoli di riferimento: 2 e 17)

Nella prima parte del video il cavallo abbassa l'incollatura per vedere bene l'oggetto da oltrepassare (il telo di plastica). Il telo richiama la sua attenzione poiché non è uno stimolo familiare e questo lo indica la posizione delle sue orecchie, tenute dritte in avanti in direzione del telo (comportamento di attenzione) e la flessione dell'incollatura, necessaria per vederlo bene. Anche nella seconda parte del video si nota la flessione della nuca che il cavallo deve compiere per vedere bene il gradino da affrontare. Essendo un esercizio già fatto, e il gradino, un ostacolo conosciuto, le orecchie non sono in posizione di attenzione come nel video precedente.

VIDEO 2 - Comportamento di evitamento (Principali capitoli di riferimento: 3, 5 e 10)

Il bastone con la plastica (stimolo) inizialmente induce la comparsa di comportamenti di evitamento. In seguito il ripetersi regolare dello stimolo porta alla diminuzione progressiva della risposta del cavallo (assuefazione). Durante la procedura il cavallo è tenuto alla longia, e questo ci permette di guidare il suo comportamento di attenzione verso lo stimolo tramite il rinforzo negativo (è indispensabile che la pressione esercitata con la longia e la cavezza sia proporzionata alla situazione: una pressione eccessiva potrebbe indurre nuovi comportamenti di evitamento).

VIDEO 3 - Parastinchi (Principali capitoli di riferimento: 5)

Il cavallo si abitua (assuefà) molto velocemente alle pressioni dei parastinchi, perché di bassissima intensità e costanti. La particolarità di questo video sta nel movimento degli arti posteriori che, pur non avendo i parastinchi, si muovono come se li avessero. La presenza dei parastinchi sugli anteriori fa sì che il cavallo esegua un movimento che è molto simile a quando deve superare un cavalletto a terra. Siccome è un quadrupede, è importante che, se gli anteriori oltrepassano un ostacolo posto a livello del terreno, anche i posteriori lo facciano, altrimenti inciamperebbe. Ebbene, dal movimento degli anteriori, diverso dal passo, la mente rileva la presenza di un ostacolo sul terreno, elabora il segnale ricevuto dal sistema nervoso periferico e lo invia ai posteriori affinché questi ripetano il movimento, e questo accade, come nel caso di questo video, anche quando non c'è nessun ostacolo. È un meccanismo neurologico semiautomatico molto importante. Addirittura, se portiamo un cavallo su un cavalletto al passo, glielo facciamo oltrepassare con gli anteriori e poi lo facciamo fermare (in modo che il cavalletto rimanga sotto la sua pancia, fra anteriori e posteriori), la sua mente è in grado di tenere in memoria la presenza dell'ostacolo per circa 15 minuti e quando lo facciamo ripartire i posteriori si solleveranno per superare il cavalletto, anche se gli anteriori lo hanno superato 15 minuti prima.

VIDEO 4 - Tubi colorati (Principali capitoli di riferimento: 5, 7, 9 e 17)

L'obiettivo è far passare il cavallo fra i tubi colorati e lui all'inizio, non conoscendoli, si rifiuta di farlo. Tramite il rinforzo negativo, applicando pressione alla longia, cerchiamo di indirizzarlo a fare piccoli passi in avanti; quando arriva a contatto con i tubi, li guarda e li annusa per analizzarli (comportamenti di attenzione ed esplorazione). Permettergli di usare questi comportamenti aumenterà la sua confidenza e lo aiuterà a convincersi che non sono pericolosi, o comunque a prendere una decisione. In questo caso però, il cavallo decide di evitare ugualmente il passaggio e questa sua decisione è diversa da ciò che ci aspettiamo. Nel video si vede, infatti, che tende a spostare il suo peso all'indietro, pur senza muoversi, a indicare la sua volontà di retrarsi dallo stimolo. Quando ciò accade, la longia è messa in tensione, determinando una pressione tramite la cavezza che dice al cavallo "*NO, non è questo ciò che voglio*" (non voglio che tu vada indietro). Nel momento in cui sposta il suo peso in avanti, togliamo immediatamente la pressione dicendogli "*SÌ, è questo ciò che voglio*" (voglio che tu rimanga lì). In questo caso abbiamo cercato di correggere la sua decisione di non voler affrontare i tubi e gli abbiamo "suggerito" la posizione da tenere. Questo lo aiuta a focalizzare l'attenzione sulla situazione in cui si trova, e cercare la soluzione per affrontarla, perché gli abbiamo "detto" che non può evitarla. Quando il cavallo prende finalmente la decisione di attraversare i tubi colorati, lo fa in fretta e in questo caso cerchiamo di non contrastare il suo veloce passaggio, facendo attenzione a non applicare nessuna pressione, altrimenti gli invieremo un segnale contraddittorio, dicendogli "*NO, non è questo ciò che voglio*", anche se sta facendo proprio ciò che desideriamo (attraversare i tubi). Dopo alcune volte che il cavallo passa sempre più serenamente, proviamo a stringere il passaggio in mezzo ai tubi e questo lo porta ad avere una nuova reazione (sensibilizzazione), anche se più modesta di quella iniziale. Grazie all'uso del rinforzo negativo e all'assuefazione (il contatto dei tubi sul corpo) il cavallo ha imparato ad affrontare l'ostacolo, anche se diverso (passaggio più stretto). Nell'ultimo passaggio è più rilassato e le orecchie sono rivolte altrove, mentre fino allora erano sempre state indirizzate verso i tubi.

VIDEO 5 – Telo a terra (Principali capitoli di riferimento: 5, 11 e 17)

Il cavallo, dopo aver prestato attenzione al telo, prende la decisione di schivarlo (comportamento di evitamento), passando fra esso e la persona. In questa fase non presta nessuna attenzione alla presenza della persona, lo fa solamente quando ha quasi completato il comportamento di evitamento del telo; com'è evidente dalla posizione dell'orecchio sinistro, (interno) che, subito dopo che è passato, s'indirizza verso la persona. In questo momento la persona diventa qualcosa di rilevante per il cavallo che, al giro successivo, decide di saltare (in maniera plateale) il telo. L'ampiezza del salto si riduce progressivamente a ogni passaggio (assuefazione) fino a che supera il telo camminandoci sopra. Da notare come i comportamenti di attenzione rivolti verso il telo siano sostanzialmente spariti con i ripetuti passaggi, per ripresentarsi quando il cavallo smette di saltarlo e ci passa sopra al passo. La posizione delle sue orecchie ci dice che sta controllando che il telo non faccia qualche strano scherzo. A questo punto possiamo allargare la superficie del telo (modifica dello stimolo). Il cavallo ha di nuovo una reazione (sensibilizzazione) per poi tornare velocemente ad assuefarsi. Dopo alcuni passaggi si modifica ancora lo stimolo, aprendolo totalmente, verificando, in tal modo, che il processo di assuefazione sia adeguato. Anche quando il colore cambia, da blu a verde, il cavallo non ha più nessuna reazione: si è assuefatto al telo e ha compreso che se anche cambia colore, sempre telo è (generalizzazione).

VIDEO 6 - Longhina e cavezza (Principali capitoli di riferimento: 3, 7 e 9)

Anche nella conduzione a mano, come in moltissime altre situazioni, ricorriamo all'uso del rinforzo negativo, e in questo video vediamo bene il momento di applicazione dello stimolo (la pressione della longia), la successiva risposta da parte del cavallo (che è formata da due comportamenti: cessione dell'incollatura e passo in avanti) e immediato arrivo del rinforzo negativo (rilascio della pressione applicata). Nel replay si notano i punti della testa (nuca e guancia) interessati dalla pressione da noi applicata, come è evidente dalla modifica della cavezza che aderisce al pelo del cavallo, determinando la pressione sulla pelle. Naturalmente, secondo la cavezza che utilizziamo (oggi ne esistono molte varianti), i punti di pressione possono essere differenti, ma la giusta applicazione del rinforzo negativo nelle varie fasi deve restare la stessa.

VIDEO 7 - Partenza (Principali capitoli di riferimento: 3, 7 e 9)

In questo video vediamo l'applicazione e la giusta tempistica dell'aiuto di gambe con la richiesta di partenza al passo. L'amazzone applica la pressione sul costato del cavallo con l'aiuto di gambe (stimolo) e la aumenta progressivamente, togliendola completamente (rinforzo negativo) nel momento in cui il cavallo esegue il primo movimento del passo (risposta). In questo caso è interessante come l'amazzone rilasci la pressione delle gambe appena "sente" che il cavallo sta per muoversi in avanti (*I più grandi cavalieri rinforzano il "pensiero" del cavallo* - cit. Marco Pagliai).

VIDEO 8 – Rinforzo secondario e alt (Principali capitoli di riferimento: 3, 6, 7 e 9)

In questo video vediamo come togliere pressioni più fastidiose, facendo arrivare la risposta con richieste più leggere (rinforzo secondario). L'amazzone ogni volta, prima di applicare pressione alle redini (stimolo), inclina il busto indietro (rinforzo secondario) per poi tornare in posizione corretta quando il cavallo ha dato la risposta (alt), togliendo contemporaneamente anche la pressione data dalle redini (rinforzo negativo). In poche sequenze il cavallo impara a fermarsi alla "leggera" richiesta data dallo spostamento indietro del busto dell'amazzone (rinforzo secondario), senza che sia necessario applicare pressione alle redini.

VIDEO 9 – La volta (Principali capitoli di riferimento: 3, 7 e 9)

Per mettere in volta a mano destra il cavallo mentre sta camminando in linea retta, dobbiamo tirare la redine corrispondente: l'azione della mano applica sulla redine destra una tensione che si trasforma in pressione, cioè fastidio, nella bocca del cavallo. Con questa pressione inviamo al cavallo un segnale che gli comunica la nostra volontà (contiene il messaggio "fai una volta"). Iniziando con la minima pressione possibile, facciamo azione sulla redine aumentandola finché il cavallo non prende la mano voluta, dopodiché la rilasciamo immediatamente, togliendo la pressione dalla sua bocca. La sequenza è: stimolo (pressione sulla bocca, è il segnale che gli comunica *"NO, non è questo ciò che voglio"*) → risposta (inizio della volta, che è il comportamento desiderato) → rinforzo (togliere la pressione dalla bocca rilasciando immediatamente la redine: così diciamo al cavallo *"SÌ, è questo ciò che voglio"*).

VIDEO 10 – Passi laterali (Principali capitoli di riferimento: 7, 9 e 10)

Nel video vogliamo insegnargli a fare un passo laterale. Inizialmente, dopo l'applicazione delle pressioni della nostra gamba (stimolo), il cavallo attua dei comportamenti, come ad esempio andare in avanti (che è il comportamento che già conosce e che ha associato a uno stimolo simile a quello che sta sentendo adesso), che però non sono quelli desiderati, e per questo motivo il nostro stimolo insiste fino ad arrivare a ottenere il passo laterale. Solo nel momento in cui lo esegue (anche se è solo un piccolo movimento laterale), togliamo la pressione, dicendogli *"SÌ, è questo ciò che voglio"*. Può esserci molto utile disporci di fronte a una staccionata o una parete, leggermente obliqui verso la direzione in cui intendiamo fare il passo laterale, e questo agevolerà il cavallo nell'esibire prima il comportamento desiderato, limitandone gli errori e consentendoci di usare pressioni minori. Proseguendo con le sessioni il cavallo ha sempre più chiara la risposta che deve dare alla comparsa di quel determinato stimolo. Gradualmente eseguiamo questo esercizio sempre più distanti dalla staccionata, per fargli fissare il comportamento appreso e farglielo generalizzare.

VIDEO 11 - Paletto e carota (Principali capitoli di riferimento: 8, 10, 11 e 17)

L'obiettivo è insegnargli a toccare un paletto in libertà e in diversi punti del maneggio. All'inizio, tramite il rinforzo negativo (applicazione corretta della pressione attraverso la longia), indirizziamo il cavallo verso nuovo oggetto, la sua curiosità e il suo comportamento esplorativo lo portano a toccare il paletto casualmente e noi diamo immediatamente il rinforzo positivo (mangime). È questo un esercizio molto semplice, perciò si può iniziare subito la generalizzazione del comportamento, spostando il paletto fin dalle prime volte. Il cavallo del video non è molto interessato al cibo (che usiamo come rinforzo positivo) e questo ci porta a dover reindirizzare la sua attenzione verso il paletto ogni tanto, dandogli pressione con la longia o magari solamente spostandolo noi stessi nei pressi del paletto. Gradualmente mettiamo il paletto sempre più lontano dal cavallo e vediamo che l'associazione tra il tocco e l'arrivo del rinforzo è sempre più chiara. Progressivamente cerchiamo di indirizzarlo sempre di meno verso il paletto, per far sì che prenda lui l'iniziativa di eseguire quel comportamento di sua volontà, per ricevere il rinforzo. È fondamentale che il rinforzo positivo, il cibo, sia somministrato solo ed esclusivamente immediatamente dopo che il cavallo ha eseguito il comportamento desiderato (toccare il paletto). Se lui cerca direttamente il cibo da noi, dobbiamo restare passivi nei suoi confronti, senza cambiare la nostra postura e senza dargli il rinforzo (ogni nostro movimento in questo frangente potrebbe attirare l'attenzione del cavallo, distraendolo dal comportamento da eseguire e motivandolo e cercare noi per avere il cibo).

VIDEO 12 - Riportare la palla (Principali capitoli di riferimento: 8, 10, 11 e 17)

In questo video facciamo vedere come insegnare al cavallo a prendere la palla e a riportarcela in libertà. Inizialmente portiamo il nuovo oggetto (la palla) alla sua attenzione, che per curiosità la annusa e la tocca, e subito rinforziamo con del cibo (rinforzo positivo). Qualsiasi altro comportamento che il cavallo esegue non deve assolutamente provocare l'arrivo del rinforzo. In seguito indirizziamo il tocco del cavallo verso la maniglia e con poche ripetizioni apprenderà che è solo il tocco della maniglia, e non più della palla in generale, a far arrivare il rinforzo. Dopodiché passiamo ad aumentare le nostre richieste (shaping) e passiamo a rinforzare un piccolo morso alla maniglia, e così via. Può capitare che il cavallo, non vedendo più arrivare il rinforzo, facendo il comportamento che fino allora lo faceva arrivare (toccare la maniglia), possa perdere attenzione e "dimenticarsi" di ciò che ha appreso (estinzione del comportamento), in questo caso dobbiamo fare un passo indietro, tornando a rinforzare il precedente comportamento di toccare in generale la palla. Dopodiché si torna a cercare la progressione del comportamento desiderato (shaping). Continuiamo anche con la generalizzazione, cambiando la posizione della palla fino a metterla in terra. Anche in questo caso, all'inizio, cerchiamo di facilitare al cavallo la presa della maniglia bloccandogli la palla, cosa che successivamente smetteremo di fare, lasciandogli il compito di aggiustarsi la palla per poterla afferrare dalla maniglia. Il "trucco" per arrivare a ottenere ciò che desideriamo (il cavallo che in libertà ci riporta la palla) sta nell'insegnargli che, per ottenere il rinforzo, deve lasciare la palla solo dietro un nostro segnale, che in questo caso è mettere un dito fra le labbra del cavallo. Arrivati a fargli stringere la maniglia tra i denti, prima che lasci la presa, mettiamo un dito nella sua commessura labiale per fargli aprire la bocca e subito dopo diamo il rinforzo. Facendo così il cavallo assocerà che il rinforzo arriva solo quando tocchiamo, con il nostro dito, la commessura labiale, nel momento in cui ha la palla in bocca. A questo punto il rinforzo sarà sempre successivo all'applicazione del nostro dito e se abbandona la palla casualmente (senza il tocco del nostro dito) il rinforzo non arriverà. In questo modo il cavallo apprende a portarci la palla e lasciarla a comando. Giochi come questo, o quello del paletto, sono molto utili per creare una relazione positiva con la persona e far sì che il cavallo abbia un ambiente ricco di stimoli, e questo è importante per tutti i cavalli, anche per quelli da Gran Prix.

VIDEO 13 - Su la testa (Principali capitoli di riferimento: 12)

In questo si evidenzia un errore comune con il quale il cavallo è "addestrato", involontariamente, ad alzare la testa. Uno dei comportamenti che può eseguire, quando sente le prime volte la pressione dell'imboccatura (anche con una briglia senza imboccatura la situazione è la stessa) è quello di alzare la testa. Se il cavaliere non è pronto a mantenere la pressione (*"NO, non è questo ciò che voglio"*) il cavallo, con questo comportamento (alzare la testa), potrebbe liberarsene, associandolo alla rimozione della pressione. Il ripetersi progressivo di questo nostro errore, tramite shaping, può portarlo a impennarsi alla nostra richiesta di contatto con le redini. Il cavallo del video prova a togliersi la pressione creata dal nostro contatto alzando esageratamente la testa verso sinistra, e ciò determina il rilascio della pressione (rinforzo negativo), dovuto al repentino avvicinarsi della testa del cavallo verso l'amazzone la quale, in difficoltà, toglie la pressione dalle redini. In pratica il cavallo auto-rinforza il suo comportamento.

VIDEO 14 - Errore con l'aiuto di gambe (Principali capitoli di riferimento: 5 e 12)

In questo video è messo in risalto uno degli errori più comuni che facciamo, spesso (ma non sempre) inconsapevolmente. Durante il trotto, il movimento del cavallo, battendo la sella, ci può portare a "dare pressione di gambe" a ogni falcata, determinando la desensibilizzazione del fianco del cavallo al nostro tocco. Portarlo ad assuefarsi a una certa pressione della nostra gamba è controproducente, perché ci costringerà a dover alzare molto l'intensità degli stimoli (pressioni) quando sarà necessario inviarli per ottenere una risposta. Ricordiamo che uno stimolo per essere tale deve portare sempre a un cambiamento nel comportamento del cavallo, e così se facciamo arrivare il cavallo a non avere reazioni a una leggera pressione, data dal nostro continuo sbattere delle gambe sul suo fianco, per far tornare la nostra gamba a essere significativa come stimolo, dovremo alzare l'intensità della pressione, magari ricorrendo anche agli speroni.

VIDEO 15 - Frustino insignificante (Principali capitoli di riferimento: 5 e 12)

L'applicazione di uno stimolo di uguale intensità e protratto nel tempo provoca assuefazione, divenendo irrilevante per il cavallo. In questo caso il cavallo doveva eseguire un passo indietro come risposta al tocco del frustino sul suo petto, ma il mancato aumento d'intensità dello stimolo ha provocato l'assuefazione dello stesso. La conseguenza è che per fargli apprendere lo stesso comportamento sarà necessario aumentare molto la pressione del frustino, cosa questa che sarebbe da evitare ma che diventa indispensabile a causa di un nostro precedente errore.

VIDEO 16 - Se gli insegni a venirti addosso (Principali capitoli di riferimento: 12)

In questo video vediamo un cavallo che, a causa di errori nell'addestramento, ha appreso un comportamento non desiderato di fuga in avanti, contro la persona. All'inizio chi lavora vuole addestrarlo a fare un passo indietro con il tocco del frustino sul petto, il cavallo correttamente apprende a eseguire i passi indietro sentendo quello stimolo (tocco del frustino) ma, quando li esegue, la persona non si rende conto che sta trattenendo la lunghina. Così facendo applica una pressione con la cavezza e il cavallo apprende che fare passi indietro lo libera dal tocco del frustino ma non dalla pressione della cavezza e, con il ripetersi della sequenza, inizia a eseguire altri comportamenti per rimuovere anche la pressione della cavezza. La risposta che apprende più facilmente può essere quella di andare in avanti con decisione verso la persona stessa, mettendola in difficoltà e obbligandola a rimuovere anche la pressione della longhina (rinforzo negativo). Questo errore è stato fatto per troppe volte e ha portato il cavallo del video a fissare tale comportamento. La nostra correzione, avvalendosi anche dell'aiuto dato dalla parete del tondino, è stata semplicemente di non togliere lo stimolo (tocco del frustino) fino a quando non esegue il passo indietro. Prima di fare il passo indietro il cavallo, di cui è evidente lo stato emotivo alterato, attua alcuni comportamenti che però non fanno arrivare il rinforzo, cioè non lo liberano dal nostro stimolo (la pressione sul petto continua). Le leggere impennate e tutti gli altri comportamenti che prova non porteranno più alla cessione della pressione del frustino e il cavallo e, dopo una serie di prove ed errori, apprende qual è il comportamento da eseguire alla comparsa di quello stimolo (pressione del frustino sul petto, conseguente passo indietro e rilascio della pressione).

Nei video successivi sono riportate le fasi principali del percorso di addestramento che porta il cavallo a compiere due esercizi particolari e complessi (saltare all'interno di un cerchio che si muove e passare sotto a un telo molto grande). Da queste fasi si può evidenziare come i diversi meccanismi di apprendimento partecipino contemporaneamente per far sì che il cavallo possa comprendere qual è il comportamento che più gli conviene eseguire nelle diverse situazioni. L'addestratore, durante tutto il percorso, ha il dovere di aiutarlo a eseguire i comportamenti desiderati attraverso le proprie azioni, che devono essere attuate conoscendo le regole psicologiche dell'apprendimento animale.

VIDEO 17 - (Principali capitoli di riferimento: 2, 3, 5, 7, 8, 9, 11 e 17)

Percorso di addestramento del cavallo per fargli saltare in libertà un ostacolo "inusuale".

VIDEO 18 - (Principali capitoli di riferimento: 2, 3, 5, 7, 8, 9, 11 e 17)

Percorso di addestramento del cavallo per farlo passare sotto un telo molto grande.

Bibliografia di riferimento

Ahrendt, L. P., Christensen, J. W., & Ladewig, J. (2012), *The ability of horses to learn an instrumental task through social observation.* "Applied Animal Behaviour Science", 139(1), pp. 105-113.

Andrieu, J., Henry, S., Hausberger, M., & Thierry, B. (2016), *Informed horses are influential in group movements, but they may avoid leading.* "Animal Cognition", 19(3), pp. 451-458.

Austin, N. P., & Rogers, L. J. (2007), *Asymmetry of flight and escape turning responses in horses.* "Laterality", 12(5), pp. 464-474.

Austin, N. P., & Rogers, L. J. (2012), *Limb preferences and lateralization of aggression, reactivity and vigilance in feral horses, Equus caballus.* "Animal Behaviour", 83(1), pp. 239-247.

Austin, N. P., & Rogers, L. J. (2014), *Lateralization of agonistic and vigilance responses in Przewalski horses (Equus przewalskii).* "Applied Animal Behaviour Science", pp. 151, 43-50.

Baer, K. L., Potter, G. D., Friend, T. H., & Beaver, B. V. (1983), *Observation effects on learning in horses.* "Applied Animal Ethology", 11(2), pp. 123-129.

Baker, A. E. M., & Crawford, B. H. (1986), *Observational learning in horses.* "Applied Animal Behaviour Science", 15(1), pp. 7-13.

Baragli, P., Gazzano, A., Martelli, F., & Sighieri, C. (2009), *How Do Horses Appraise Humans' Actions? A Brief Note over a Practical Way to Assess Stimulus Perception.* "Journal of Equine Veterinary Science", 29(10), pp. 739-742.

Baragli, P., Mariti, C., Petri, L., De Giorgio, F., & Sighieri, C. (2011), *Does attention make the difference? Horses' response to human stimulus after 2 different training strategies.* "Journal of Veterinary Behavior: Clinical Applications and Research", 6(1), pp. 31-38.

Baragli, P., Padalino, B., & Telatin, A. (2015), *The role of associative and non-associative learning in the training of horses and implications for the welfare (a review).* "Annali dell'Istituto Superiore di Sanità", 51(1), pp. 40-51.

Baragli, P., Paoletti, E., Pacchini, S., Martelli, F., & Sighieri, C. (2009), *Influenza di un protocollo di arricchimento ambientale sul comportamento dei cavalli in scuderia.* "Ippologia", 20(2), pp. 23-33.

Baragli, P., Vitale, V., Banti, L., & Sighieri, C. (2014), *Effect of aging on behavioural and physiological responses to a stressful stimulus in horses (Equus caballus).* "Behaviour", 151(11), pp. 1513-1533.

Baragli, P., Vitale, V., Paoletti, E., Mengoli, M., & Sighieri, C. (2011), *Encoding the object position for assessment of short term spatial memory in horses (Equus caballus).* "International Journal of Comparative Psychology", 24(3).

Baragli, P., Vitale, V., Paoletti, E., Sighieri, C., & Reddon, A. R. (2011), *Detour behaviour in horses (Equus caballus).* "Journal of Ethology", 29(2), pp. 227-234.

Bartoš, L., Bartošova, J., & Starostová, L. (2008), *Position of the head is not associated with changes in horse vision.* "Equine Veterinary Journal", 40(6), pp. 599-601.

Basile, M., Boivin, S., Boutin, A., Blois-Heulin, C., Hausberger, M., & Lemasson, A. (2009), *Socially dependent auditory laterality in domestic horses (Equus caballus).* "Animal Cognition", 12(4), pp. 611-619.

Birke, L., Hockenhull, J., Creighton, E., Pinno, L., Mee, J., & Mills, D. (2011), *Horses' responses to variation in human approach.* "Applied Animal Behaviour Science", 134(1), pp. 56-63.

Blackmore, T. L., Foster, T. M., Sumpter, C. E., & Temple, W. (2008), *An investigation of colour discrimination with horses (Equus caballus).* "Behavioural Processes", 78(3), pp. 387-396.

Boissy, A., Manteuffel, G., Jensen, M. B., Moe, R. O., Spruijt, B., Keeling, L. J., & Bakken, M. (2007), *Assessment of positive emotions in animals to improve their welfare.* "Physiology & Behavior", 92(3), pp. 375-397.

Bonnell, M. K., & McDonnell, S. M. (2016), *Evidence for sire, dam, and family influence on operant learning in horses.* "Journal of Equine Veterinary Science", 36, pp. 69-76.

Borstel, U. K. V. (2013), *Assessing and influencing personality for improvement of animal welfare: a review of equine studies.* "CAB Rev.", 8(006), pp. 1-27.

Bourjade, M., Thierry, B., Hausberger, M., & Petit, O. (2015), *Is leadership a reliable concept in animals? An empirical study in the horse.* "PloS one", 10(5), e0126344.

Briefer, E. F., Maigrot, A. L., Mandel, R., Freymond, S. B., Bachmann, I., & Hillmann, E. (2015), *Segregation of information about emotional arousal and valence in horse whinnies.* "Scientific Reports", p. 4.

Brubaker, L., & Udell, M. A. (2016), *Cognition and learning in horses (Equus caballus): What we know and why we should ask more.* "Behavioural Processes", 126, pp. 121-131.

Buchner, H. H. F., & Schildboeck, U. (2006), *Physiotherapy applied to the horse: a review.* "Equine Veterinary Journal", 38(6), pp. 574-580.

Bushnell, P. J. (1998), *Behavioral approaches to the assessment of attention in animals.* "Psychopharmacology", 138(3-4), pp. 231-259.

Cameron, E. Z., Setsaas, T. H., & Linklater, W. L. (2009), *Social bonds between unrelated females increase reproductive success in feral horses.* "Proceedings of the National Academy of Sciences", 106(33), 13850-13853.

Christensen, J. W., Ahrendt, L. P., Lintrup, R., Gaillard, C., Palme, R., & Malmkvist, J. (2012), *Does learning performance in horses relate to fearfulness, baseline stress hormone, and social rank?* "Applied Animal Behaviour Science", 140(1), pp. 44-52.

Christensen, J. W., Beekmans, M., van Dalum, M., & VanDierendonck, M. (2014), *Effects of hyperflexion on acute stress responses in ridden dressage horses.* "Physiology & Behavior", 128, pp. 39-45.

Christensen, J. W., Keeling, L. J., & Nielsen, B. L. (2005), *Responses of horses to novel visual, olfactory and auditory stimuli.* "Applied Animal Behaviour Science", 93(1), pp. 53-65.

Christensen, J. W., Rundgren, M., & Olsson, K. (2006), *Training methods for horses: habituation to a frightening stimulus.* "Equine Veterinary Journal", 38(5), pp. 439-445.

Christensen, J. W., Zharkikh, T., & Chovaux, E. (2011), *Object recognition and generalisation during habituation in horses.* "Applied Animal Behaviour Science", 129(2), pp. 83-91.

Christensen, J. W., Zharkikh, T., & Ladewig, J. (2008), *Do horses generalise between objects during habituation?* "Applied Animal Behaviour Science", 114(3), pp. 509-520.

Clarke, J. V., Nicol, C. J., Jones, R., & McGreevy, P. D. (1996), *Effects of observational learning on food selection in horses.* "Applied Animal Behaviour Science", 50(2), pp. 177-184.

Clayton, H. M. (2005), *The force plate: established technology, new applications.* "The Veterinary Journal", 169(1), pp. 15-16.

Cook, W. R. (1999), *Pathophysiology of bit control in the horse.* "Journal of Equine Veterinary Science", 19(3), pp. 196-204.

Cook, W. R. (2003), *Bit-induced pain: a cause of fear, flight, fight and facial neurolgia in the horse.* "Pferdeheilkunde", 19(1), pp. 75-82.

Cooper, J. J. (2007), *Equine learning behaviour: Common knowledge and systematic research.* "Behavioural Processes", 76(1), pp. 24-26.

Cooper, J. J., & Albentosa, M. J. (2005), *Behavioural adaptation in the domestic horse: potential role of apparently abnormal responses including stereotypic behaviour.* "Livestock Production Science", 92(2), pp. 177-182.

Cooper, J. J., McDonald, L., & Mills, D. S. (2000), *The effect of increasing visual horizons on stereotypic weaving: implications for the social housing of stabled horses.* "Applied Animal Behaviour Science", 69(1), pp. 67-83.

Cooper, J., & McGreevy, P. (2007), *Stereotypic behaviour in the stabled horse: causes, effects and prevention without compromising horse welfare. In The welfare of horses*, Springer Netherlands, pp. 99-124.

Cozzi, A., Sighieri, C., Gazzano, A., Nicol, C. J., & Baragli, P. (2010), *Post-conflict friendly reunion in a permanent group of horses (Equus caballus).* "Behavioural Processes", 85(2), pp. 185-190.

Creighton, E. (2007), *Equine learning behaviour: Limits of ability and ability limits of trainers.* "Behavioural Processes", 76(1), pp. 43-44.

Dalla Costa, E., Minero, M., Lebelt, D., Stucke, D., Canali, E., & Leach, M. C. (2014), *Development of the Horse Grimace Scale (HGS) as a pain assessment tool in horses undergoing routine castration.* "PLoS one", 9(3), e92281.

DeAraugo, J., McLaren, S., McManus, P., & McGreevy, P. D. (2016), *Improving the understanding of psychological factors contributing to horse-related accident and injury: context, loss of focus, cognitive errors and rigidity.* "Animals", 6(2), p. 12.

DeAraugo, J., McLean, A., McLaren, S., Caspar, G., McLean, M., & McGreevy, P. (2014), *Training methodologies differ with the attachment of humans to horses.* "Journal of Veterinary Behavior: Clinical Applications and Research", 9(5), pp. 235-241.

Des Roches, A. D. B., Richard-Yris, M. A., Henry, S., Ezzaouïa, M., & Hausberger, M. (2008), *Laterality and emotions: visual laterality in the domestic horse (Equus caballus) differs with objects' emotional value.* "Physiology & Behavior", 94(3), pp. 487-490.

Dorey, N. R., Conover, A. M., & Udell, M. A. (2014), *Interspecific communication from people to horses (Equus ferus caballus) is influenced by different horsemanship training styles.* "Journal of Comparative Psychology", 128(4), p. 337.

Dougherty, D. M., & Lewis, P. (1991), *Stimulus generalization, discrimination learning, and peak shift in horses.* "Journal of the Experimental Analysis of Behavior", 56(1), pp. 97-104.

Dougherty, D. M., & Lewis, P. (1993), *Generalization of a tactile stimulus in horses.* "Journal of the Experimental Analysis of Behavior", 59(3), pp. 521-528.

Evans, D., & McGreevy, P. (2011), *An investigation of racing performance and whip use by jockeys in Thoroughbred races.* "PloS One", 6(1), e15622.

Farmer, K., Krueger, K., & Byrne, R. W. (2010), *Visual laterality in the domestic horse (Equus caballus) interacting with humans.* "Animal Cognition", 13(2), pp. 229-238.

Feh, C. (1999), *Alliances and reproductive success in Camargue stallions.* "Animal Behaviour", 57(3), pp. 705-713.

Feh, C. (2005), *Relationships and communication in socially natural horse herds. The Domestic Horse: The Evolution, Development and Management of its Behaviour*, Cambridge University Press, D. Mills, S. McDonnell (Eds.), UK, pp. 83-93.

Fiske, J. C., & Potter, G. D. (1979), *Discrimination reversal learning in yearling horses.* "Journal of Animal Science", 49(2), pp. 583-588.

Flannery, B. (1997), *Relational discrimination learning in horses.* "Applied Animal Behaviour Science", 54(4), pp. 267-280.

Flannigan, G., & Stookey, J. M. (2002), *Day-time time budgets of pregnant mares housed in tie stalls: a comparison of draft versus light mares.* "Applied Animal Behaviour Science", 78(2), pp. 125-143.

Fox, A. E., & Belding, D. L. (2015), *Reducing pawing in horses using positive reinforcement.* "Journal of Applied Behavior Analysis", 48(4), pp. 936-940.

Fox, A. E., Bailey, S. R., Hall, E. G., & Peter, C. C. S. (2012), *Reduction of biting and chewing of horses using differential reinforcement of other behavior.* "Behavioural Processes", 91(1), pp. 125-128.

Fureix, C., Bourjade, M., Henry, S., Sankey, C., & Hausberger, M. (2012), *Exploring aggression regulation in managed groups of horses Equus caballus.* "Applied Animal Behaviour Science", 138(3), pp. 216-228.

Fureix, C., Jego, P., Henry, S., Lansade, L., & Hausberger, M. (2012), *Towards an ethological animal model of depression? A study on horses.* "PLoS One", 7(6), e39280.

Fureix, C., Jego, P., Sankey, C., & Hausberger, M. (2009), *How horses (Equus caballus) see the world: humans as significant "objects".* "Animal Cognition", 12(4), pp. 643-654.

Fureix, C., Menguy, H., & Hausberger, M. (2010), *Partners with bad temper: reject or cure? A study of chronic pain and aggression in horses.* "PLoS One", 5(8), e12434.

Fureix, C., Pagès, M., Bon, R., Lassalle, J. M., Kuntz, P., & Gonzalez, G. (2009), *A preliminary study of the effects of handling type on horses' emotional reactivity and the human-horse relationship.* "Behavioural Processes", 82(2), pp. 202-210.

Gabor, V., & Gerken, M. (2010), *Horses use procedural learning rather than conceptual learning to solve matching to sample.* "Applied Animal Behaviour Science", 126(3), pp. 119-124.

Gabor, V., & Gerken, M. (2012), *Cognitive testing in horses using a computer based apparatus.* "Applied Animal Behaviour Science", 139(3), pp. 242-250.

Gardner, L. P. (1937), *Responses of horses to the same signal in different positions.* "Journal of Comparative Psychology", 23(2), p. 305.

Gleerup, K. B., Forkman, B., Lindegaard, C., & Andersen, P. H. (2015), *An equine pain face.* "Veterinary Anaesthesia and Analgesia", 42(1), pp. 103-114.

Goodwin, D. (2007), *Equine learning behaviour: What we know, what we don't and future research priorities.* "Behavioural Processes", 76(1), pp. 17-19.

Goodwin, D., Davidson, H. P. B., & Harris, P. (2007), *Responses of horses offered a choice between stables containing single or multiple forages.* "Veterinary Record: Journal of the British Veterinary Association", 160(16).

Goodwin, D., McGreevy, P., Waran, N., & McLean, A. (2009), *How equitation science can elucidate and refine horsemanship techniques.* "The Veterinary Journal", 181(1), pp. 5-11.

Hall, C. (2007), *The impact of visual perception on equine learning.* "Behavioural Processes", 76(1), pp. 29-33.

Hall, C. A., & Cassaday, H. J. (2006), *An investigation into the effect of floor colour on the behaviour of the horse.* "Applied Animal Behaviour Science", 99(3), pp. 301-314.

Hall, C., Goodwin, D., Heleski, C., Randle, H., & Waran, N. (2008), *Is there evidence of learned helplessness in horses?* "Journal of Applied Animal Welfare Science", 11(3), pp. 249-266.

Hall, C., Huws, N., White, C., Taylor, E., Owen, H., & McGreevy, P. (2013), *Assessment of ridden horse behavior.* "Journal of Veterinary Behavior: Clinical Applications and Research", 8(2), pp. 62-73.

Hall, C., Kay, R., & Yarnell, K. (2014), *Assessing ridden horse behavior: professional judgment and physiological measures.* "Journal of Veterinary Behavior: Clinical Applications and Research", 9(1), pp. 22-29.

Hama, H., Yogo, M., & Matsuyama, Y. (1996), *Effects of stroking horses on both humans' and horses' heart rate responses1.* "Japanese Psychological Research", 38(2), pp. 66-73.

Hanggi, E. B. (1999), *Interocular transfer of learning in horses (Equus caballus).* "Journal of Equine Veterinary Science", 19(8), pp. 518-524.

Hanggi, E. B. (2003), *Discrimination learning based on relative size concepts in horses (Equus caballus).* "Applied Animal Behaviour Science", 83(3), pp. 201-213.

Hanggi, E. B. (2005), *The thinking horse: cognition and perception reviewed. In* "AAEP Proceedings", Vol. 51, pp. 246-255.

Hanggi, E. B. (2010), *Rotated object recognition in four domestic horses (Equus caballus).* "Journal of Equine Veterinary Science", 30(4), pp. 175-186.

Hanggi, E. B. (2010), *Short-term memory testing in domestic horses: experimental design plays a role.* "Journal of Equine Veterinary Science", 30(11), pp. 617-623.

Hanggi, E. B., & Ingersoll, J. F. (2009), *Long-term memory for categories and concepts in horses (Equus caballus).* "Animal Cognition", 12(3), pp. 451-462.

Hanggi, E. B., & Ingersoll, J. F. (2009), *Stimulus discrimination by horses under scotopic conditions.* "Behavioural Processes", 82(1), pp. 45-50.

Hanggi, E. B., & Ingersoll, J. F. (2012), *Lateral vision in horses: A behavioral investigation.* "Behavioural Processes", 91(1), pp. 70-76.

Hanggi, E. B., Ingersoll, J. F., & Waggoner, T. L. (2007), *Color vision in horses (Equus caballus): Deficiencies identified using a pseudoisochromatic plate test.* "Journal of Comparative Psychology", 121(1), p. 65.

Hausberger, M., & Muller, C. (2002), *A brief note on some possible factors involved in the reactions of horses to humans.* "Applied Animal Behaviour Science", 76(4), pp. 339-344.

Hausberger, M., Fureix, C., Bourjade, M., Wessel-Robert, S., & Richard-Yris, M. A. (2012), *On the significance of adult play: what does social play tell us about adult horse welfare?* "Naturwissenschaften", 99(4), pp. 291-302.

Hausberger, M., Gautier, E., Biquand, V., Lunel, C., & Jego, P. (2009), *Could work be a source of behavioural disorders? A study in horses. PLoS One*, 4(10), e7625.

Hausberger, M., Gautier, E., Müller, C., & Jego, P. (2007), *Lower learning abilities in stereotypic horses.* "Applied Animal Behaviour Science", 107(3), pp. 299-306.

Hausberger, M., Muller, C., & Lunel, C. (2011), *Does work affect personality? A study in horses.* "PLoS One", 6(2), e14659.

Hausberger, M., Roche, H., Henry, S., & Visser, E. K. (2008), *A review of the human–horse relationship.* "Applied Animal Behaviour Science", 109(1), pp. 1-24.

Hawson, L. A., McLean, A. N., & McGreevy, P. D. (2010), *The roles of equine ethology and applied learning theory in horse-related human injuries.* "Journal of Veterinary Behavior: Clinical Applications and Research", 5(6), pp. 324-338.

Heitor, F., & Vicente, L. (2007), *Learning about horses: What is equine learning all about?* "Behavioural Processes", 76(1), pp. 34-36.

Heitor, F., do Mar Oom, M., & Vicente, L. (2006), *Social relationships in a herd of Sorraia horses: Part I. Correlates of social dominance and contexts of aggression.* "Behavioural Processes", 73(2), pp. 170-177.

Heitor, F., do Mar Oom, M., & Vicente, L. (2006), *Social relationships in a herd of Sorraia horses: Part II. Factors affecting affiliative relationships and sexual behaviours.* "Behavioural Processes", 73(3), pp. 231-239.

Heleski, C. R., & Anthony, R. (2012), *Science alone is not always enough: The importance of ethical assessment for a more comprehensive view of equine welfare.* "Journal of Veterinary Behavior: Clinical Applications and Research", 7(3), pp. 169-178.

Hendriksen, P., Elmgreen, K., & Ladewig, J. (2011), *Trailer-loading of horses: Is there a difference between positive and negative reinforcement concerning effectiveness and stress-related signs?* "Journal of Veterinary Behavior: Clinical Applications and Research", 6(5), pp. 261-266.

Henselek, Y., Fischer, J., & Schloegl, C. (2012), *Does the stimulus type influence horses' performance in a quantity discrimination task?* "Frontiers in Psychology", 3, p. 504.

Henshall, C., & McGreevy, P. D. (2014), *The role of ethology in round pen horse training - A review.* "Applied Animal Behaviour Science", 155, pp. 1-11.

Hockenhull, J., & Creighton, E. (2013), *Training horses: Positive reinforcement, positive punishment, and ridden behavior problems.* "Journal of Veterinary Behavior: Clinical Applications and Research", 8(4), pp. 245-252.

Holcomb, K. E., Tucker, C. B., & Stull, C. L. (2013), *Physiological, behavioral, and serological responses of horses to shaded or unshaded pens in a hot, sunny environment.* "Journal of Animal Science", 91(12), pp. 5926-5936.

Innes, L., & McBride, S. (2008), *Negative versus positive reinforcement: an evaluation of training strategies for rehabilitated horses.* "Applied Animal Behaviour Science", 112(3), pp. 357-368.

Kang, O. D., Ryu, Y. C., Ryew, C. C., Oh, W. Y., Lee, C. E., & Kang, M. S. (2010), *Comparative analyses of rider position according to skill levels during walk and trot in Jeju horse.* "Human Movement Science", 29(6), pp. 956-963.

Keaveney, S. M. (2008), *Equines and their human companions.* "Journal of Business Research", 61(5), pp. 444-454.

Keeling, L. J., Jonare, L., & Lanneborn, L. (2009), *Investigating horse-human interactions: the effect of a nervous human.* "The Veterinary Journal", 181(1), pp. 70-71.

Khalil, M., A., & MURAKAMI, N. (1999), *Factors affecting the harem formation process by young Misaki feral stallions.* Journal of Veterinary Medical Science, 61(6), pp. 667-671.

Kiley-Worthington, M. (1990), *The behavior of horses in relation to management and training—towards ethologically sound environments.* "Journal of Equine Veterinary Science", 10(1), pp. 62-75.

Kirsty, R., Andrew, H., Meriel, M. C., & Catherine, H. (2015), *Cognitive differences in horses performing locomotor versus oral stereotypic behaviour.* "Applied Animal Behaviour Science", 168, pp. 37-44.

Krueger, K., & Flauger, B. (2007), *Commentary Social learning in horses from a novel perspective.* "Behavioural Processes", 76, pp. 37-39.

Krueger, K., & Flauger, B. (2008), *Social feeding decisions in horses (Equus caballus).* "Behavioural Processes", 78(1), pp. 76-83.

Krueger, K., & Flauger, B. (2011), *Olfactory recognition of individual competitors by means of faeces in horse (Equus caballus).* "Animal Cognition", 14(2), pp. 245-257.

Krueger, K., & Heinze, J. (2008), *Horse sense: social status of horses (Equus caballus) affects their likelihood of copying other horses' behavior.* "Animal Cognition", 11(3), pp. 431-439.

Krueger, K., Farmer, K., & Heinze, J. (2014), *The effects of age, rank and neophobia on social learning in horses.* "Animal Cognition" 17(3), pp. 645-655.

Krueger, K., Flauger, B., Farmer, K., & Hemelrijk, C. (2014), *Movement initiation in groups of feral horses.* "Behavioural Processes", 103, pp. 91-101.

Krueger, K., Flauger, B., Farmer, K., & Maros, K. (2011), *Horses (Equus caballus) use human local enhancement cues and adjust to human attention.* "Animal Cognition", 14(2), pp. 187-201.

Kusunose, R., & Yamanobe, A. (2002), *The effect of training schedule on learned tasks in yearling horses.* "Applied Animal Behaviour Science", 78(2), pp. 225-233.

Lagarde, J., Peham, C., Licka, T., & Kelso, J. A. S. (2005), *Coordination dynamics of the horse-rider system.* "Journal of Motor Behavior" 37(6), pp. 418-424.

Lampe, J. F., & Andre, J. (2012), *Cross-modal recognition of human individuals in domestic horses (Equus caballus).* "Animal cognition", 15(4), pp. 623-630.

Lansade, L., & Simon, F. (2010), *Horses' learning performances are under the influence of several temperamental dimensions.* "Applied Animal Behaviour Science", 125(1), pp. 30-37.

Larose, C., Richard-Yris, M. A., Hausberger, M., & Rogers, L. J. (2006), *Laterality of horses associated with emotionality in novel situations.* "Laterality", 11(4), pp. 355-367.

Leiner, L., & Fendt, M. (2011), *Behavioural fear and heart rate responses of horses after exposure to novel objects: Effects of habituation.* "Applied Animal Behaviour Science", 131(3), pp. 104-109.

Lesimple, C., Fureix, C., Biquand, V., & Hausberger, M. (2013), *Comparison of clinical examinations of back disorders and humans' evaluation of back pain in riding school horses.* "BMC Veterinary Research", 9(1), p. 1.

Lesimple, C., Fureix, C., De Margerie, E., Sénèque, E., Menguy, H., & Hausberger, M. (2012), *Towards a postural indicator of back pain in horses (Equus caballus).* "PloS One", 7(9), e44604.

Lesimple, C., Fureix, C., LeScolan, N., Richard-Yris, M. A., & Hausberger, M. (2011), *Housing conditions and breed are associated with emotionality and cognitive abilities in riding school horses.* "Applied Animal Behaviour Science", 129(2), pp. 92-99.

Lesimple, C., Fureix, C., Menguy, H., & Hausberger, M. (2010), *Human direct actions may alter animal welfare, a study on horses (Equus caballus).* "PLoS One", 5(4), e10257.

Lesimple, C., Sankey, C., Richard, M. A., & Hausberger, M. (2012), *Do horses expect humans to solve their problems?* "Frontiers in Psychology", 3, p. 306.

Lindberg, A. C., Kelland, A., & Nicol, C. J. (1999), *Effects of observational learning on acquisition of an operant response in horses.* "Applied Animal Behaviour Science", 61(3), pp. 187-199.

Linklater, W. L., & Cameron, E. Z. (2000), *Tests for cooperative behaviour between stallions*. "Animal Behaviour", 60(6), pp. 731-743.

Lovrovich, P., Sighieri, C., & Baragli, P. (2015), *Following human-given cues or not? Horses (Equus caballus) get smarter and change strategy in a delayed three choice task*. "Applied Animal Behaviour Science", 166, pp. 80-88.

Mader, D. R., & Price, E. O. (1980), *Discrimination learning in horses: effects of breed, age and social dominance*. "Journal of Animal Science", 50(5), pp. 962-965.

Malavasi, R., & Huber, L. (2016), *Evidence of heterospecific referential communication from domestic horses (Equus caballus) to humans*. "Animal Cognition", pp. 1-11.

Manfredi, J. M., Rosenstein, D., Lanovaz, J. L., Nauwelaerts, S., & Clayton, H. M. (2009), *Fluoroscopic study of oral behaviours in response to the presence of a bit and the effects of rein tension*. "Equine and Comparative Exercise Physiology", 6(04), pp. 143-148.

Manfredi, J., Clayton, H. M., & Derksen, F. J. (2005), *Effects of different bits and bridles on frequency of induced swallowing in cantering horses*. "Equine and Comparative Exercise Physiology", 2(04), pp. 241-244.

Manfredi, J., Clayton, H. M., & Rosenstein, D. (2005), *Radiographic study of bit position within the horse's oral cavity*. "Equine and Comparative Exercise Physiology", 2(03), pp. 195-201.

Marinier, S. L., & Alexander, A. J. (1994), *The use of a maze in testing learning and memory in horses*. "Applied Animal Behaviour Science", 39(2), pp. 177-182.

Maros, K., Gácsi, M., & Miklósi, Á. (2008), *Comprehension of human pointing gestures in horses (Equus caballus)*. "Animal Cognition", 11(3), pp. 457-466.

Martin, T. I., Zentall, T. R., & Lawrence, L. (2006), *Simple discrimination reversals in the domestic horse (Equus caballus): Effect of discriminative stimulus modality on learning to learn*. "Applied Animal Behaviour Science", 101(3), pp. 328-338.

McBride, S. D., & Mills, D. S. (2012), *Psychological factors affecting equine performance*. "BMC Veterinary Research", 8(1), p. 1.

McCall, C. A. (2007), *Making equine learning research applicable to training procedures*. "Behavioural Processes", 76(1), pp. 27-28.

McCall, C. A., Salters, M. A., Johnson, K. B., Silverman, S. J., McElhenney, W. H., & Lishak, R. S. (2003), *Equine utilization of a previously learned visual stimulus to solve a novel task*. "Applied Animal Behaviour Science", 82(3), pp. 163-172.

McGreevy, P. D. (2007), *The advent of equitation science*. "The Veterinary Journal", 174(3), pp. 492-500.

McGreevy, P. D., & McLean, A. N. (2007), *Roles of learning theory and ethology in equitation*. "Journal of Veterinary Behavior: Clinical Applications and Research", 2(4), 108-118.

McGreevy, P. D., & McLean, A. N. (2009), *Punishment in horse-training and the concept of ethical equitation.* "Journal of Veterinary Behavior: Clinical Applications and Research", 4(5), pp. 193-197.

McGreevy, P. D., & Rogers, L. J. (2005), *Motor and sensory laterality in thoroughbred horses.* "Applied Animal Behaviour Science", 92(4), pp. 337-352.

McGreevy, P. D., & Thomson, P. C. (2006), *Differences in motor laterality between breeds of performance horse.* "Applied Animal Behaviour Science", 99(1), pp. 183-190.

McGreevy, P. D., Oddie, C., Burton, F. L., & McLean, A. N. (2009), *The horse-human dyad: Can we align horse training and handling activities with the equid social ethogram?* "The Veterinary Journal", 181(1), pp. 12-18.

McKinley, J., & Sambrook, T. D. (2000), *Use of human-given cues by domestic dogs (Canis familiaris) and horses (Equus caballus).* "Animal Cognition", 3(1), pp. 13-22.

McLean, A. N., & McGreevy, P. D. (2010), *Ethical equitation: Capping the price horses pay for human glory.* "Journal of Veterinary Behavior: Clinical Applications and Research", 5(4), pp. 203-209.

McLean, A. N., & McGreevy, P. D. (2010), *Horse-training techniques that may defy the principles of learning theory and compromise welfare.* "Journal of Veterinary Behavior: Clinical Applications and Research", 5(4), pp. 187-195.

Meehan, C. L., & Mench, J. A. (2007), *The challenge of challenge: can problem solving opportunities enhance animal welfare?* "Applied Animal Behaviour Science", 102(3), pp. 246-261.

Merkies, K., Sievers, A., Zakrajsek, E., MacGregor, H., Bergeron, R., & von Borstel, U. K. (2014), *Preliminary results suggest an influence of psychological and physiological stress in humans on horse heart rate and behavior.* "Journal of Veterinary Behavior: Clinical Applications and Research", 9(5), pp. 242-247.

Münz, A., Eckardt, F., Heipertz-Hengst, C., Peham, C., & Witte, K. (2013), *A preliminary study of an inertial sensor-based method for the assessment of human pelvis kinematics in dressage riding.* "Journal of Equine Veterinary Science", 33(11), pp. 950-955.

Murphy, J. (2009), *Assessing equine prospective memory in a Y-maze apparatus.* "The Veterinary Journal", 181(1), pp. 24-28.

Murphy, J., Waldmann, T., & Arkins, S. (2004), *Sex differences in equine learning skills and visuo-spatial ability.* "Applied Animal Behaviour Science", 87(1), pp. 119-130.

Nauwelaerts, S., Kaiser, L., Malinowski, R., & Clayton, H. M. (2009), *Effects of trunk deformation on trunk center of mass mechanical energy estimates in the moving horse, Equus caballus.* "Journal of Biomechanics", 42(3), pp. 308-311.

Nicol, C. J. (2002), *Equine learning: progress and suggestions for future research.* "Applied Animal Behaviour Science", 78(2), pp. 193-208.

Nicol, C. J., Badnell-Waters, A. J., Bice, R., Kelland, A., Wilson, A. D., & Harris, P. A. (2005), *The effects of diet and weaning method on the behaviour of young horses.* "Applied Animal Behaviour Science", 95(3), pp. 205-221.

Ninomiya, S. (2007), *Social leaning and stereotypy in horses.* "Behavioural Processes", 76(1), pp. 22-23.

Normando, S., Canali, E., Ferrante, V., & Verga, M. (2002), *Behavioral problems in Italian saddle horses.* "Journal of Equine Veterinary Science", 22(3), pp. 117-120.

Outram, A. K., Stear, N. A., Bendrey, R., Olsen, S., Kasparov, A., Zaibert, V., & Evershed, R. P. (2009), *The earliest horse harnessing and milking.* "Science", 323(5919), pp. 1332-1335.

Paul, E. S., Harding, E. J., & Mendl, M. (2005), *Measuring emotional processes in animals: the utility of a cognitive approach.* "Neuroscience & Biobehavioral Reviews", 29(3), pp. 469-491.

Peters, S. M., Bleijenberg, E. H., van Dierendonck, M. C., van der Harst, J. E., & Spruijt, B. M. (2012), *Characterization of anticipatory behaviour in domesticated horses (Equus caballus).* "Applied Animal Behaviour Science", 138(1), pp. 60-69.

Proops, L., & McComb, K. (2010), *Attributing attention: the use of human-given cues by domestic horses (Equus caballus).* "Animal Cognition", 13(2), pp. 197-205.

Proops, L., & McComb, K. (2012), *Cross-modal individual recognition in domestic horses (Equus caballus) extends to familiar humans.* "Proceedings of the Royal Society of London B: Biological Sciences", 279(1741), pp. 3131-3138.

Proops, L., McComb, K., & Reby, D. (2009), *Cross-modal individual recognition in domestic horses (Equus caballus).* "Proceedings of the National Academy of Sciences", 106(3), pp. 947-951.

Proops, L., Rayner, J., Taylor, A. M., & McComb, K. (2013), *The responses of young domestic horses to human-given cues.* "PloS One", 8(6), e67000.

Proops, L., Walton, M., & McComb, K. (2010), *The use of human-given cues by domestic horses, Equus caballus, during an object choice task.* "Animal Behaviour", 79(6), pp. 1205-1209.

Pryce, C. R., Azzinnari, D., Spinelli, S., Seifritz, E., Tegethoff, M., & Meinlschmidt, G. (2011), *Helplessness: a systematic translational review of theory and evidence for its relevance to understanding and treating depression.* "Pharmacology & Therapeutics", 132(3), pp. 242-267.

Quick, J. S., & Warren-Smith, A. K. (2009), *Preliminary investigations of horses'(Equus caballus) responses to different bridles during foundation training.* "Journal of Veterinary Behavior: Clinical Applications and Research", 4(4), pp. 169-176.

Raabymagle, P., & Ladewig, J. (2006), *Lying behavior in horses in relation to box size.* "Journal of Equine Veterinary Science", 26(1), 11-17.

Rietmann, T. R., Stuart, A. E. A., Bernasconi, P., Stauffacher, M., Auer, J. A., & Weishaupt, M. A. (2004), *Assessment of mental stress in warmblood horses: heart rate variability in comparison to heart rate and selected behavioural parameters.* "Applied Animal Behaviour Science", 88(1), pp. 121-136.

Rivera, E., Benjamin, S., Nielsen, B., Shelle, J., & Zanella, A. J. (2002), *Behavioral and physiological responses of horses to initial training: the comparison between pastured versus stalled horses.* "Applied Animal Behaviour Science", 78(2), pp. 235-252.

Robilliard, J. J., Pfau, T., & Wilson, A. M. (2007), *Gait characterisation and classification in horses.* "Journal of Experimental Biology", 210(2), 187-197.

Rochais, C., Henry, S., Sankey, C., Nassur, F., Gorecka-Bruzda, A., & Hausberger, M. (2014), *Visual attention, an indicator of human-animal relationships? A study of domestic horses (Equus caballus).* "Frontiers in Psychology", 5, p. 108.

Rogers, L. J. (2010), *Relevance of brain and behavioural lateralization to animal welfare.* "Applied Animal Behaviour Science", 127(1), 1-11.

Rørvang, M. V., Ahrendt, L. P., & Christensen, J. W. (2015), *Horses fail to use social learning when solving spatial detour tasks.* "Animal Cognition", 18(4), pp. 847-854.

Roth, L. S., Balkenius, A., & Kelber, A. (2008), *The absolute threshold of colour vision in the horse.* "PLoS One", 3(11), e3711.

Sankey, C., Henry, S., André, N., Richard-Yris, M. A., & Hausberger, M. (2011), *Do horses have a concept of person?* "Plos One", 6(3), e18331.

Sankey, C., Henry, S., Clouard, C., Richard-Yris, M. A., & Hausberger, M. (2011), *Asymmetry of behavioral responses to a human approach in young naive vs. trained horses.* "Physiology & Behavior", 104(3), pp. 464-468.

Sankey, C., Henry, S., Górecka-Bruzda, A., Richard-Yris, M. A., & Hausberger, M. (2010), *The way to a man's heart is through his stomach: what about horses?* "PLoS One", 5(11), e15446.

Sankey, C., Richard-Yris, M. A., Henry, S., Fureix, C., Nassur, F., & Hausberger, M. (2010), *Reinforcement as a mediator of the perception of humans by horses (Equus caballus).* "Animal Cognition", 13(5), pp. 753-764.

Sankey, C., Richard-Yris, M. A., Leroy, H., Henry, S., & Hausberger, M. (2010), *Positive interactions lead to lasting positive memories in horses, Equus caballus.* "Animal Behaviour", 79(4), pp. 869-875.

Sappington, B. F., & Goldman, L. (1994), *Discrimination learning and concept formation in the Arabian horse.* "Journal of Animal Science", 72(12), pp. 3080-3087.

Saslow, C. A. (2002), *Understanding the perceptual world of horses.* "Applied Animal Behaviour Science", 78(2), pp. 209-224.

Schneider, G., & Krueger, K. (2012), *Third-party interventions keep social partners from exchanging affiliative interactions with others.* "Animal Behaviour", 83(2), pp. 377-387.

Seaman, S. C., Davidson, H. P. B., & Waran, N. K. (2002), *How reliable is temperament assessment in the domestic horse (Equus caballus)?* "Applied Animal Behaviour Science", 78(2), pp. 175-191.

Shechner, T., Hong, M., Britton, J. C., Pine, D. S., & Fox, N. A. (2014), *Fear conditioning and extinction across development: Evidence from human studies and animal models.* "Biological Psychology", 100, pp. 1-12.

Slater, C., & Dymond, S. (2011), *Using differential reinforcement to improve equine welfare: shaping appropriate truck loading and feet handling.* "Behavioural Processes", 86(3), pp. 329-339.

Smith, A. V., Proops, L., Grounds, K., Wathan, J., & McComb, K. (2016), *Functionally relevant responses to human facial expressions of emotion in the domestic horse (Equus caballus).* "Biology Letters", 12(2), 20150907.

Søndergaard, E., & Ladewig, J. (2004), *Group housing exerts a positive effect on the behaviour of young horses during training.* "Applied Animal Behaviour Science", 87(1), 105-118.

Špinka, M. (2006), *How important is natural behaviour in animal farming systems?* "Applied Animal Behaviour Science", 100(1), pp. 117-128.

Starling, M. J., Branson, N., Cody, D., & McGreevy, P. D. (2013), *Conceptualising the impact of arousal and affective state on training outcomes of operant conditioning.* "Animals", 3(2), pp. 300-317.

Stone, S. M. (2010), *Human facial discrimination in horses: can they tell us apart?* "Animal Cognition", 13(1), pp. 51-61.

Thompson, K., McGreevy, P., & McManus, P. (2015), *A critical review of horse-related risk: A research agenda for safer mounts, riders and equestrian cultures.* "Animals", 5(3), pp. 561-575.

Thorne, J. B., Goodwin, D., Kennedy, M. J., Davidson, H. P. B., & Harris, P. (2005), *Foraging enrichment for individually housed horses: practicality and effects on behaviour.* "Applied Animal Behaviour Science", 94(1), pp. 149-164.

Tomonaga, M., Kumazaki, K., Camus, F., Nicod, S., Pereira, C., & Matsuzawa, T. (2015), *A horse's eye view: size and shape discrimination compared with other mammals.* "Biology Letters", 11(11), 20150701.

Uller, C., & Lewis, J. (2009), *Horses (Equus caballus) select the greater of two quantities in small numerical contrasts.* "Animal Cognition", 12(5), pp. 733-738.

Urcuioli, P. J. (2005), *Behavioral and associative effects of differential outcomes in discrimination learning.* "Animal Learning & Behavior", 33(1), pp. 1-21.

Valenchon, M., Lévy, F., Fortin, M., Leterrier, C., & Lansade, L. (2013), *Stress and temperament affect working memory performance for disappearing food in horses, Equus caballus.* "Animal Behaviour", 86(6), pp. 1233-1240.

Valenchon, M., Lévy, F., Prunier, A., Moussu, C., Calandreau, L., & Lansade, L. (2013), *Stress modulates instrumental learning performances in horses (Equus caballus) in interaction with temperament.* "PloS One", 8(4), e62324.

Vallortigara, G., Chiandetti, C., & Sovrano, V. A. (2011), *Brain asymmetry (animal).* "Wiley Interdisciplinary Reviews: Cognitive Science", 2(2), pp. 146-157.

Van Dierendonck MC (2006), *The importance of social relationships in horses*, Dissertation Utrecht University, Faculty of Veterinary Medicine.

Verrill, S., & McDonnell, S. (2008), *Equal outcomes with and without human-to-horse eye contact when catching horses and ponies in an open pasture.* "Journal of Equine Veterinary Science", 28(5), pp. 309-312.

Visser, E. K., Ellis, A. D., & Van Reenen, C. G. (2008), *The effect of two different housing conditions on the welfare of young horses stabled for the first time.* "Applied Animal Behaviour Science", 114(3), pp. 521-533.

Visser, E. K., Van Reenen, C. G., Schilder, M. B. H., Barneveld, A., & Blokhuis, H. J. (2003), *Learning performances in young horses using two different learning tests.* "Applied Animal Behaviour Science", 80(4), pp. 311-326.

Visser, E. K., VanDierendonck, M., Ellis, A. D., Rijksen, C., & Van Reenen, C. G. (2009), *A comparison of sympathetic and conventional training methods on responses to initial horse training.* "The Veterinary Journal", 181(1), pp. 48-52.

Waran, N. K., & Casey, R. (2005), *Horse training. The domestic horse: the origins, development and management of its behaviour*, Cambridge University Press, Cambridge, UK, pp. 184-195.

Warren-Smith, A. K., & McGreevy, P. D. (2007), *The use of blended positive and negative reinforcement in shaping the halt response of horses (Equus caballus).* "Animal Welfare" 16(4):481.

Warren-Smith, A. K., Curtis, R. A., Greetham, L., & McGreevy, P. D. (2007), *Rein contact between horse and handler during specific equitation movements.* "Applied Animal Behaviour Science", 108(1), pp. 157-169.

Washburn, D. A., & Taglialatela, L. A. (2006), *Attention as it is manifest across species. Comparative cognition: experimental explorations of animals intelligence* (eds. Wasserman EA, Zentall TR), pp. 127-142.

Waters, A. J., Nicol, C. J., & French, N. P. (2002), *Factors influencing the development of stereotypic and redirected behaviours in young horses: findings of a four year prospective epidemiological study.* "Equine Veterinary Journal", 34(6), pp. 572-579.

Wathan, J., & McComb, K. (2014), *The eyes and ears are visual indicators of attention in domestic horses.* "Current Biology", 24(15), R677-R679.

Whishaw, I. Q., Sacrey, L. A. R., & Gorny, B. (2009), *Hind limb stepping over obstacles in the horse guided by place-object memory.* "Behavioural Brain Research", 198(2), pp. 372-379.

Wickens, C. L., & Heleski, C. R. (2010), *Crib-biting behavior in horses: a review.* "Applied Animal Behaviour Science", 128(1), pp. 1-9.

Wickens, C. L., Houpt, K. A., Furr, M., & Reed, S. (2015), *Stereotypic and Behavior Disorders. Equine Neurology*, Second Edition, pp. 472-483.

Williams, D. E., & Norris, B. J. (2007), *Laterality in stride pattern preferences in racehorses.* "Animal Behaviour", 74(4), pp. 941-950.

Williams, J. L., Friend, T. H., Nevill, C. H., & Archer, G. (2004), *The efficacy of a secondary reinforcer (clicker) during acquisition and extinction of an operant task in horses.* "Applied Animal Behaviour Science", 88(3), pp. 331-341.

Wolff, A., & Hausberger, M. (1996), *Learning and memorisation of two different tasks in horses: the effects of age, sex and sire.* "Applied Animal Behaviour Science", 46(3), pp. 137-143.

Wolframm, I. A., & Meulenbroek, R. G. J. (2012), *Co-variations between perceived personality traits and quality of the interaction between female riders and horses.* "Applied Animal Behaviour Science", 139(1), pp. 96-104.

Wolter, R., Pantel, N., Stefanski, V., Möstl, E., & Krueger, K. (2014), *The role of an alpha animal in changing environmental conditions.* Physiology & Behavior, 133, pp. 236-243.

Yeon, S. C. (2012), *Acoustic communication in the domestic horse (Equus caballus).* "Journal of Veterinary Behavior: Clinical Applications and Research", 7(3), pp. 179-185.

Zentall, T. R. (2005), *Selective and divided attention in animals.* "Behavioural Processes", 69(1), pp. 1-15.

Zentall, T. R., Wasserman, E. A., & Urcuioli, P. J. (2014), *Associative concept learning in animals.* "Journal of the experimental analysis of behavior", 101(1), pp. 130-151.

Libri

APA-American Psychiatric Association (1994), *Diagnostic and statistical manual of mental disorders*. DSM-IV, Washington, DC.

Borgogni, L. (Ed.). (2008). *Valutazione e motivazione delle risorse umane nelle organizzazioni* (Vol. 6). FrancoAngeli.

McDonnell, S. M. (2003), *The equid ethogram: a practical field guide to horse behavior*, Eclipse Press.

McGreevy, P. (2004). *Equine behavior: a guide for veterinarians and equine scientists. Saunders*, An Imprint of Elsevier Limited.

McGreevy, P., & McLean, A. (2011). *Equitation science*. John Wiley & Sons.

Mills, D. S., & McDonnell, S. M. (2005). *The domestic horse: the origins, development and management of its behaviour*. Cambridge University Press.

Mills, D. S., & Clarke, A. (2007), *Housing, management and welfare. In The welfare of horses*, Springer Netherlands, pp. 77-97.

Pfungst, O. (1911), *Clever Hans:(the horse of Mr. Von Osten.) a contribution to experimental animal and human psychology*. Holt, Rinehart and Winston. 2010 Translated Edition, from German, by Carl L. Rhan. Project Gutenberg. E-Book available from: http://www.gutenberg.org/files/33936/33936-h/33936-h.htm.

Selye, H. (2013), *Stress in health and disease*, Butterworth-Heinemann.

Vallortigara, G. (2003). *Altre menti: lo studio comparato della cognizione animale*. Il mulino.

Vallortigara, G. (2011). *La mente che scodinzola: storie di animali e di cervelli*. Mondadori università.

Waring, G. H. (2003), *Horse Behavior*, Norwich.

Washburn, D. A., & Taglialatela, L. (2006). *Comparative Cognition: Experimental Explorations of Animal Intelligence*.

Wynne, C. D., & Udell, M. A. (2013). *Animal cognition: Evolution, behavior and cognition*. Palgrave Macmillan.

Riferimenti web

Zooantropologia della devianza Profilo Zooantropologico Comportamentale e Criminale del Maltrattatore e Uccisore di Animali: http://www.corpoforestale.it/flex/cm/pages/ServeAttachment.php/L/IT/D/e%252Fe%252F8%252FD.289d25914bd-3de0939b2/P/BLOB%3AID%3D12255/E/pdf

Liljenstolpe C. Horses in Europe. (2009) Uppsala, Swedish University of Agricultural Sciences http://www.wbfsh.org/files/EU%20Equus%202009.pdf

The Five Freedoms: http://webarchive.nationalarchives.gov.uk/20121007104210/http:/www.fawc.org.uk/freedoms.htm

Ringraziamenti

Per noi è doveroso ringraziare lo staff di "Addestramento Etologico", in particolare Alberto Alessi, Agnese Prioreschi, Giacomo Ferrari e Letizia Puggelli per il concreto aiuto che ci hanno fornito per la preparazione dei video e la correzione del manoscritto, durante la stesura. Senza di loro non sarebbe stato possibile rendere concreto questo progetto. Un grazie particolare ad Alessio Coluccia, per le illustrazioni che hanno reso "vivo" lo scritto e a Vanessa Salvati Ciuffini, per le bellissime foto che ci ha messo a disposizione. E grazie ad Andrea Bellodi, la sua professionalità progettuale ci ha permesso di illustrare il modello di una "scuderia etologica".

Un sentito "grazie" a: Ercole, Oliver, Falco di Alberto e Falco di Valentina e Simone, I love you, Whatever, Floris, Taris, King, Luna, Sunny e Sioux; per la loro fattiva collaborazione durante le riprese dei video didattici. Inutile sottolineare come il loro aiuto sia stato determinante.

Finito di stampare nel mese di novembre 2022
da Tipografia Monteserra S.r.l. - Vicopisano (PI)
per conto di Pisa University Press - Polo Editoriale CIDIC - Università di Pisa